北京城市副中心三大绿色建筑智能建造及应用

易云朝　俞财照　王海涛　宋天帅　刘占省◎著

中国建筑工业出版社

图书在版编目（CIP）数据

北京城市副中心三大绿色建筑智能建造及应用 / 易
云朝等著. -- 北京：中国建筑工业出版社，2025.2.
ISBN 978-7-112-30809-5

Ⅰ. TU74-39

中国国家版本馆 CIP 数据核字第 2025ST5233 号

本书致力于将智能化、绿色化的理念融入城市建设中，为建筑行业的从业者提供关于北京城市副中
心三大绿色建筑智能建造及应用方面的全面指南。

本书内容涵盖了北京城市副中心三大绿色建筑智能建造及应用的多个方面，包括 BIM 技术在智能建
造中的应用、物联网技术在智能建造中的应用、数字化交付在项目中的应用、精益管理平台建设与应用
及工程方案等。通过对北京城市副中心三大绿色建筑的深入研究，系统地介绍三大绿色建筑智能建造的
概念、原则和技术，重点关注北京城市副中心三大绿色建筑的智能建造与应用实践，同时结合实际施工
方案和未来展望，为建筑行业的工作者呈现一幅清晰的技术脉络，并提供丰富的参考资料，使本书更具
实用性和针对性，展示智能、绿色建筑在城市发展中的重要地位和作用。

责任编辑：毕凤鸣　李闻智

责任校对：张　颖

北京城市副中心三大绿色建筑智能建造及应用

易云朝　俞财照　王海涛　宋天帅　刘占省　著

＊

中国建筑工业出版社出版、发行（北京海淀三里河路 9 号）

各地新华书店、建筑书店经销

国排高科（北京）人工智能科技有限公司制版

建工社（河北）印刷有限公司印刷

＊

开本：787 毫米×1092 毫米　1/16　印张：16¾　字数：408 千字

2025 年 8 月第一版　2025 年 8 月第一次印刷

定价：**68.00** 元

ISBN 978-7-112-30809-5

（44092）

前　言

尊敬的读者：

在信息时代的映照下，城市建设已成为人类生活的重要方面。然而，随着城市化进程的不断推进，我们也面临着日益严重的环境问题和资源消耗挑战。因此，如何将智能化、绿色化的理念融入城市建设中，成为当前亟待解决的重要课题之一。

本书《北京城市副中心三大绿色建筑智能建造及应用》旨在探讨这一课题，为读者提供关于北京城市副中心三大绿色建筑智能建造及应用方面的全面指南。我们将系统地介绍三大绿色建筑智能建造的概念、原则和技术，重点关注北京城市副中心三大绿色建筑的智能建造与应用实践，同时结合实际施工方案和未来展望，为建筑行业的工作者呈现一幅清晰的技术脉络，展示智能、绿色建筑在城市发展中的重要地位和作用。

本书内容涵盖了北京城市副中心三大绿色建筑智能建造及应用的多个方面，包括 BIM 技术在智能建造中的应用、物联网技术在智能建造中的应用、数字化交付在项目中的应用、精益管理平台建设与应用及工程方案等。我们通过对北京城市副中心三大绿色建筑的深入研究，探讨了其智能建造技术与应用实践，为读者提供了丰富的参考资料，使本书更具实用性和针对性。

本书的意义在于，通过对北京城市副中心三大绿色建筑智能建造进行系统总结，实现了对智能建造理念与应用的深入探讨，同时为北京城市副中心及其他地区的发展做出了重要贡献。通过阅读本书，读者将了解到智能、绿色建筑在城市发展中的重要性，为未来城市建设和环境保护工作提供有益参考，促进城市可持续发展。

在本书的写作过程中，我们得到了许多人的支持与帮助，在此向所有为本书的完成做出贡献的人表示衷心的感谢。本书的写作过程充满了挑战与收获。在整理海量信息、分析大量案例、撰写内容的过程中，我们时常面临着各种技术和理论难题，但我们始终坚信，通过不懈的努力和团队的协作，一定能够实现本书的使命。每一位团队成员都为本书的完成贡献了自己的智慧和力量，在此，也向他们表达最诚挚的敬意和感谢。

我们还要特别感谢中国建筑工业出版社的编辑团队，在本书的最后阶段，他们付出了大量的时间和精力，为本书的出版做出了重要贡献。没有他们的辛勤工作和专业支持，本书也不可能如期完成。同时，我们也要感谢所有为本书的出版和推广做出贡献的相关机构和个人，正是有了你们的支持与鼓励，本书才得以成功问世。

最后，我们深知本书的不足之处，也欢迎读者提出宝贵的意见和建议，以便我们不断改进和完善。我们希望本书能够成为读者学习、研究和实践的重要参考资料，为推动智能、绿色建筑的发展和应用做出更多的贡献。

祝愿本书能够得到广大读者的喜爱和认可，也希望我们的努力能够为智能、绿色建筑事业的发展添砖加瓦。

感谢您的阅读与支持！

目　录

第 1 章

北京城市副中心三大绿色建筑项目

1.1 项目背景

住房和城乡建设部《"十四五"建筑业发展规划》中指出，加快智能建造与新型建筑工业化协同发展是当前建筑行业高质量发展的首要任务。建筑工业化，即按照工业生产方式改造建筑业，基本途径是建筑标准化、构件工厂化、施工机械化、管理科学化，以加快建设速度、降低工程成本、提高工程质量。智能建造推动建筑业与先进制造业、新一代信息技术深度融合，实现基于工程全生命周期数据的信息集成与业务协同，以提供绿色、可持续、智慧化的工程产品，这是建筑业在互联网时代生产方式的进一步变革，无疑对建筑行业的各参与方提出了更高的技术水平和管理能力要求。

在这一背景下，"精益建造"作为一种先进的管理思想得到了引入，通过吸收精益生产的理念并进行改进以适应建筑业的特殊性。精益建造的核心理念是通过消除浪费、提高效率、优化流程，实现在不断变化的市场中更加灵活、高效的生产方式。数字化、信息化、精益化的思维被运用到建筑业中，为科学管理提供了全新的思路。

三大绿色建筑是北京城市副中心"一带、一轴、两环、一心"规划格局的重要组成部分，其建造过程展现了大国建造水平，运用 BIM 技术与精益建造，提高了大型基础设施建设的智能化先进水平，研究建立了完整的精益建造理论体系，为精益建造提供科学的指导。精益建造理论体系的研究同样是为了搭建更好的精益管理平台，通过基于全过程、全寿命、全方位、全要素的理论研究，形成更为全面、更为系统的精益建造理论体系。

精益建造是建设工程施工管理的一种新思维，其从建筑及其生产特性出发，以生产管理理论、项目管理理论为基础，以精益思想为指导，对施工项目管理过程进行重新设计，通过转移建造过程中没有价值的任务来增加项目价值；在保证工程质量和安全的前提下，以最短工期、最少资源消耗的方式，追求零浪费、零库存、零故障、零缺陷，以实现浪费最小、工程价值最大的目标。

BIM 云平台将 BIM 模型与进度、资源、成本等信息进行关联，通过"云＋端"为项目参与各方提供模型和信息数据，为精益建造的有效实施提供了很好的技术平台，并全面梳理工序、划分合理流水区段、细化工序穿插节点，控制关键工期节点，避免出现工作面闲置，减少窝工、返工，缩短工期，减少浪费，实现提质增效。同时，BIM 云平台可视化碰撞测试和物料提取功能的运用，也可以弥补进度管理中拖延工期的图纸设计变更和物资供应两大主要问题。

BIM 技术的应用从纵向上跨越了建筑的前期策划阶段、设计阶段、施工阶段、运维阶段，在横向上可以覆盖建筑全专业，深入项目管理的方方面面。在打造全过程、全寿命、全方位、全要素（以下简称"四全"）的精益理论体系和平台的过程中，BIM 技术可以辅助研究将四全基本涵盖，但是现有的 BIM 技术还存在漏洞和缺陷，所以需要进行新技术的研究与发掘。基于现有精益建造理论，为社会创造出一套有参考价值的知识体系和技术平台。因此，构建基于四全的精益建造管理平台，旨在整合智能建造和建筑工业化的要素，利用先进的信息技术，实现建筑项目全生命周期的全面管理和优化。该管理平台将有助于提高建设速度、降低成本、提高质量，同时推动建筑业向绿色、可持续、智能的方向发展，满足未来建筑市场的需求。

1.2　项目总体概览与特色亮点

1.2.1　三大绿色建筑亮点概况

作为北京城市副中心"一带、一轴、两环、一心"规划格局的重要组成部分，三大建筑项目总建筑规模约 60 万 m^2，其中三大建筑约 30 万 m^2、共享配套设施项目约 30 万 m^2。城市副中心剧院（北京艺术中心）创意源于通州古粮仓和运送物资的船舶，包括歌剧厅、音乐厅、戏剧厅、多功能厅和室外剧场，建筑面积约 12.53 万 m^2，总座位数约 5750 个。未来这里将成为集文艺演出、展览展示、艺术普及教育、文化交流体验功能于一体的世界级一流剧院。城市副中心图书馆（北京城市图书馆）建筑面积约 7.5 万 m^2，建筑高度 22.3m。北京大运河博物馆建筑面积约为 10 万 m^2。

1. 北京艺术中心

北京艺术中心设计理念源自通州运河沿岸的古粮仓，被称为"文化粮仓"。其地理位置优越且独特，坐落在有着千年运河之称的京杭大运河北岸，承载着厚重的人文传承与恢宏的历史回忆；也坐落在城市绿心森林公园一隅，为户外音乐节、沉浸式戏剧等艺术形式的创新与探索提供了天然条件，开辟了一处人与自然和谐共生的艺术空间。

北京艺术中心项目建筑面积约 12.53 万 m^2，高度为 49.5m；包括 1800 座的歌剧厅、1600 座的音乐厅、1000 座的戏剧厅、500 座的多功能厅及 850 座的室外剧场，总座位数约 5750 个。

2019 年，明确北京城市副中心剧院由国家大剧院运营管理，与大剧院、台湖舞美艺术中心共同构成国家大剧院"一院三址"的新发展格局。2019 年 10 月，北京艺术中心开工建设。

北京艺术中心、北京城市图书馆和北京大运河博物馆共同构成城市副中心的三大文化建筑，将弥补城市副中心在文化设施建设上的不足，为副中心的文化发展做出贡献（图 1-1）。

图 1-1　北京城市副中心三大绿色建筑

2. 北京城市图书馆

副中心运河畔，一座方正通透的建筑拔地而起，吸引着来往行人的注意。经过三年的建设，北京城市图书馆在 2023 年底与公众正式见面，这座集知识传播、城市智库、学习共享等功能于一体的文化综合体将为市民游客带来全新的文化体验。

北京城市图书馆以"临山间、于树下、勤阅览"为设计理念，森林书苑为爱书之人创造出一处亲近自然的世外桃源。

步入图书馆，目光即刻会被自然闲适的山间阅览区吸引。图书馆大厅内，两座三层高的书山耸立，书籍与坐席依"山"而布，邀请爱书之人漫步闲庭。身处京华雅地，图书馆里多处用到了银杏的意象，吊顶采用了银杏叶片堆叠的造型，馆内的 144 根立柱宛如银杏树干。登高可望远，倚树可驻足，山间树下的森林书苑为都市增添一份质朴的野趣。

北京城市图书馆内设有全国图书馆行业首个非遗主题的文献馆，在这里，图书馆员以北京胡同为切入点，用非遗展品、文献史料和多媒体技术打造了一场北京胡同里的非遗文化之旅，读者不仅能在光电技术中沉浸式感受古都风貌，了解旧时北京的衣食住行、民风民俗、赏玩游艺，还有机会近距离观赏非遗传承人的现场表演。

在少年儿童馆，除了专业阅读指导、特色阅读活动、多彩展览展示等传统图书馆服务，孩子们还能通过智慧展陈、4D 观影等高科技设备设施进行沉浸阅读、深度学习、交流创作，在智慧赋能、云端互联的现代化图书馆中领略奇妙的阅读体验。

元宇宙体验区利用数字资源、数字资产与智慧数据构建可视化数据景观，构筑元宇宙的线下体验场景。文化交流区不仅设有报告厅、文化沙龙、文化访谈等多个交流空间，还打造了具美术馆特征的展厅，常年展出书画、摄影、艺术作品。在北京城市图书馆，收获的不仅是海量资源与舒适空间，更是文化蕴于万物的生活方式。

设计中，北京城市图书馆希望每个人都能找到自己的一方天地。孩子们好动，成年人喜静，远道而来的游客想"打卡"，考生们想高效学习。于是，少年儿童馆的布局在安全的前提下增添了几分童趣，活动的地方从阅读桌前扩展到舞台上、影院里、建筑外，北京城市图书馆设有国内最大的少儿户外阅读空间，让孩子们在阅读之余肆意奔跑，放飞身心。图书阅览区也丰富了坐席选择，阶梯区域风景上佳，方便随行随阅，平台区域地势开阔，座位选择更多，此外还设有静音区和静音舱，满足不同读者的阅读需要。为了让远道而来的游客获得更佳的游览体验，团队还特地邀请专业摄影师实地踏勘，用专业的"构图眼"找出宝藏打卡点，结合空间布局生成 4 条时长不同的官方打卡路线。

图书馆的温度还体现在不断优化的读者体验。艺术文献馆设置了黑胶殿堂区，亲手播一张黑胶唱片，在复古的旋律中感受时光。古籍文献馆设置了修复体验区，拿起专业工具，跟随老师共同感受修复技艺。潞云筑是集阅读、交流、简餐咖啡、图书文创售卖等多种功能于一体的新型空间，这里还提供 24h 阅读服务，凭身份证件即可自助进出。馆内还分散设置了诸多艺术作品，这些作品均由极富影响力的艺术家倾力打造，在步入建筑的那一刻便能感受这座城市空间的美学气息。新一代数字技术与图书馆碰撞出新型智慧服务，手机可一键完成座位、文献、活动等各类型资源的预约，智慧桌面的终端设备能实现照明控制、适老呼叫、书籍推荐、指尖查词等功能，大数据技术还能结合以往的阅读习惯生成个人专属的阅读服务。总之，一切都为了读懂读者、服务读者。北京城市图书馆以读者的感受为先，塑造文化服务的新体验。

北京城市图书馆设坐席 2400 个，藏书能力达 800 万册，充分满足读者的阅读需求。除了视野可及的开架图书，还有 710 万册库本图书藏于地下书库。北京城市图书馆拥有国内最大的机械书库，建设面积约 3000m²，深达 16m，配有自动分拣机、智能送书机器人等设备，能实现图书的自动出库、自动分拣、自动搬运。读者通过智能桌面或手机完成库本图书的检索和借阅后，只需 15min，书库就能在数百万册图书中完成拣选，将指定文献送至读者手中。

3. 北京大运河博物馆

北京大运河博物馆（首都博物馆东馆）（以下简称"首博东馆"）位于北京城市副中心城市绿心西北部起步区，毗邻六环创新发展轴，处于一带一轴的交会处，并与邻近的剧院、图书馆一并成为北京城市副中心重要公共文化设施。

博物馆总建筑面积约 9.97 万 m²，其中地上 6.2 万 m²，地下 3.77 万 m²，占地 10.24hm²。首博东馆由观众共享大厅和主楼两座相对独立的建筑组成。主楼总建筑面积为 82493m²，其中地上建筑面积 53571m²，地下建筑面积 28922m²。地上三层，地下二层，建筑高度 34.9m（最高点 48m），结构形式采用钢筋混凝土框架隔震结构 + 钢结构屋盖。观众共享大厅总建筑面积为 17207m²，其中地上建筑面积 8429m²，地下建筑面积 8778m²。地上二层，地下一层，建筑高度 19.5m（最高点 25.5m），结构形式采用钢排架结构 + 地下钢筋混凝土框架结构。建筑外立面材质以石材等天然材料和通透的玻璃幕墙为主。

其设计理念源于古运河图景中的船、帆、水三个元素，以运河为线索，将历史文化融入建筑，使之成为镶嵌在城市森海中的"古韵风帆""运河之舟"。其中北侧为观众共享大厅，南侧为主楼。观众共享大厅屋顶造型取自"船"，主楼屋顶造型取自"帆"。主楼建筑高度高于观众共享大厅，五片船帆状的屋顶高低错落，曲线饱满，充满动态力量。主楼立面通过街巷路口、篷架、门楼等柔化建筑体量的元素与水系相结合，形成一处类似于运河驳岸码头的场景。

北京大运河博物馆的观众共享大厅设置了开放式展览陈列、餐厅、咖啡厅、报告厅、融合厅、宣教活动等功能空间，可以满足博物馆开放式陈列展览、社教活动、礼仪活动、文创配套服务等多类型的观众服务需要。

主楼区域主要体现博物馆基本功能，由藏品库房、文物修复、陈列展览、社教活动等区域组成。根据建筑内部空间结构，合理设置了基本陈列、专题陈列及临时展览，并结合社教功能设置儿童展厅、科普展厅。同时结合博物馆业务需求，从历史文化的角度设置了培训、文创、文化交流等配套服务功能。另外，为提升博物馆的吸引力，让观众增强对博物馆、文物的理解，结合博物馆文物保护及修复的职能，设置对观众开放的文保展示区，进一步丰富了观众参观体验。

1.2.2　建筑工程综合概况

城市绿心三大公共建筑共享配套设施 1 标段建筑工程概况如表 1-1 所示。

建筑工程概况　　　　　　　　　　　　　　　　　表 1-1

工程名称	城市绿心三大公共建筑共享配套设施 1 标段		
建筑面积	133880.69m²	建筑高度	6.0m
建筑耐火等级	一级	设计使用年限	50 年
地震设防烈度	8 度	主要结构选型	现浇钢筋混凝土框架—剪力墙结构体系
地下室防水等级	一级	屋面防水等级	I 级
绿色建筑标准	《绿色建筑评价标准》的绿建二星标准设计		
建筑节能标准	《公共建筑节能设计标准》		
桩基	成孔灌注桩		
基础	现浇混凝土筏板基础		
地下外墙	室外墙：采用 P8 抗渗自防水钢筋混凝土墙。 幕墙部分：采用竖明横隐玻璃幕墙，厚度控制为 300mm、350mm；纤维增强混凝土幕墙（有保温），厚度控制为 150mm、300mm；垂直绿化幕墙（有保温），厚度控制为 300～500mm		
地下内墙	防火墙：钢筋混凝土墙；300mm 厚轻集料混凝土空心砌块墙；非砌筑墙体采用四层防火石膏板（内掺玻璃纤维）错缝内填 100mm 厚岩棉，玻璃防火墙，厚度控制为 300mm。 楼梯间、管井、走道及房间隔墙非透明部分：300mm 厚轻集料混凝土砌块、200mm 厚轻钢龙骨；楼梯内隔墙用 200mm、300mm 厚轻集料混凝土砌块。 走道及房间隔墙透明部分：玻璃隔墙，厚度控制为 300mm。 商铺之间的分户墙采用双面双层 12mm 厚纸面石膏板填 50mm 厚岩棉，75mm 系列轻钢龙骨隔墙		
地上外墙	外墙：采用 300mm 厚轻集料混凝土空心砌块（或加气混凝土砌块）。 幕墙部分：采用竖明横隐玻璃幕墙，厚度控制为 300mm、350mm		
地上内墙	楼梯间、管井、走道及设备房间隔墙：300mm 厚轻集料混凝土砌块。 防火分区间防火墙：同地下部分		
楼地面	水泥砂浆楼地面、细石混凝土楼地面、细石混凝土（耐磨）楼地面、细石混凝土（防水）楼地面、细石混凝土（防油）楼地面、防滑瓷砖楼地面、防滑瓷砖防水楼地面、水泥基自流平（耐磨）楼地面、防静电活动地板、不发火地面、薄型防滑瓷砖楼地面、预制水磨石楼地面、石材楼地面		

续表

墙面	水泥砂浆墙面、防霉无机涂料墙面、面砖防水墙面、矿棉板吸声墙面、埃特板墙面、石材墙面、仿清水混凝土涂料墙面、装饰铝板墙面
门窗	木质门、钢质防火门、钢质门、金属（塑钢）门、防火卷帘（闸）门、金属卷帘（闸）门、玻璃密闭观察窗、金属防火窗、金属百叶窗、金属（塑钢、断桥）窗、特种门
外坡道	细石混凝土坡道、花岗岩坡道
外台阶	花岗石台阶、广场砖台阶

1.2.3　结构工程综合概况

本工程共享配套设施主要位于地下一、二层，地震设防烈度 8 度。结构形式为现浇钢筋混凝土框架—剪力墙结构，局部大跨度空间采用无粘结预应力技术，基础为筏板基础结合抗拔桩。结构工程概况如表 1-2 所示。

结构工程概况　　　　　　　　　　　　　　　　表 1-2

序号	项目	内容
1	建筑高度	地上 6m，地下一层 7m，地下二层 5.5m
2	建筑层数（地上/地下）	1/2
3	结构形式	框架—剪力墙
4	基础形式	筏板基础 + 抗拔桩
5	人防范围	地下一、二层
6	人防类别	甲类
7	人防抗力级别	核 6 级/核 5 级
8	设计使用年限	50 年/100 年
9	设计基准期	50 年
10	地下室防水等级	一级
11	建筑物的耐火等级	一级
12	建筑结构的安全等级	二级
13	地基基础设计等级	甲级
14	建筑抗震设防类别	重点设防类（乙类）
15	抗震设防烈度	8 度

1.3　项目实施中的挑战与应对策略

1.3.1　施工重点剖析与解决方案

本工程施工重点概述如表 1-3 所示。

施工重点概述　　　　　　　　　　　　　　　　　　表 1-3

序号	施工重点概述	备注
1	项目社会影响大，确保形象是重点	表 1-4
2	劳务用工与实名制管理是重点	表 1-5
3	雨期的应对及基坑监测是重点	表 1-6
4	智慧工地建设是重点	表 1-7
5	施工生产与应急协调是重点	表 1-8
6	BIM 技术应用是重点	表 1-9
7	安全文明施工、绿色建造与环保要求高，过程管理是重点	表 1-10
8	超长、超大地下室结构，裂缝控制及防渗漏是重点	表 1-11
9	本项目绝大部分为地下工程，地下室防水是重点	表 1-12
10	塔式起重机数量多，群塔安全作业是重点	表 1-13
11	高大模板支撑多，安全保障是重点	表 1-14
12	本项目建设任务重、时间紧迫、工期紧张，节点保证是重点	表 1-15
13	多点作业中的安全管控是重点	表 1-16
14	体量大、任务重，资源整合是重点	表 1-17
15	本项目整个施工周期均处于正负零以下，雨期汛期排水是重点	表 1-18
16	本工程体量大、作业面多，确保各专业、各工序及相邻标段交接区域的施工衔接质量是重点	表 1-19
17	项目为地下商业综合体，管线综合布置是重点	表 1-20

1. 项目社会影响大，确保形象是重点（表 1-4）

确保工程形象分析及对策　　　　　　　　　　　　表 1-4

分析	本项目位于城市绿心西北部市民文化休闲组团，与行政办公区隔大运河相望，是城市副中心"一带、一轴、两环、一心"规划格局的重要组成部分。项目建成后将成为集文化体验、共享交流、演艺演出、展览展示、休闲娱乐于一体的城市活力组团，满足市民文化休闲需求。 　三大建筑共享配套设施集交通功能、配套服务、能源保障于一体，总建筑规模约 30 万 m²，主要包含停车、游客服务、餐饮、文化艺术培训、展览展示、文化创意、亲子娱乐与体育健身等功能，并可直接进入轨道交通车站。 　建设三大建筑及共享配套设施项目，其整体方案秉持"以人为本，优化体验"的设计方针，充分体现出全民共享城市发展、大力弘扬传统文化、积极推进社会教育的项目定位。作为北京市重点惠民工程，该项目将成为北京城市副中心面向首都市民，推进社会教育、文化传播、艺术创作、旅游观光及产业发展的崭新窗口，使城市副中心焕发出新的勃勃生机

<table>
<tr><td rowspan="30">对策</td><td>

1）政治形象保证对策

作为大型企业，必将紧跟国家政策和社会发展需要，积极履行社会责任，承担职责，对于本项目的实施我们将坚持党对企业的领导不动摇，发挥企业党组织的领导核心和政治核心作用，保证党和国家方针政策、重大部署在本项目中贯彻执行。选择政治站位高、执行力强的项目管理团队，确保项目核心成员是党和国家、业主单位在本项目中最值得信赖的力量。

2）进度形象保证对策

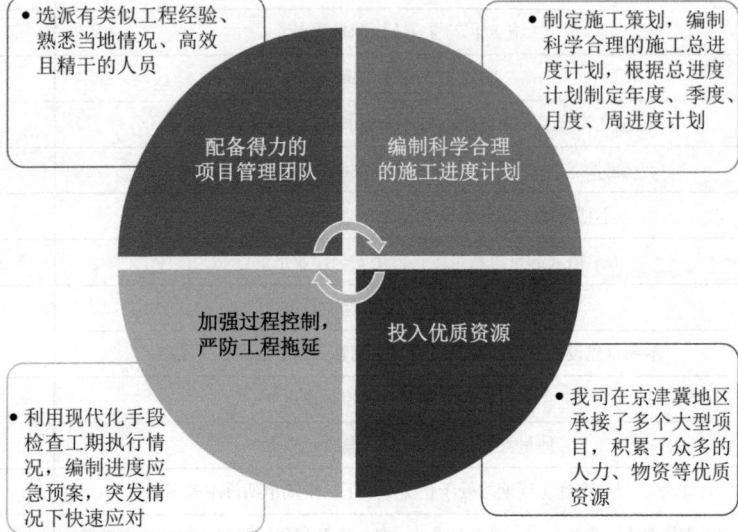

3）场容场貌形象保证对策

（1）建立高效运行的项目安全文明施工管理体系和安全文明施工保证措施，加大安全文明施工投入，设立场容场貌负责小组、工地卫生负责小组以及文明建设小组等现场管理小组，对场容场貌、临时设施规划、标识制度、交通道路、治安防卫、扬尘、噪声、水污染、光污染、废弃物等各方面进行管控，充分考虑施工对周边环境的影响及施工现场形象，确保安全文明施工达到要求。

（2）合理安排施工安全防护措施、施工临建、施工作业区、施工交通，保障现场施工作业人员的安全。

（3）设立群众来访接待室，与周边群众积极沟通，对反映的场容场貌问题积极做出回应和及时处理

大临布置效果图

</td></tr>
</table>

2. 劳务用工与实名制管理是重点（表1-5）

劳务用工与实名制管理分析及对策　　　　　　　　　　　　表 1-5

分析	国务院发布《保障农民工工资支付条例》，自2020年5月1日施行，明确规范农民工权益保障
对策	设置专职劳务管理员，实行工人实名制管理，充分运用大数据手段，与智慧工地系统结合，做好信息采集。 充分吸纳当地的符合施工技能要求的人员就业，体现央企责任。 建立农民工工资专用账户，总包代发农民工工资。 要求分包办理农民工工资保函及农民工工资专用账户。 严格做好用工合同备案、工人进场登记离场备案、人员花名册、考勤表、工资发放记录等工作。 准备农民工工资应急资金，应对突发情况

3. 雨期的应对及基坑监测是重点（表1-6）

雨期作业中的安全管控分析及对策　　　　　　　　　　　　表 1-6

分析	本工程地下工程施工跨越雨期，对施工进度和基坑安全都是考验，如何保证进度和基坑的安全是重点

对策	（1）编制雨期施工方案，提前预料雨期到来时可能出现的状况，提前准备好防汛物资，做到有的放矢，避免因准备不足，产生了工期的延误。 （2）抢晴天，战雨天，在雨期到来前合理安排工人工作，将防水等受影响较大的工序提前隐蔽，减少雨带来的工期压力，雨期后将工程实际进度与计划进度进行比较，产生的进度滞后项，及时组织劳动力把滞后的工序抢回来，保证工程有序进行。 （3）在基坑的上侧设置截水沟，在基坑的下侧设置排水沟和集水井。 （4）雨期施工阶段，加大基坑的监测频率，保障基坑的安全

4. 智慧工地建设是重点（表 1-7）

智慧工地建设分析及对策　　　　　　　　　　　　　　　　表 1-7

分析	按照北京市相关制度和要求执行数字化、智慧化工地管理是重点
对策	基于"智慧建造、绿色施工、人文工地"的理念，应用多屏联动的智慧建造管理平台实现对工地的创新管理，形成数字化的追踪，使所有的质量责任能够落实到每一个环节。 基于"智慧工地"系统平台，工程建设管理层可以随时随地掌握项目的进展情况，监控现场的施工动态，及时发现问题并督促施工单位、项目负责人及时整改隐患，杜绝各种违规操作和不文明施工现象，促进安全生产和工程质量管理。 "智慧工地"系统的建设，着力解决当前工地现场管理的突出问题，围绕现场人员、材料、设备等重要资源的管理，构建一个实时高效的远程智能监管平台，有效地将人员监控、位置定位、工作考勤、应急预案、物资管理等事项进行整合。通过现场相关信息的采集和分析，为管理层进行人员调度、设备和物资监管以及项目整体进度管理提供决策依据

5. 施工生产与应急协调是重点（表 1-8）

表 1-8

施工生产与应急协调分析及对策

分析	本工程体量巨大且工期紧张，虽采用一系列节省劳动力的技术措施，但短时间内仍然需要大量的劳动力，大量人员进驻的组织和卫生防疫工作是重中之重
对策	（1）提前储备施工力量，锁定劳动力的来源，提前做好筛查和远程隔离，将进场之前的工作做细做实。 （2）采取点对点的输送方式并做好过程的跟踪。 （3）现场管理严格按照国家和地方要求，充分利用大数据等智慧化的手段，为施工生产提供坚强保障。 （4）建立施工生产和卫生防疫应急管理体系，制定切实可行的应急预案。 （5）保证防疫人员和防疫资金的投入，为生产提供坚强保障

6. BIM 技术应用是重点（表 1-9）

表 1-9

BIM 技术应用分析及对策

分析	为贯彻北京市"高起点规划、高标准建设"的要求，统筹好北京市环境刚性要求与生产均衡性的相容与平衡，坚持数字建筑和现实建筑同步建设，充分全面利用先进的 BIM 技术推动项目有序有效实施，打造建筑工地智慧工厂，确保实现本项目全生命周期一张蓝图干到底，高起点、高标准地运用 BIM 技术服务于本项目，同时将 BIM 模型作为竣工移交资料的一部分，服务于本工程设计、施工、运维全生命周期，因此 BIM 技术的应用是本项目的工作重点
对策	1）BIM 技术在应用方面的对策和优势 拥有成熟的 BIM 技术应用中心，拥有 BIM 工程师 300 余人，进行了众多大型项目的 BIM 深度应用，拥有丰富的经验和技术储备，斩获龙图杯、优路杯、北京市等多项大奖。 2）BIM 技术在工期、交叉作业方面的应用 按照施工总体进度计划，做好 BIM 施工组织、施工模拟推演，为本工程各分部分项的工程量、周转材料用量提供清单和工程材料进场时间节点，并且对各工序在施工过程中进行动态跟踪，突出重点，完善细部，确保每一个工作面的工作都按期达标完成，为施工交叉作业提供最优的节点方案。 3）BIM 技术在环保、安全文明施工方面的应用 （1）运用 BIM 模型，对深基坑、临边洞口、机械设备、脚手架、环境指标等进行识别，找出文明工地管理关键点，提前做好措施方案，使安全文明施工费能够合理地被使用，做到"将好钢用在刀刃上"。运用 Revit、PMP 项目管理平台建立场地布置、脚手架搭设、安全标识等相关模型及优化方案，更加直观、简单地展示现场文明管理重点，指导现场施工安装。 （2）按照合同文件要求，在现场布置的视频监控、进出闸机、塔式起重机、车辆自动清洗装置及各项环境参数监测设备，以及利用智慧工地平台及建管平台完善的监测现场，做到无安全死角。 （3）运用 Revit 建立工程数字模型，并结合可视化 VR 技术，让管理人员和务工人员进行安全体验，给大家一个视觉感受，通过体验提高大家的安全生产意识，做到安全文明施工生产。 4）BIM 技术在多专业交叉施工方面的应用 本工程体量大、工期紧、专业多，利用 BIM 技术，在各分部分项工程施工前进行超前深化设计，超前发现施工节点碰撞，避免不必要的返工造成的资源浪费、工期浪费和人员窝工，并对多专业交叉施工做好最优的安排

7. 安全文明施工、绿色建造与环保要求高，过程管理是重点（表 1-10）

表 1-10

安全文明施工、绿色建造与环保分析及对策

分析	本工程地处北京市通州区，是千年大计、国家大事，因此本工程对安全文明、绿色建造、环境保护要求极高，同时按照合同文件对本工程的质量及安全文明施工的总体要求：杜绝较大及以上安全责任事故，确保质量"零事故"，确保安全无重伤及死亡事故，执行国家、北京市现行安全生产文明施工验评标准，达到"北京市建设工程施工现场安全生产标准化工地"标准，确保现场文明施工达到北京市文明工地标准，环境保护控制是重点。 本工程体量超大，必然会产生大量的建筑垃圾，如何与北京市建设的绿色理念相结合，将建筑垃圾回收处理、变废为宝再利用是重点

作为有责任的企业，将带着强烈的社会责任感和环保使命感从事本工程的建设施工，将采取以下措施以降低施工对环境的影响：

（1）建立高效运行的项目绿色施工领导小组及保证措施，加大绿色建造及环境保护施工投入。严格实施节能、节地、节水、节材和环境保护措施，充分践行"四节一环保"理念。

（2）严格按照《绿色建材评价技术导则》，应用绿色建材和设备，包括预拌砂浆、建筑节能玻璃、无机轻质装饰板材、空气净化材料、新风净化系统、建筑用蓄能装置、空气源热泵、地源热泵机组及系统、光伏组件、太阳能LED节能灯、雨水收集系统，将收集的雨水用于洗车等。

太阳能LED节能灯

雨水收集系统

（3）设立场容场貌管理小组、工地卫生管理小组以及文明建设管理小组，对场容场貌、临时设施规划、标识制度、交通道路、扬尘、噪声、水污染、光污染、废弃物等各方面进行管控，充分考虑施工对周边环境的影响及施工现场形象，确保安全文明施工达到要求。

（4）降尘、监测保证措施：场内道路用预制混凝土进行硬化，配置移动式洒水车、扫地车并经常进行洒水；出入口设置封闭式洗车台；现场环路、基坑四周、施工围墙和塔式起重机上设雾喷、洒水装置；对工地进行环境监测；并对场内暂时不用的空地进行绿化，形成工地的"天然氧吧"。

对策

（5）建筑垃圾回收利用、变废为宝：根据建筑垃圾减排处理和绿色施工有关规定，采取措施减少建筑垃圾的产生，对施工工地的建筑垃圾实施集中分类管理。建筑垃圾处置实行减量化、资源化、无害化和"谁产生、谁承担处置责任"的原则。建筑垃圾就近处理，综合利用，不外运，不填埋。施工现场应对可回收再利用物资及时分拣、回收、再利用

建筑垃圾粉碎处理

建筑垃圾制作用于非主体砌块

8. 超长、超大地下室结构，裂缝控制及防渗漏是重点（表 1-11）

地下室裂缝控制分析及对策 　　表 1-11

分析	工程地下室总建筑面积达 111169.21m²，车库东西方向最长约 490m，南北最长约 480m，结构面超长、超宽，属超长混凝土结构；由于本工程面积大、埋深大、接缝多，接缝处容易形成防水薄弱环节，裂缝控制及防渗漏都是地下室结构施工的重点
对策	（1）设置温度后浇带，其设置在柱距三等分的位置及外墙处，方向尽量与梁正交，沿竖向设置在结构同跨内；外墙的后浇带需增设附加防水层；底板后浇带需 90d 以上才可封闭，封闭范围包含剪力墙附近区域。 （2）后浇带采用微膨胀混凝土，混凝土强度提高一级，低温入模。混凝土施工后浇带的合龙温度为 5～10℃，尽可能低温合龙。 （3）采用纤维混凝土，在温度应力比较大的地方（弹性分析温度应力超过 4.5MPa）采用纤维混凝土，聚丙烯纤维的建议掺入量，每立方米混凝土为 0.6～1.0kg。 （4）合理设置控制缝，在混凝土墙体及楼盖的模板上设置凸条或插片，造成截面凹陷（或预留缝）的薄弱部位用以引导混凝土裂缝有序出现，从而避免相邻区域的随意开裂。控制缝的间距不大于 12m，设置于柱或墙处。其中钢筋贯通，同时做好止水、防渗处理，并以建筑装饰手法加以遮盖。并在控制缝处钢筋的保护层内设 $\phi6@150$ 钢筋网片。 （5）混凝土中掺加的外加剂及混合料应有特殊要求，本工程在混凝土外加剂及混合料的选用方面以降低混凝土收缩为主要前提。 （6）超长混凝土浇筑特殊要求，在后浇带的同一区格内，采用分仓法施工（每块的长度控制在 30m 之内，浇筑间隔一定时长），于混凝土浇筑初期性能尚未稳定和没有彻底凝固前对内应力进行释放，进一步释放收缩应力。 （7）超长混凝土的养护特殊要求，加强混凝土浇筑后的养护工作，湿养护时间不低于 1 周；减小入模后结构的降温幅度，可采用低温入模的方法，结合当时的日夜温差情况，选择温度相对较低的时段进行混凝土浇筑

9. 本项目绝大部分为地下工程，地下室防水是重点（表 1-12）

地下室防水分析及对策 　　表 1-12

分析	本项目地下室建筑面积 111169.21m²，地下二层建筑面积为 88472m²，地下占地面积巨大，施工缝众多，后浇带达到 100 条以上，对地下室的防渗漏带来极大的挑战
对策	（1）中埋式止水带建议采用进口品牌的材料。 （2）施工缝尽量使用止水钢板，减少使用橡胶止水条。 （3）施工缝可埋置后注浆的注浆管，增加一道防水保障。

对策	（4）建议采用后浇带超前止水技术。既可以起到防水目的又可以保证后浇带的伸缩、沉降等功能 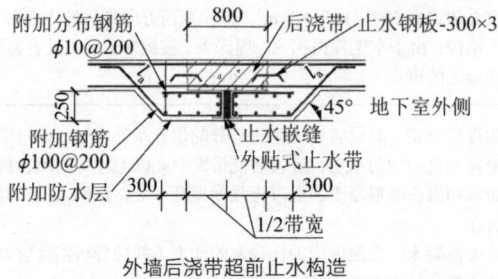 外墙后浇带超前止水构造 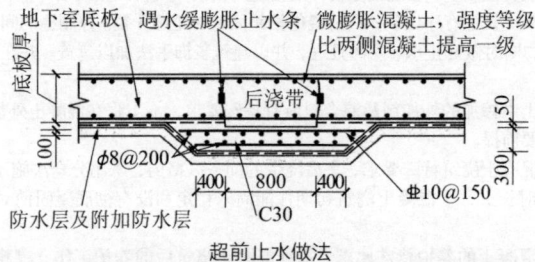 超前止水做法  我司施工类似项目效果

10. 塔式起重机数量多，群塔安全作业是重点（表 1-13）

群塔安全作业分析及对策   表 1-13

分析	本工程体量大、区段多，塔式起重机数量众多，在地下室施工阶段共布置 12 台塔式起重机，群塔作业是本项目管控的重点
对策	（1）建立群塔作业安全领导小组。 （2）塔式起重机安装、运行原则：低塔让高塔原则、后塔让先塔原则、动塔让静塔原则、荷重先行原则、客塔让主塔原则。 （3）紧密配合：多塔作业时，各指挥要默契合作，不得在大臂交叉范围内同时吊运，合理安排吊运时间使各台塔式起重机能够充分利用各自空间工作。信号指挥人员严格执行"十不吊"作业原则。 （4）防碰撞措施：每台塔式起重机加装塔机防碰撞装置，项目部划定相邻塔机各自的工作范围，在公共范围内，同一时间只允许有一台塔机进行工作。 （5）安装塔式起重机安全管控系统：吊钩安装智能控制高清摄像头自动对焦，360°无死角追踪拍摄，危险状况随时可见，杜绝盲吊，降低隔山吊等安全隐患

| 对策 |
塔式起重机错位示意图 |

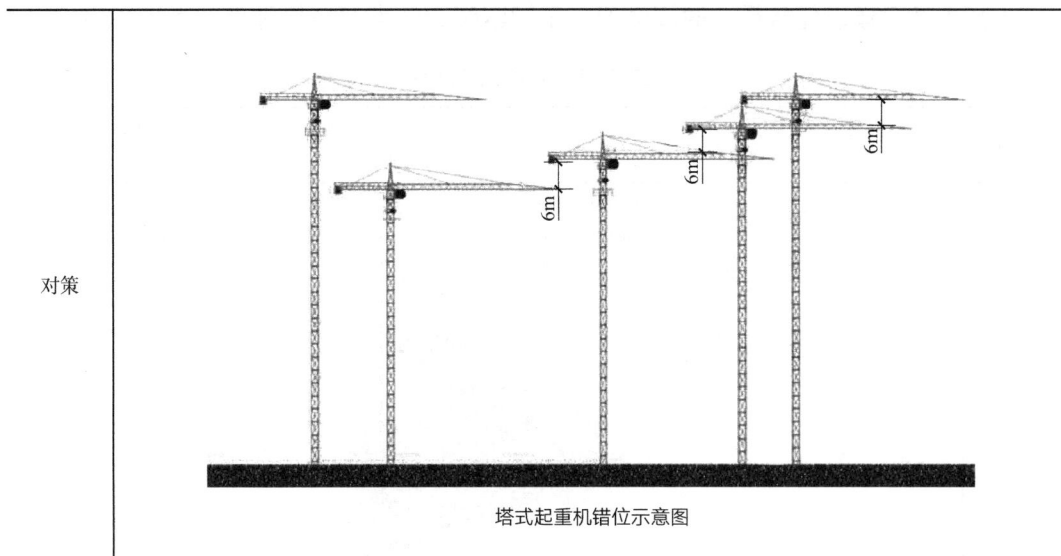

11. 高大模板支撑多，安全保障是重点（表1-14）

高大模板支撑施工分析及对策　　　　　　　　　　　　　　表 1-14

分析	根据《危险性较大的分部分项工程安全管理规定》（中华人民共和国住房和城乡建设部令第 37 号）、《住房城乡建设部办公厅关于实施〈危险性较大的分部分项工程安全管理规定〉有关问题的通知》（建办质〔2018〕31 号），以及《北京市房屋建筑和市政基础设施工程危险性较大的分部分项工程安全管理实施细则》等文件要求，本工程很多区域模板支撑体系满足危险性较大的分部分项工程和超过一定规模的危大工程的条件要求，高大模板支撑体系的安全保障管理是本工程的重点
对策	1）合理选择支撑体系 结合本工程的工程特点及工期节点要求，本工程所有模板支撑体系采用快拆方案。拟采用盘扣脚手架作为高大模板支撑体系，盘扣脚手架具有强度高、稳定性好、搭拆灵活、用量省等优点，特别适合用于高大模板支撑体系。 2）精准建模、精确计算 针对本工程高大模板支撑的特点，采用 P-BIM 品著软件以及 PKPM 软件对高大模板支撑系统进行建模，设计高大模板支撑系统，并利用软件进行材料统计，编制材料计划，指导支撑架搭设。 3）控制风险、方案先行 高大模板支撑系统专项方案经公司审核及总监理工程师审批，超过一定规模的高大模板支撑系统的专项方案还需经专家论证认可后方可实施；实施前做好技术交底，施工过程中做好检查验收及过程监督。 4）提前计划、锁定资源 充分利用北京基地的地域优势，在项目投标阶段已经锁定了周转材料资源，模板支撑架体材料利用本司自有盘扣架及合作伙伴供货，现有资源充足，首批材料已经备货完成，完全能够满足本工程的需要

12. 本项目建设任务重、时间紧迫、工期紧张，节点保证是重点（表 1-15）

工期节点分析和保证对策   表 1-15

分析	本项目计划于 2020 年 8 月 30 日开工，2024 年 4 月 7 日竣工，总工期 1316 日历天，体量大、工期紧，施工工期尤为紧张，节点保证是重点
对策	1）化整为零、分区组织、分级管理、责任明确 （1）化整为零、分区组织：主体结构施工期间将整个工程分成 3 个地块组织平行施工，每个施工地块又根据后浇带或施工缝的设置划分成若干个施工段，各施工段有序组织流水搭接施工。 施工总体分区示意图 （2）分级管理、责任明确：总承包管理机构下设置区域和专业管理机构，采取分级管理，明确各层级、各部门的管理职责，一级保一级地实现工程最终目标，各个区域各配备 1 名工程部长作为各施工区形象进度的直接责任人，另外再分别配置土建专业经理、装饰经理、机电经理等负责各专业的形象进度。 2）超前计划、确保资源供应 资源组织详见"14. 体量大、任务重，资源整合是重点"。 3）采取先进的技术手段，确保工程进度 选择先进的施工方案，如支撑体系采用盘扣式支撑架，加快搭拆速度；材料加工采取集成成套设备，集中加工，提高供应效率。 采用信息化技术手段，运用 BIM 技术模拟施工进度等，加快施工进度；现场布置视频监控系统，总部实时远程监控现场进度。 4）良好的财务、充足的资金支持 本司财务状况良好，现金流充足，有充足的资金为本项目的建设保驾护航。 由公司总部提供资金保障；项目部资金专款专用；在项目施工节点控制方面，设置节点奖，采取激励措施。 5）开辟绿色通道、提高管理效率 公司总部给予政策支持，由集团公司每周定期组织公司职能部门及项目部主要管理人员召开现场视频推进会议，协调人、机、材、资金、技术、后勤保障等方面的资源，对项目部给予全方位的支撑。为项目的材料采购、作业队伍的选择、资金支付等内部审批流程开辟绿色通道，快速反应。 6）采取多项措施，确保节假日不间断施工 本工程跨越多个节假日，节假日用工稳定是确保工期节点的关键因素，对于节假日施工，将采取以下措施加以保证： （1）总体施工组织和施工进度安排上，充分考虑节假日的影响，节假日主要安排劳动力相对不是很集中的施工任务，提前储备春节期间留守施工作业班组及劳务人员。

续表

对策	（2）对于明确需要节假日加班的作业队伍，在用工协议签订时，明确要求劳务单位保证节假日能够连续施工，并明确考核机制。 （3）对于部分集中的外市劳动力，公司负责提供探亲通勤服务，确保劳动力准时返程。 （4）对于节假日施工，需要做好加班工人的后勤保障工作和经济补偿及激励工作，充分调动工人积极性

13. 多点作业中的安全管控是重点（表 1-16）

多点作业中的安全管控分析及对策　　　　　　　　　　表 1-16

分析	本工程体量大，现场安全管理点多面广，机械及人员数量大，多专业交叉施工多，安全管控是重中之重
对策	总平面布置的人流通道和物流通道分离，施工前规划好人流动线和物流通道。 分区分块流水施工，在平面上铺开作业面，各单体同时施工，避免施工人员的过分集中。 结构施工时，在竖向层次上依次推进，尽可能避免垂直交叉作业。 在专业穿插上安排作业面分批移交手续，明确管理责任，尽量避免同一区域多专业同时施工。 高空作业除了进行必要的安全培训和教育、安全带、安全绳、登高爬梯等防护措施外，针对本工程，还将采取在顶部安装行走通道；在柱梁对接位置顶部搭设安全操作平台，横向搭设安全通道。 加强门岗管控，配置专职保安团队；配置远程、高清、红外线、360°全方位监控

14. 体量大、任务重，资源整合是重点（表 1-17）

工期体量分析和资源整合对策　　　　　　　　　　表 1-17

分析	本工程总建筑面积约 111169.21m²，工程体量超大，资源整合是重点
对策	超前计划、确保资源供应，充分发挥本司全产业链的资源优势： （1）"兵马未动、粮草先行"，本工程在材料、机械和劳动力等资源的组织上需超前落实、分批采购和进场，保证资源的正常供给。 （2）本工程材料用量大，投标期间对材料采购、深化设计、加工生产都进行了周密的安排，根据类似的项目施工经验进行了建模工作，并对现有存货进行清点，确保开工后材料构配件能够及时快速抵达现场。 （3）对本工程需求量较大的钢筋、混凝土、模板、架体周转材料等，进行了详细周密的安排，确保满足工程的需求

15. 本项目整个施工周期均处于正负零以下，雨期汛期排水是重点（表 1-18）

雨期汛期排水分析和应对对策　　　　　　　　　　表 1-18

分析	因本项目绝大多数工程施工任务为地下工程，要求主体结构在 2021 年 8 月底封顶，即本项目将经历 2021 年的雨期，基坑工程容易形成雨水倒灌等现象，因此雨期汛期的防排水是本工程的重点
对策	（1）基坑顶设截水沟：围绕基坑顶四周设置截水沟，截水沟尺寸不小于 300mm×400mm，在基坑一侧砌筑 200mm×200mm 的挡水台，每 100m 设置一个积水井。 （2）坑底排水做法：排水沟沿坑底四周设置，沟宽 300mm，沟底低于坑底 300mm，坡度为 1%。集水坑沿底边角设置，在基坑底周边布置 12 个 800mm×800mm 集水井，井底低于坑底 0.6m，井内放置一台 ϕ75 的污水潜水泵

16. 本工程体量大、作业面多，确保各专业、各工序及相邻标段交接区域的施工衔接质量是重点（表 1-19）

作业状况分析和应对对策　　　　　　　　　　表 1-19

分析	本工程规模大，涉及专业多，综合性强，在施工过程中各工序、各专业及相邻不同总包单位标段相互衔接，如处理不好工序、专业及相邻标段交接区域施工前后的衔接，会造成工期的滞后及资源的浪费，施工组织困难，因此在这种综合性工程中处理好各单位工序之间的衔接，是确保工程顺利、按期完成的基础

对策	（1）做好工程的施工筹划，加强项目的统一协调，明确各阶段的工作任务，制定网络图，准确地描述各专业、各总包施工的重要节点时间。 （2）对关键线路上的工程项目进行优化，对工程瓶颈进行集中科技攻关，保障时间节点的顺利实现。 （3）提前做好各施工阶段的人员、物资及设备的准备，在工序或专业转换的时候能够快速入场，快速施工。 （4）加强各专业之间和相邻总包单位间的现场协调，避免相互影响、互为阻碍的现象

17. 项目为地下商业综合体，管线综合布置是重点（表1-20）

管线综合布置分析和应对对策　　　　　　　　　　　　　　表 1-20

分析	共享区域为三馆配套建筑，内含人防、供配电、热力、燃气、给水排水及消防、供暖、智能化等设备及管线，加之共享区域装饰造型奇特、复杂新颖，对机电工程的综合布线提出极高的要求
对策	利用 BIM 技术进行综合管线深化的再设计，重新进行管线排布，减少施工中的碰撞，减少施工中的返工现象，加快施工的进度，提高施工质量。 组建装饰及机电图纸深化小组和全专业的 BIM 小组，同时各相关设计单位均需派综合素质较高的人员至施工现场同总包单位、监理单位及业主单位共同组建技术专项办公室，由业主单位领导和支撑，其余单位全力配合。从技术层面上消除所有的碰撞、缺陷、错漏等问题。调整后出具安装综合管线图并进行三维实施、反复交底、监督和检查。 BIM 深化完成确认后为施工队伍出具相关施工图纸。

续表

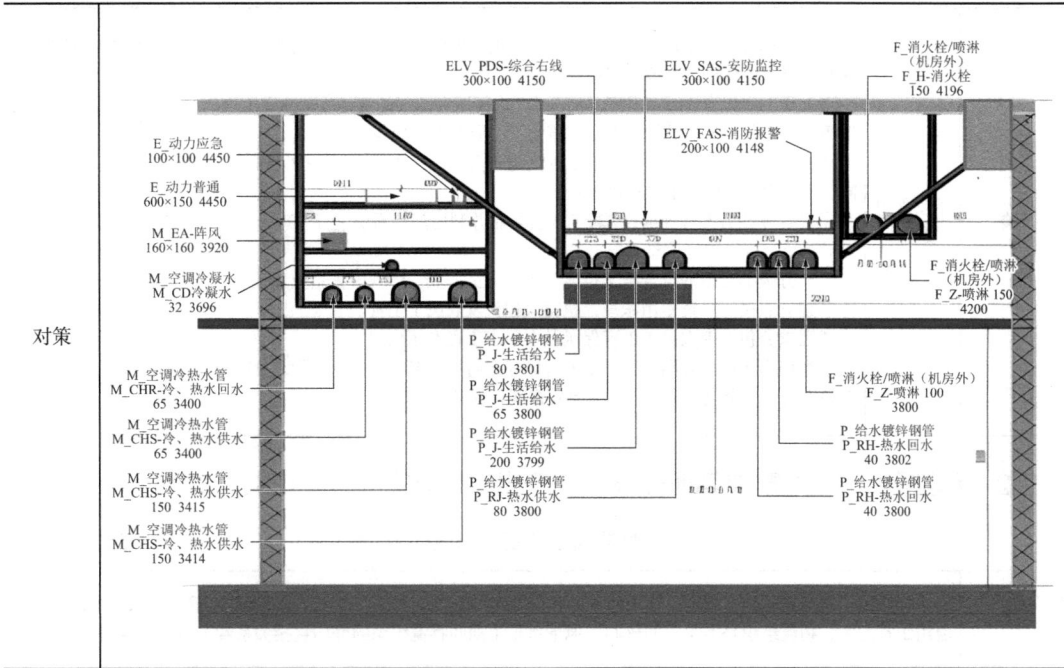

对策

1.3.2　施工难点挑战与克服路径

本节将对本工程施工难点进行分析并给出相应对策（表 1-21）。

施工难点概述　　　　　　　　　　　　　　　表 1-21

序号	施工难点概述	备注
1	人员聚集数量庞大，治安保卫及维稳管理难度大	表 1-22
2	场地紧张，四周毗邻其他标段，物流组织是难点	表 1-23
3	工期紧，资源需求量大且集中，组织难度大	表 1-24
4	相邻标段交叉影响多，协调管理难度大	表 1-25

1. 人员聚集数量庞大，治安保卫及维稳管理难度大（表 1-22）

治安保卫及维稳分析及对策　　　　　　　　　　表 1-22

分析		本项目计划 2020 年 8 月 30 日开工，项目一开工便需要组织大量人员进场施工，开工阶段预计需要工人约 300 人，高峰期施工人员达到 1500 人，工程施工项目人员流动大，工作相对集中。 本工程体量大、工期紧，人员聚集流动性强，参建的人员素质参差不齐，治安保卫及维持稳定十分重要
对策	治安保卫及维稳	（1）大规模劳动力拟在业主指定的工人生活区集中安置，实行集中分区管理，保证治安的管理。 （2）对生活区除采取标准化、军事化管理外，还联系当地卫生防疫部门，安排专业卫生防疫人员定期对生活区进行消毒、防疫，捕杀蚊蝇等，确保工人的健康和防止任何传染病。 （3）生活区和施工现场的出入设置门禁系统，并做好各系统之间的互联，对生活区人员和现场施工人员进行全面管理。

对策	治安保卫及维稳	（4）与正规保安公司合作，负责本项目的治安管理，对所有区域进行全方位、全天候的监控管理，并在主要人员聚集区安装做好视频监控。 （5）开工前与当地城市管理部门联系，取得城管部门的支持后禁止在工地周边摆摊设点，并派专人巡逻，保证务工人员的饮食安全并避免不必要的人员聚集。 （6）国务院发布《保障农民工工资支付条例》，自 2020 年 5 月 1 日施行，明确规范农民工权益保障，本工程拟采取如下维稳措施： ①设置专职劳务管理员，实行工人实名制并利用门禁系统进行管理，充分运用大数据手段，与智慧工地系统结合，做好信息采集。 ②充分吸纳当地的符合施工技能要求的人员就业，体现中央企业责任。 ③建立农民工工资专用账户，执行总包代发农民工工资。 ④要求分包办理农民工工资保函及农民工工资专用账户。 ⑤严格落实用工合同备案、工人进场登记离场备案、人员花名册、考勤表、工资发放记录等工作；准备农民工工资应急资金，应对突发情况，保证社会稳定

2. 场地紧张，四周毗邻其他标段，物流组织是难点（表 1-23）

物流组织分析及对策　　　　　　　　　　　　　　　　　表 1-23

分析	本标段地下室结构超长、超宽，地下建筑面积 109364.82m²，且施工工期紧，一旦开工整个区域全面铺开，物流组织难度大，物流组织是本工程的核心，地下室施工期间物流组织的好坏直接关系着工程的成败
对策	1）分阶段留设坡道 　在前期施工阶段，在基坑的东、西两侧各设置一个坡道，供塔式起重机安装、桩基机械设备的进出，在地下结构施工前期两个坡道仍旧保留，在施工至一定阶段后将西侧坡道清除，保留东侧坡道，施工至后期阶段将东侧坡道清除，将剩余地下结构补齐。 坡道留设示意图 2）塔式起重机配合倒运 　部分区域因场内道路及场地问题，无法设置材料加工场地，因此计划采用塔式起重机进行倒运，倒运次数尽可能控制在两次以内。 3）合理设置物料加工场及堆场 　在场地东、西两侧各设置一个主材料加工场地，北侧设置两处次材料加工场，在施工前期在运河故道上设置半成品材料堆场，在施工中期运河故道打通后，在运河故道上增加两处钢筋加工场。 4）合理安排施工工序，尽快连通运河故道 　为了尽快扩大材料加工场及堆场位置，在地下结构施工工序安排上，首先施工北侧与运河故道连接位置及运输影响区域的地下结构，结构连通后及时进行肥槽土方回填，可将材料加工场及堆场设置在运河故道上，减少材料的倒运。

续表

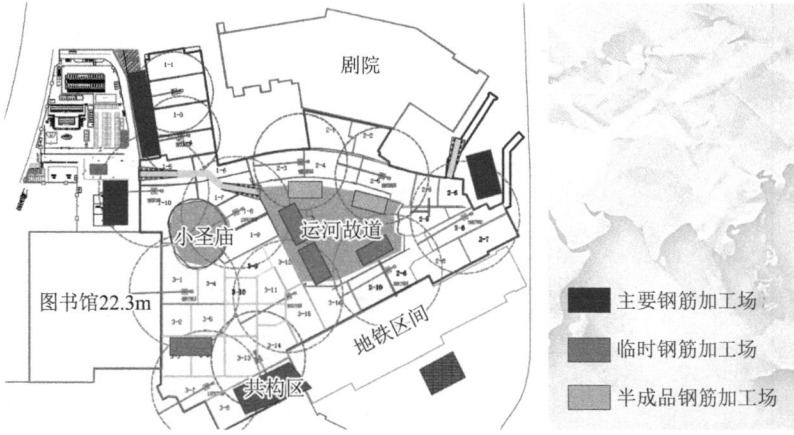

现场钢筋布置图

- 主要钢筋加工场
- 临时钢筋加工场
- 半成品钢筋加工场

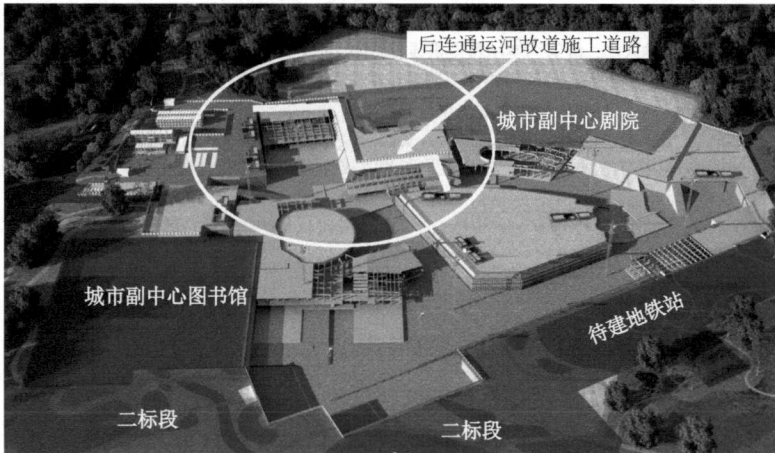

运河故道连通后效果图

5）合理选择支撑体系，地下留设通道
为了确保地下室材料能够顺畅运输，采用盘扣脚手架支撑体系在内部形成物流通道

施工通道

3. 工期紧，资源需求量大且集中，组织难度大（表 1-24）

物流组织分析及对策 　　　　　　　　　　　表 1-24

分析	本工程计划 2020 年 8 月 30 日开工，2024 年 4 月 7 日竣工，总工期 1316 日历天，施工时间紧迫，而且本项目体量大，劳动力、大型机械设备、各类工程材料及周转材料、资金等资源需求集中，资源组织难度大，特别是进场初期施工阶段资源组织难度更大

对策	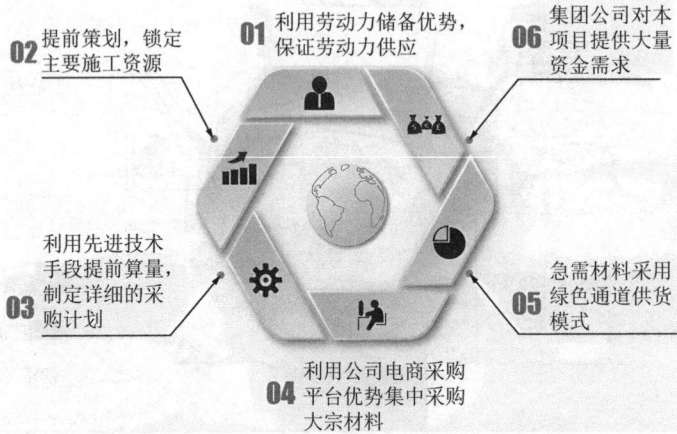（1）管理团队配备：我方将配备施工经验丰富、组织能力强的项目班子，项目管理人员、专业技术人员均由有同类工程施工经验的人员担任，优选北京基地项目管理人员参与本标段工程的项目管理，目前在华北地区有1000余名管理技术人才，能够为本项目提供强有力的支撑。 （2）劳务人员组织：劳务外协作业队为长期与我单位合作的成建制施工劳务队伍，目前拥有在建制劳务人员20万~50万名，目前已经筹备好本项目所需劳动力。 （3）利用华北地区施工领域的影响力及北京地区的地域资源优势，在投标阶段摸排各供货单位现有的资源储备情况和产能情况，锁定能够满足本工程需求的大宗材料、机械和构配件资源，并且能够根据现场施工需求供货。 （4）财务状况良好，有充足的资金为本项目的建设保驾护航；项目部资金专款专用，资金支付等内部审批流程上开辟绿色通道，快速反应

4. 相邻标段交叉影响多，协调管理难度大（表1-25）

相邻标段协调管控分析及对策　　　　　　　　　　　　　表 1-25

分析	本标段周边有多个标段交叉施工，在工程施工过程中存在大量的施工交叉，施工人员多、各标段塔式起重机布置数量多，施工期间相互干扰因素多；施工高峰期车流量会非常大，道路交通组织管理是难点；红线范围内基坑四周均无太多空余场地，材料堆放、加工场地有限，布置难度大 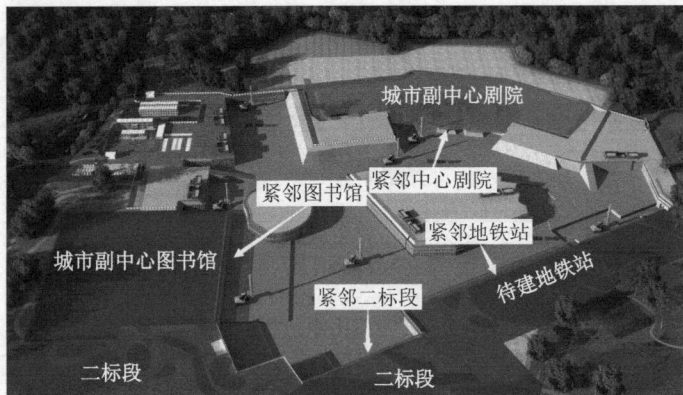 相邻标段关系效果图

对策	1）多标段相互干扰对策 （1）标段间施工人员干扰对策：标段之间用硬质围墙进行分隔，避免人员互窜。 （2）标段间塔式起重机干扰对策： ①塔式起重机布置充分考虑相邻标段项目现状及后期建筑物满足安全距离要求。 ②施工现场所有塔式起重机安装防碰撞装置，避免对相邻标段造成干扰。 2）场内物流组织对策 ①提前规划、有序组织：在交通运输繁忙的便道口，设立安全警示标牌、安全监督岗，设专人指挥行人和车辆，确保通行顺畅。 ②总分结合、统一协调：在施工过程中，各施工区的物流组织由各施工单位分别管理，并统一协调，明确各级管理单位的权利和责任。 ③平面管理、专人负责：成立物流管理组，由组长负责总体管理和协调。 3）临时设施布置对策 ①在项目开工前做好施工总平面规划，各施工阶段分别布置场地及运输通道。 ②设置大宗材料堆场、加工厂，同时布置成品与半成品堆场，将材料按分区、分类要求进行堆放

1.4　项目实施创新点

本项目工程投资规模巨大、空间结构复杂，且专业信息量庞大、协调难度极高，存在以下新型问题：①项目作业区域位于三座场馆合围区域的中心地带，与多家参建单位有着工作面交接情况，对于业主如何协调各项目之间的工作有着极高的挑战。②结构形式异样，存在不规则结构形式，中央大厅为正交拱结构，中庭拱形立面需按照建筑图对应的立面曲线施工，对清水混凝土成型工艺要求高，施工难度大。③项目含人防、供配电、热力、燃气、供暖、智能化等设备及管线，各专业管道长度之和约为 20 万 m，加之共享区域装饰造型奇特、复杂新颖，对机电工程的综合排布要求很高。④业主要求数字交付，竣工模型应添加信息数据，具备运维交付水准。

本项目实施的创新点如下：

（1）构建基于 BIM 云平台与精益建造体系相融合的管理方式，探索建筑生命期 BIM 数据共享和应用的新途径，实现基于 BIM 云平台的数据互用、管理、集成、应用等，并构建基于全过程、全寿命、全方位、全要素的精益建造管理平台。

（2）为对项目建设进行进一步的优化挖掘，从项目规划设计、建筑施工、监理、运营维护等方面存在割裂的现象入手，将它们紧密联系起来，从全寿命周期的角度向使用者让渡最大的价值；把施工中的建设单位、监理单位、施工单位、专业单位和服务的第三方打通，把结构、装修、机电、市政等不同专业有机连接；将进度、资源、成本等信息进行关联，通过"云 + 端"为项目参与各方提供模型和信息数据，为精益建造的有效实施提供技术平台。构建基于全过程、全寿命、全方位、全要素的精益建造管理平台，需要针对各参与方在全过程实现全要素管理存在的问题和迫切需求，构建 BIM 云平台与精益建造体系相融合的管理方式，研究基于 BIM 云平台的数据互用、管理、集成、应用等一系列关键技术，为社会创造出一套有参考价值的知识体系和技术平台。

第 2 章

BIM 技术在智能建造中的应用

2.1 BIM 技术在智能建造中的实现途径

BIM 技术在智能建造中的应用需求主要是由 BIM 技术和智能建造之间的内在联系和互补优势产生的。BIM 技术和智能建造之间的内在联系主要在于二者都是基于信息技术和数字化技术的建筑信息化的发展阶段，都是以三维模型为核心，以信息管理和协同为特征，以全生命周期为范围，以效率和质量为目标，以创新和价值为动力的建筑信息化的模式和方法。BIM 技术和智能建造之间的互补优势主要在于二者在功能和层次上的不同和相互支持。BIM 技术主要提供了建筑项目的信息的集成和协同的功能，它是智能建造的基础和前提；智能建造主要提供了建造过程的信息的分析和控制的功能，它是智能建造的核心和关键。因此，BIM 技术在智能建造中的应用需求是迫切和显著的，BIM 技术可以为智能建造提供信息的支持和保障，智能建造可以为 BIM 技术提供应用的场景和价值。

1. 精益建造理念

Lauris Koskela 提出将制造业的精益生产理论加以改造并应用到建筑业，以此消除建筑施工过程中的浪费和不确定性，并在 1993 年国际精益建造大会上首次提出"精益建造"的概念。随后众多学者和建筑公司纷纷投入这一领域的研究，并将精益建造理念应用于施工建造。徐奇升等总结并分析了精益建造中的关键技术，如并行工程、拉动式生产、价值管理、团队工作与 BIM 技术集成的优势。何清华等研究了末位计划系统和目标价值设计两种精益建造工具与 BIM 技术在集成项目交付中的运用现状。杨杰等针对建设安全事故频发问题，通过引入精益建造理念构建了精益安全管理框架模型，形成了技术、组织、现场三位一体的精益安全管理机制。夏晓辉等基于精益建造中末位计划系统和 LBMS 构建了计划与控制体系框架，以此提高施工生产计划的可靠性和稳定性。申金山等基于精益建造思想，从装配式建筑设计、运输和装配等方面提出了装配式建筑成本管理措施。既往研究表明，在建筑项目中实施精益建造可以提高整体项目交付绩效、质量、安全、风险管理和盈利能力。然而，由于项目团队成员缺乏教育与培训，限制了其对精益建造的认识和理解，难以将其应用于建筑行业的建设中。

2. 基于 BIM 和本体的大型地下空间精益建造方法

在大型地下空间的建造过程中，精益建造的本质是对建筑施工领域知识的获取、处理和复用，借助以本体论为代表的信息表达工具构建大型地下空间精益建造知识库，并与文本知识（相关标准、规范和建造活动记录文件）以及建造过程中 BIM 等所包含的语义信息建立连接，通过涵盖多个领域的技术和知识，进而满足复杂项目精益建筑的需求。因此，针对大型地下空间的精益建造方法提出了一个本体框架，通过开发建筑领域本体来集成多源异构数据，构建语义规则来实现精益建造知识的查询和推理，以辅助大型地下空间施工过程中的人工活动和支持决策。框架架构由四层组成：数据层、知识层、本体层和应用层，如图 2-1 所示。首先，数据层收集大型地下空间工程全过程所涉及的不同类别的数据。其次，在知识层通过建立知识库对进度计划、质量管理、标准、法规等知识进行提取和概念化，以帮助和理解精益建造的方法。再次，在本体层开发实体和语义规则的精益建造本体，并将原始数据转换为 RDF 格式来创建本体实例。最后，在应用层通过规则推理系统分析项目管理的重要影响因素，支持大型地下空间精益建造的决策。下面将详细介绍每一层。

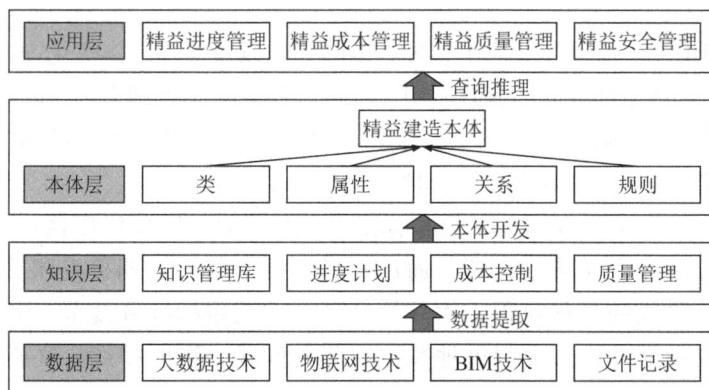

图 2-1　大型地下空间精益建造管理体系

1）数据层

数据层是实现大型地下空间精益建造的基础，包括大型地下空间工程全过程中涉及的不同类型的原始数据。相关数据可分为几类，首先是 BIM 模型信息，包括几何和语义信息、空间数据、施工进度信息、成本信息等，用于进行全面的工程管理和规划。其次是传感器设备监测信息，大型地下空间工程因其体量庞大，所带来的地质条件、施工条件和其他影响施工的因素越发复杂，传统的基坑及施工监测难以满足精益化需求，因此需要借助传感器设备对地下空间挖掘、支护、地下结构施工等阶段信息进行采集，确保施工过程中的安全性。最后是施工记录文档信息数据，包括施工过程的详细信息，例如日期、人员、施工方法、质量验收报告等，此类数据通常在检查和验收期间生成，并存储在相关系统或报告中。

借助 BIM 技术、物联网技术、大数据技术等信息化技术对大型地下空间建筑的各个阶段进行信息采集、资料上传，收集各类资源数据进而为精益建造管理提供数据支持。在数据层中通过将不同的技术融入大型地下空间建筑整个建造过程中，为后续本体知识的建立和精益建造管理建立了基础，保障了各环节高效、有序地运行。

2）知识层

由于数据层中原始数据并非都有助于精益建造，因此通过知识层梳理总结大型地下空间精益建造的相关方法和知识，通过构建知识管理库来支持本体对数据层信息的管理和应用。知识管理库扮演着收集、储存和传播知识的重要角色，为大型地下空间精益建造提供了指导和支持。

在大型地下空间工程中，精益建造主要是以减少资源浪费、提高整体生产力为目标，通过优化供应链、加强沟通和协作、持续改进、消除不必要的环节和资源浪费，从而在大型地下空间工程的规划、设计、施工和运营阶段实现更有效的管理和运作。因此主要从进度计划、成本控制和质量管理等角度构建知识管理库。

进度计划知识库中包含了规划、监测和优化大型地下空间工程的知识信息，强调工程项目中每一个关键步骤的时间表和流程，并借助准时化施工、末位计划体系、均衡化施工等管理技术对进度进行管理。此外，知识库中还包括风险管理、变更控制、进度监测和评估指标等，有助于项目团队了解施工进度，及时做出调整以确保项目按计划进行。

成本控制知识库中通过作业成本管理、准时采购以及工期成本优化等措施对成本进行优化。作业成本管理涉及资源的有效利用，通过合理分配和管理人员、设备等资源，从而减少浪费。准时采购则确保材料的及时供应，避免延误所带来的额外成本。工期成本优化则关注于在施工工期内提高效率，减少时间成本和可能的延误。

质量管理知识库中不仅涵盖了质量标准和检验方法，以确保项目达到高质量标准，还包括了过程控制和全面质量管理。通过实时数据采集、定期检查和反馈机制来实现监控和规范每个阶段的工程流程，确保符合既定的质量标准和规范。确保项目在整个过程中保持高质量标准，最大限度地减少缺陷和问题，同时持续提高施工流程的质量和效率。

3）本体层

由于数据层中信息来自不同信息系统的不同数据格式存储和表示，为了促进不同来源信息和知识的语义融合，通过精益建造本体实现对不同领域知识和信息的处理，由此构建一个能够清晰完整地描述建造过程的本体模型。以开源软件 Protégé 5.5 作为精益建造本体的开发工具，进行本体编辑、可视化结构以及查询和推理。

通过文献梳理和实际项目分析，总结了大型地下空间精益建造方法的概念体系及其关系，如图 2-2 所示。建造活动是指在大型地下空间工程生命周期中产生的活动或事件，如设计、生产和施工。同时，大型地下空间结构是从生产过程中产生的，比如设计产品中的施工图、施工产品中的地下结构等。规则约束通过法规、标准等对建造活动进行控制和约束。资源则包含人员、材料、设备等，以支持和实现建造活动。此外，精益建造管理通过成本、进度、质量和安全管理指导建造活动，实现大型地下空间结构的精益建造。最后，物联网技术通过监测和交互实现资源和建造活动之间的数据流动，以此对建造活动进行动态的精益建造管理。

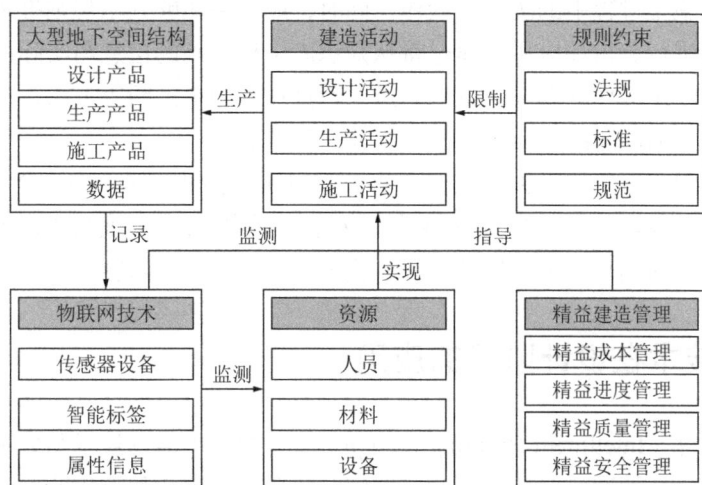

图 2-2　大型地下空间精益建造概念及关系

大型地下空间精益建造概念和关系被用作开发本体和属性的基础，即精益建造本体包括大型地下空间结构、建造活动、规则约束、资源、精益建造管理和物联网技术六大类，在每个类下构建特定的子类来表示大型地下空间精益建造过程中涉及的过程，最终形成类的层次结构。同时通过定义对象属性和数据属性建立不同关系信息类之间的从属关系。大型地下空间精益建造本体的可视化界面如图 2-3 所示。

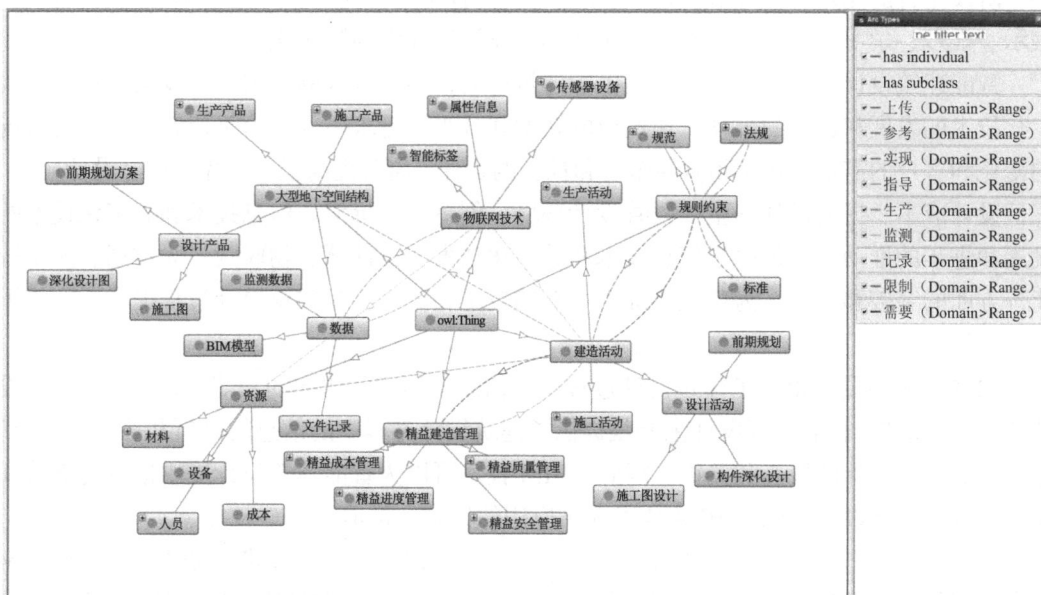

图 2-3　大型地下空间精益建造本体的可视化界面

4）应用层

应用层通过结合精益建造本体能够对大型地下空间工程在不同阶段进行知识检索，从知识库中检索与精益建造相关的各种规则、工程标准、设计规范、施工流程、质量控制要求等。当项目团队面临特定问题或需要指导时，应用层能够帮助他们快速获取适用的规则和信息，以指导施工过程中的决策和操作。同时，应用层能够利用规则推理系统，对检索到的规则和知识进行分析和应用，通过将从知识库中检索到的信息与实际的施工场景相结合，以便从中推断出最佳的解决方案。通过逻辑推理、因果推断等方法，规则推理系统可以帮助团队理解当前问题的本质，进而指导精益建造。

三大建筑工程建设单位牵头实现工程基于 BIM 的全过程、全寿命、全方位、全要素精益管理，在生命期各阶段，基于 BIM 特性，应用在不同的场景、实现不同的功能。本项目工程体量大，建设周期长，主要包括设计、施工、运维三阶段内容。

2.2　BIM 技术在设计阶段的应用

智能建筑设计（Intelligent Building Design）是一种基于信息技术和数字化技术的新型建筑设计模式，是一种通过对建筑设计过程中的各个环节进行智能化的管理和控制，实现设计效率的提升、设计质量的保障、设计成本的降低、设计安全的提高、设计环境的改善，以及设计价值的创造等目标的建筑设计模式。

智能建筑设计的发展历史可以分为三个阶段：第一阶段是信息化建筑设计阶段，即利用信息技术进行建筑设计过程中的信息的采集、传输、存储、处理、展示、交换等，实现建筑设计过程中的信息化；第二阶段是数字化建筑设计阶段，即利用数字化技术进行建筑设计过程中的数据的分析、模拟、优化、控制、评价等，实现建筑设计过程中的数字化；第三阶段是智能化建筑设计阶段，即利用人工智能技术进行建筑设计过程中的知识的获取、表示、推理、学习、决策、反馈等，实现建筑设计过程中的智能化。

智能建筑设计的发展背景主要是由于建筑业的转型和升级的需求，以及信息技术和数字化技术的发展和进步的推动。建筑业的转型和升级的需求主要是由于建筑业面临着市场的变化和客户的需求，以及环境的压力和社会的责任，需要提高设计效率、保障设计质量、降低设计成本、提高设计安全、改善设计环境、创造设计价值。信息技术和数字化技术的发展和进步的推动主要是由于信息技术和数字化技术在云计算、物联网、大数据、人工智能等方面的突破和创新，为建筑业提供了新的技术和方法，为建筑设计过程提供了新的平台和工具。

BIM 技术主要是提供了建筑设计过程中的信息的集成和协同的功能，它是智能建筑设计的基础和前提；智能建筑设计主要是提供了建筑设计过程中的信息的分析和控制的功能，它是智能建筑设计的核心和关键。因此，BIM 技术可以为智能建筑设计提供信息的支持和保障，智能建筑设计可以为 BIM 技术提供应用的场景和价值。

BIM 技术在智能建筑设计阶段的应用模式可以从以下三个角度进行分类：①按照 BIM 技术在智能建筑设计过程中的应用阶段，可以分为 BIM 技术在智能建筑设计的规划阶段、方案阶段、深化阶段、施工图阶段的应用模式；②按照 BIM 技术在智能建筑设计过程中的应用范围，可以分为 BIM 技术在智能建筑设计的单一专业、多个专业、整个项目的应用模式；③按照 BIM 技术在智能建筑设计过程中的应用深度，可以分为 BIM 技术在智能建筑设计的基础应用、进阶应用、高级应用的应用模式。

BIM 技术在建筑设计中的具体应用如下：

如想确保建筑工程的智能化，其首要任务则是将 BIM 技术运用于建筑设计中。在 BIM 平台搭建完毕后，需要由专业人员提前抵达建筑场地，对现场数据进行勘察收集，待整理完毕后录入已搭建平台的数据库内，便可安排后续 BIM 建模工作。

基于 BIM 的项目信息化管理应用平台，结合 BIM 技术可视化、协调性、可出图性、参数化的特点，可以提升施工效率、建筑产品质量、现场安全保障，降低工期、降低成本，具体应用包括三维平面策划、BIM 审图、方案模拟、提取工程量、多重对比、碰撞检查、可视化交底。

进行项目信息化智能管理。利用 BIM 模拟，将相关标准、工艺要求等，形成工艺工法库，上传至管理平台，实现多维度动态交底，实现过程标准导航。基于 BIM 建立统一高效的管理模式，输出最佳的实践经验。应用 BIM 模拟，可视化展现项目的计划、关键方案。拆分每个阶段的任务、交付物、时间节点，指派负责人。通过方案前置可视呈现项目整体状况，施工日志及无人机照片实时反馈现场工作状况。项目人员能够及时得到信息，随时查看图纸、文件及规范等。

基于 BIM 技术的三维建模软件对模型进行创建，通过人工的方式绘制建筑所需基础构件，如柱、梁、板等，同时按照勘测数据输入相关构件参数，软件即可自动生成整栋楼层的建筑模型，并按照内置清单和定额计算规则，计算其工程量；或者可通过将工程图纸导入三维建模软件，智能识别图中建筑基础构件，定义构件参数后即可进行计算机仿真，计算工程量。同时，在规划设计环节中也能运用 BIM 技术，例如住宅区根据周边环境得出 BIM 模型的模拟数据，规划整体布置方案并创建出更适合场地地形的全面建筑模型。对于传统二维图纸，通过"数据标注 + 文字注释"的形式，很难清晰明确地将施工中的复杂节点、关键部位等表示清楚，而通过 BIM 模型的可视化特点，则可用三维的形式使设计方更加准确地把控到建筑结构的细节，易于后续的调整优化。与传统建筑模型相比，设计人员能使用 BIM 模型渲染建筑项目设计效果，将其设计方案更好地展示给工程业主。借助 BIM 模型的可视化特点可以将建筑项目的整体布局和结构细节直观地展示出来，工程业主、施工单位及设计单位能准确、快速、全面地获取建筑设计的相关信息，利于各单位更好地进行研讨。

1. BIM 模型建立

针对北京城市副中心三大绿色建筑工程项目，建立其专有的信息化族库，方便各施工阶段进行应用。另外针对支撑连接处等细节进行精细化建模，需要对连接处的活动端及连接节点处的构件建立参数化的族库，便于进行碰撞检测和施工模拟等 BIM 模型应用。同时，建立参数化族库对于 BIM 模型的建立及维护、更新，竣工汇总、各专业交界处理，包含日常数据汇总、整理、施工过程的工程资料输入等模型的建立、使用、维护及深化工作意义重大。项目的信息化族库建立完成后，进行 BIM 模型搭建工作。根据施工图纸进行三大建筑项目整体模型及场地模型的搭建。其中 BIM 模型主要包含但不限于建筑 BIM 模型、混凝土结构 BIM 模型、给水 BIM 模型、暖通 BIM 模型、电气 BIM 模型、装修装饰 BIM 模型、模板支撑模型及场地平面布置图和消防模拟演示模型（图 2-4）。

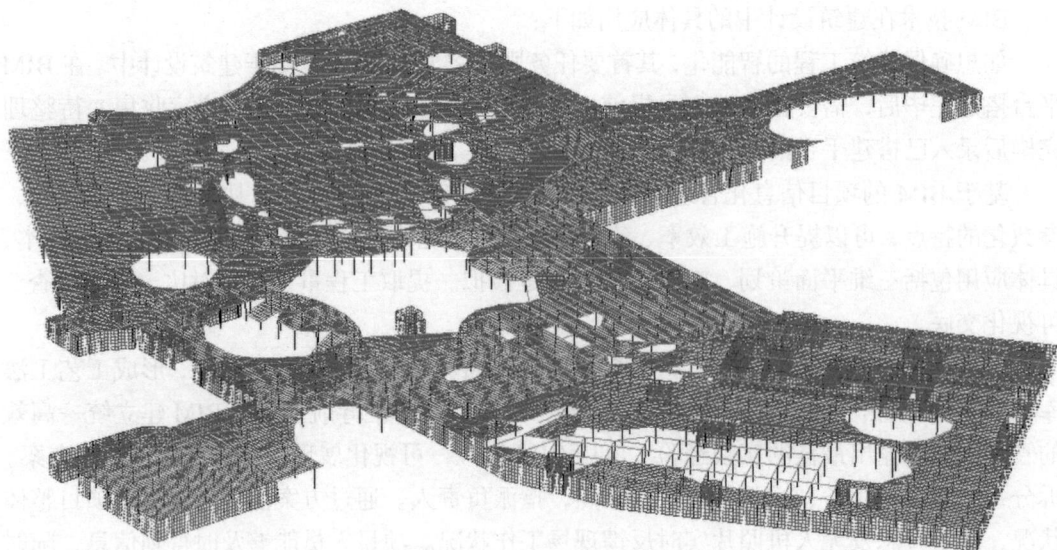

图 2-4　北京城市副中心三大绿色建筑共享配套设施 BIM 模型

2. 气流组织模拟

采用 PHOENICS 软件应用 k-ε 双方程模型对 B2、B1 层 C～J 轴的通高大中庭进行模拟分析，以验证其是否能够满足《绿色建筑评价标准》GB/T 50378—2019 中的相关要求（图 2-5）。

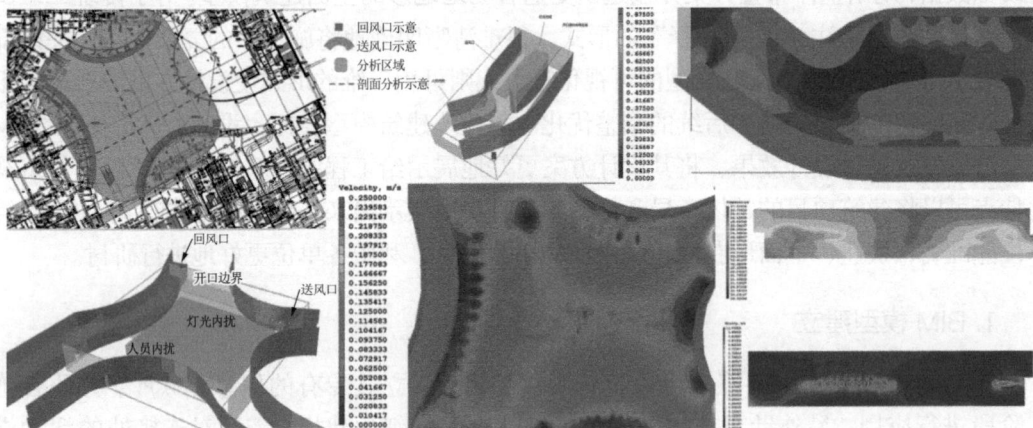

图 2-5　气流组织模拟

3. 人流疏散模拟

商业区结构复杂，室内与地铁出入口相接，室外的下沉广场、剧院和图书馆的连通口都是容易聚集的场地，为保障人车分流和人流量较大时的安全性，人员流动情况也是设计阶段需要考虑的一部分。本项目利用 Anylogic 软件模拟商业区高峰时人员流动情况，分析人流密集区域（颜色较深区域）并对该区域增设疏散通道入口，避免紧急事态时发生人流拥挤、踩踏等事故，提升客户安全性和体验感（图 2-6）。

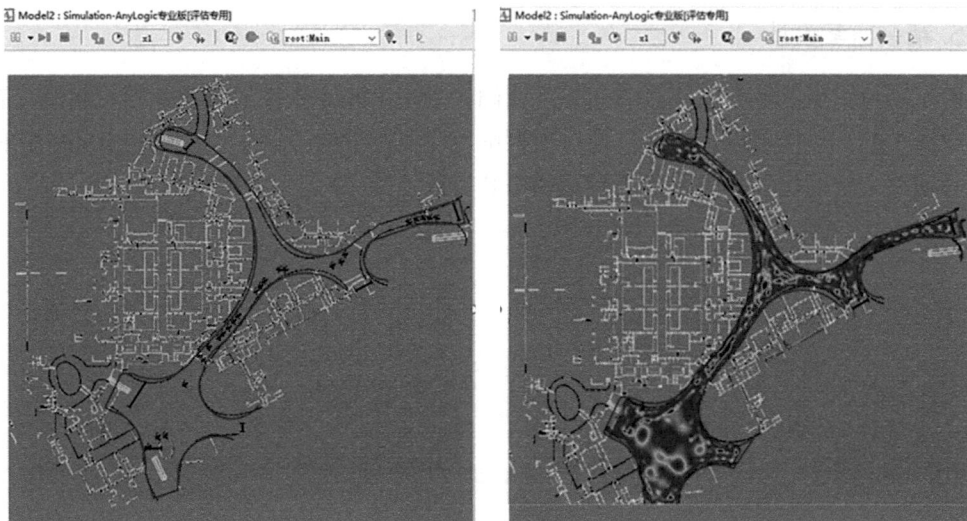

图 2-6　人流疏散模拟

4. 地下室结构抗震设计

地下结构的抗震设计有利于降低建筑物的受损风险，例如对于墙体、柱子等结构可以采用加固技术，使其能够承受更大的地震作用；而对于混凝土结构，则可以采用抗裂技术来提高其强度和弹性，从而使结构更好地抵抗地震的影响。由于本项目体量庞大且形体复杂，这里通过 YJKCAD 对模型进行布尔系列计算，所得数据满足设计规范要求，不仅能够降低建筑物在地震中的受损风险，还能够节省抗震和应急救援的成本，以及更好地实现建筑物的使用效果（图 2-7）。

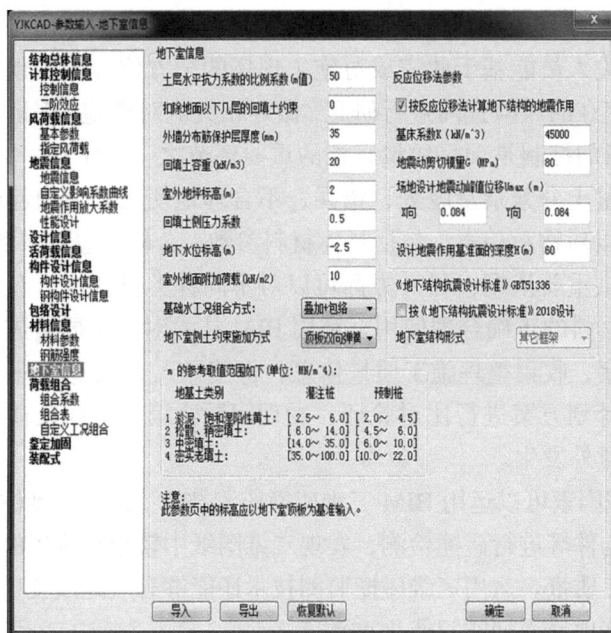

图 2-7　地下室结构抗震设计

5. 精装方案设计

由于项目单层区域与双层区域交界不明确，采用 Rhino 软件搭建建筑结构模型，制作全息投影动画，对楼层进行划分，通过模型确定专业图纸的楼层定位。使用 Rhino 软件搭建精装模型，辅助设计师确定精装样式和精装方案（图 2-8）。

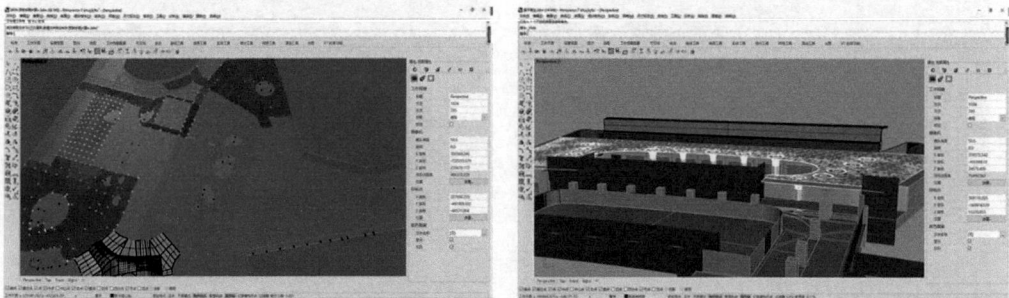

图 2-8　精装方案设计

2.3　BIM 技术在施工阶段的应用

1. BIM 技术在质量管理中的应用

如今一个建筑的建造周期在逐渐缩短，人们对快速建设高质量建筑物的需求也逐渐显现。此时 BIM 技术在保证速度的情况下还能确保高质量的作用得以凸显。BIM 主要是通过对五大因素（人为因素、材料因素、机械因素、方法因素、环境因素）的把控来保证工程质量。

BIM 技术能够基于建筑项目施工图纸完成对建筑场地的快速仿真，实现 3D 可视化技术交底。项目相关人员能基于此完成对施工现场的全方位分析，预知可能发生的质量管理问题，对项目存在的风险提前进行研究，做好相关应对措施，保证施工质量达到既定工程要求。施工材料的控制是项目质量管控的重要环节之一。对于一个项目而言，施工所需材料的种类和数量十分繁杂及庞大，错误、不合理地使用都会引起严重的后果。采用 BIM 技术一方面可以对物料信息，包括具体材料参数、合格信息、来源等进行详细记录，为后续工程检查提供重要依据，另一方面可以对不同种类材料进行有效划分，为工人提供施工方法，保证材料的正确合理使用。利用 BIM 技术对施工质量进行管控，通过对现场施工情况进行勘察，收集整理施工质量信息，将其导入 BIM 信息平台，平台会自动基于前期设置的质量计划方案进行比对验证，发现问题会第一时间反馈给项目各单位，及时做出应对，防止意外发生。

同时，针对机械因素可以运用 BIM 三维碰撞监测技术。通过三维仿真建筑模型对工程中机电安装、建筑构件等进行碰撞检测，发现二维图纸中较难观测出的技术问题，并予以优化调整，提高施工质量。运用三维碰撞监测技术还能够有效地改良项目、管道线路布控的方案，更好地提高项目规划的智能化水平。

外界环境对施工的管理随时会起到不确定性的影响，通过将项目周边因素，如交通、地理、环境等录入 BIM 模型，可反映建筑项目的真实情况，模拟可能存在的变化，预知项目风险，为工程的顺利高效实施奠定坚实的基础。

2. BIM 技术在资源调配中的应用

在很多行业之中，节能环保已经成了一个非常重要的命题。BIM 技术对于建筑行业整体的环保发展都具有非常重要的作用。因为它可以模拟在整个建设过程之中的各方情况，能够让建筑节能设计有一个综合的解决方案，对于自然资源进行合理配置，带动了施工工程的整体经济效益的提升。

资金使用计划、人工消耗计划、材料消耗计划和机械消耗计划可以依托 BIM 模型得到合理的安排。在 BIM 模型的基础上编制进度计划，赋予时间信息得到 4D 模型，基于该模型进行施工进度仿真模拟，模拟过程中各施工工序与甘特图滚动同步进行，项目人员可以从中得知任意时间段各项工作量的完成度，分析项目施工计划，合理安排各项工作。而在此基础上再次引入造价成本还可得到 5D 模型，制定资金使用计划。

在传统的建筑建设过程之中，尤其是具体的施工过程之中，各个部门如果没有进行妥善的管理，往往会出现分歧，不能达到良好的分工协作功效。而 BIM 技术有云数据库，每个部门都需要将自己工作的相关数据上传至数据库，而所有部门的数据资源都是共享的，这也就大大降低了每个部门之间协作的难度。而且资源实施共享能够使资源得到合理配置，尽可能降低资源的浪费，提高企业的经济效益。

3. BIM 技术在安全与环境管理中的应用

通过物联网、GIS 等技术的引用，将 BIM 模型结合 VR 设备，建立了多角度的建筑物漫游模式。对重大安全危险源进行辨别，以特定的形式进行标记，将一般危险源与重大危险源区分出来，在项目开展过程中予以重视。

以往工人们对安全交底的接受程度不高，很大程度归因于安全负责人员仅仅通过图纸来进行描述，无法准确地传达意图，起到的效果不强。而 BIM 技术为安全技术交底带来了更多、更直观、更好理解的方式，以动态漫游、三维模拟、虚拟施工等代替传统的图文描述，让工人们提前熟知操作要点，了解现场情况，保证安全交底的顺利实施。

施工环境保护在目前环境问题日益凸显的大背景下已经越来越重要，施工环境管理不仅包括场地内部的管理，还包括对外部环境的影响。将 BIM 平台与智能 App 结合起来，实现施工环境的动态管理，通过现场拍照或者视频监控，对各种因素进行实时观测记录，出现问题及时反馈解决。

具体到三大绿色建筑的应用如下：

1）场地布置

BIM 技术支撑临建的方案比选，模拟生活区、办公区及施工场地的应用，确定最终方案；能够满足办公、住宿与施工的合理性需求，有效规避拆改、改建、扩建等问题。施工现场市政管道复杂，项目部办公区选址困难，采用 BIM 技术搭建场地模型（图 2-9），避开作业复杂区域，方便现场办公的同时，也为现场的施工作业环境创造了条件。本项目选址一次成型，节约场地布置成本约 30 万元。

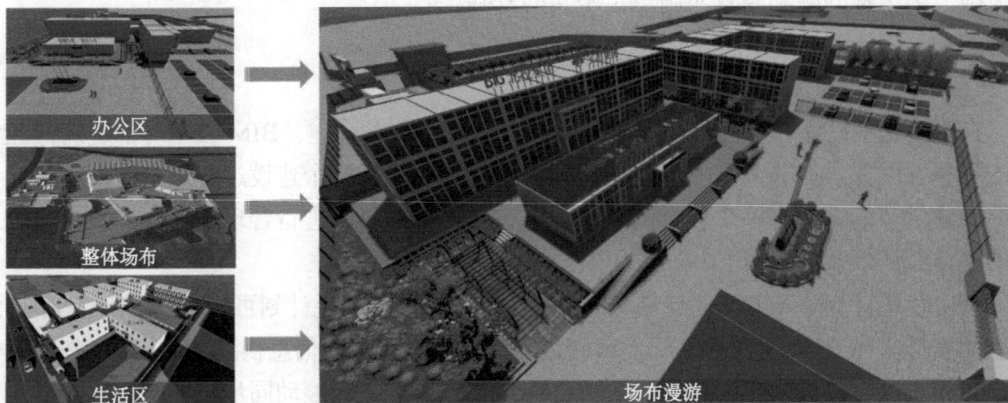

图 2-9　施工场地布置策划

2）图模会审

项目是综合车库、地下商业餐饮、电影院及其他配套服务设施功能于一体的大型公共建筑项目，建筑结构形式空间关系复杂，图纸问题较多，在识图建模施工过程中贯穿应用 BIM 技术（图 2-10），发现图纸中土建专业内部的问题 87 处，协调各专业之间的问题 105 处，解决机电管线碰撞 15675 处，有效地避免了现场施工的拆改。

图 2-10　建模图纸审核报告

3）施工模拟

项目建筑实体单层面积达到 88000m²，但周边环绕地铁、图书馆、剧院等多个项目，因此有效的施工场地紧缺，在项目策划阶段充分应用 BIM 技术的可视化模拟进行施工组织方案的分析，最终分为三个工区合计 41 个施工流水段，设立 12 台塔式起重机的群塔作业环境，有效模拟施工顺序及总体工期计划，在项目的起始阶段即达成一致的施工管理思路目标（图 2-11）。

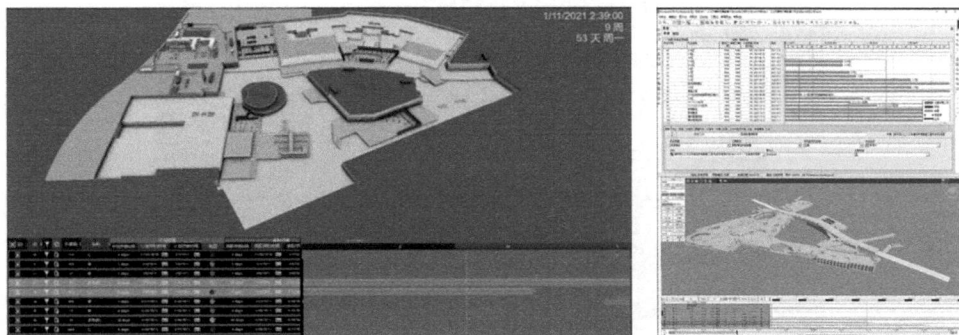

图 2-11　4D 施工模拟并与计划进度关联

4）模型深化

针对项目的复杂和施工重难节点进行深化（图 2-12），如大厅圆拱处钢筋深化、与剧院连通处的劲性结构梁柱节点处等共计 18 个节点，并进行可视化交底，提高施工一次成型合格率。

图 2-12　节点深化过程

同时根据设计及技术方案的要求，在 BIM 模型上进行构造柱过梁、圈梁深化布置（图 2-13），提取二次结构混凝土的用量，出具构造柱定位及预留洞口图纸，预算时根据 BIM

出图进行钢筋的算量，加强了成本精细化控制。现场施工依据图纸进行植筋施工及后期的构造柱质量抽检核查。共计出具深化图纸 600 余套，深化砌体洞口 28000 多个。

图 2-13　砌体深化过程

项目机电管线体量大，各类通风、空调管道总量约 6 万 m，强电、弱电桥架总量约 4 万 m，各类水系统管道（含镀锌钢管、铸铁管等）约 10 万 m，通过 BIM 技术管综排布，使得管线排布美观，层次分明。对管综模型进行二次深化，利用导出后的图纸指导现场施工，解决机电排布问题 900 多个（图 2-14）。

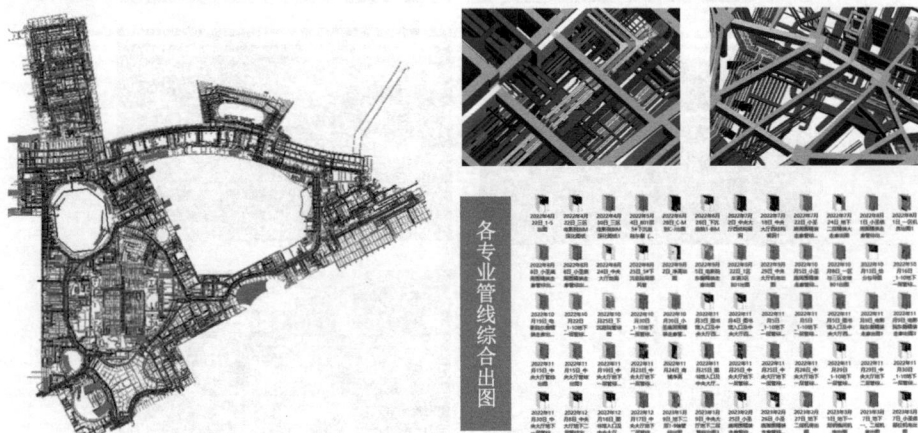

图 2-14　管线综合过程

通过深化机电施工和结构模型，提前发现风管洞口、电气套管洞口与暗柱钢筋的碰撞，将机电套管精准定位，现场依据深化图纸进行预留施工，避免了主体结构二次返工和开洞。共计深化一次预留套管 206 组（图 2-15）。

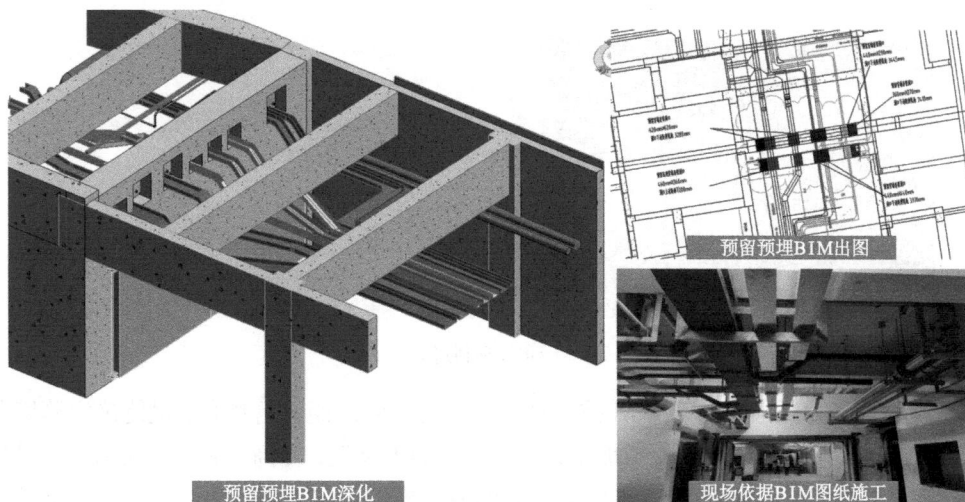

预留预埋BIM出图

预留预埋BIM深化

现场依据BIM图纸施工

图 2-15　预留预埋过程

借助 BIM 软件结合支吊架的安装方案，进行支吊架数据安全性的验算，出具支吊架计算书并得到设计院复核的签字认可，再对分包单位进行 BIM 支吊架交底（图 2-16）。

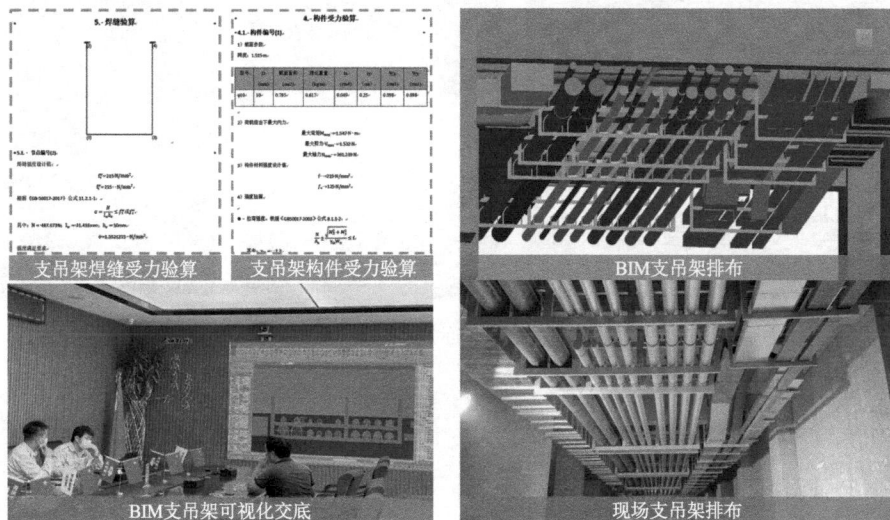

支吊架焊缝受力验算　支吊架构件受力验算

BIM支吊架排布

BIM支吊架可视化交底

现场支吊架排布

图 2-16　支吊架深化过程

通过应用 BIM 技术可以模拟所有管线的综合排布位置和工序，利用 BIM 模型的三维可视化可形象地展示室内空间净高，提前预知净高数据并协调相关单位优化设计净高不满足的位置，从而实现室内空间净高控制目标（图 2-17）。

B1层管道复杂处净空分析

B1层后勤通道管道净空分析

图 2-17　净空控制过程

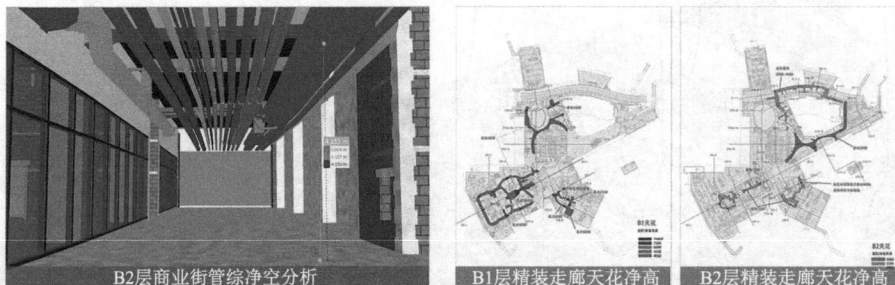

B2层商业街管综净空分析　　B1层精装走廊天花净高　　B2层精装走廊天花净高

图 2-17　净空控制过程（续）

项目幕墙多为弧形，基于 BIM 技术对弧形幕墙分隔间距进行优化，最终确定幕墙分隔间距为 1165mm。通过对型材模拟加工，避免出现加工错误，提高材料加工准确度。最后使用 Pro/E 三维幕墙设计系统导出的 STP 格式的零件模型，快速生成可以直接用于数控机床的 G 代码，实现型材构件数字化加工（图 2-18、图 2-19）。

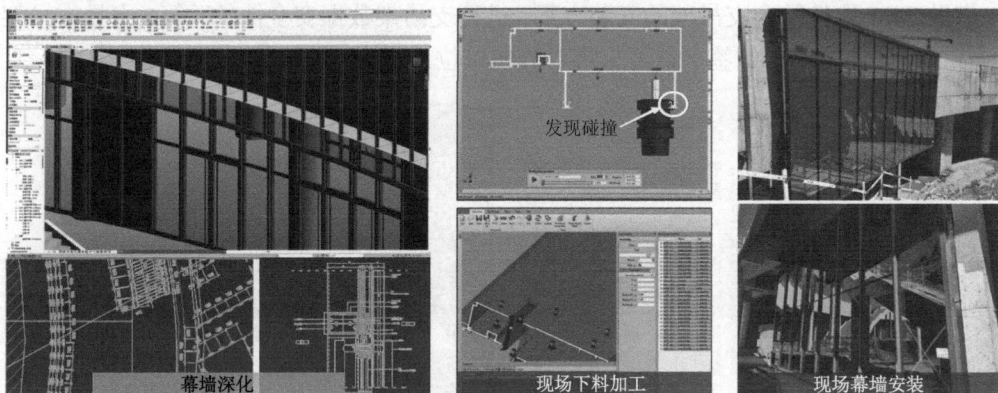

幕墙深化　　现场下料加工　　现场幕墙安装

图 2-18　幕墙深化过程（一）

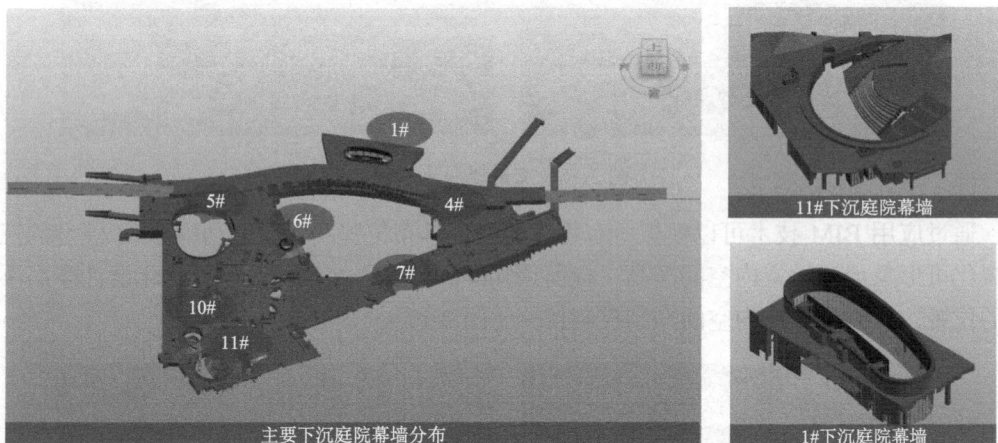

主要下沉庭院幕墙分布　　11#下沉庭院幕墙　　1#下沉庭院幕墙

图 2-19　幕墙深化过程（二）

5）模实一致性核查

响应业主的模实一致性要求，项目部每周组织 BIM 管理人员和施工管理人员到施工现场核查模实一致情况，通过对现场进行三维扫描，采用高速激光扫描测量的方法，高分辨率地获取被测对象表面的三维坐标数据，快速建立物体的三维影像模型。再利用 BIM 软件逆向建模，将该模型与设计模型进行对比碰撞，形成碰撞报告，然后对 BIM 模型进行调整，辅助工程质量检查、快速建模、减少返工。通过基于 BIM 的施工模型与施工现场实际建设情况进行比对分析，掌握现有施工进展以及潜在问题，并以 BIM 技术为核心，推动各方协同，尽快完成竣工交付（图 2-20）。

图 2-20　模实一致性核查

6）模型动态展示

应用全息投影技术帮助施工团队总体规划，讲述施工流程、施工规划以及施工细节等，预演整个施工过程中可能面临的困难，可以在一定程度上提高施工效率，增强施工的安全性，使管理更加完善。利用全息投影技术，技术人员可以模拟建筑工地场景，将操作流程、工地安全等要点展示给施工人员，培养人员技能，使其明晰施工技术，清晰工作流程，提高工作效率，从而提高施工安全性，减少安全事故（图 2-21）。

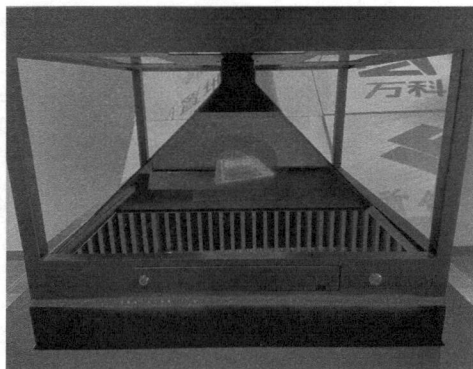

图 2-21　全息投影

利用沉浸式体验在项目前期帮助业主确定外墙材质精装选材，模拟灯光效果、展示功能房间整体效果等，通过材料效果对比提升了选材效率，减少反复选材、样品对比等繁琐耗时的过程。沉浸式体验模型使虚拟样板代替实际样板，节省建造实体样板资金（图 2-22）。

图 2-22　沉浸式体验馆

7）正交圆拱参数化应用

本项目的一大创新点是基于 BIM 技术的正交圆拱参数化应用，应用过程围绕正交圆拱深化背景、正交圆拱深化流程、正交圆拱结构深化应用、正交圆拱结构施工定位应用、正交圆拱结构施工支撑体系、正交圆拱钢筋深化应用、正交圆拱模板深化应用、通过 BIM 模型确定浇筑顺序、正交圆拱结构深化复核九大方面展开。

（1）正交圆拱深化背景。中央大厅是目前我国地下空间跨度最大、高度最大的大跨度井格交叉拱形混凝土结构。最大跨度 44m，最大高度 16m，穹顶为承载其上方的植被水土，每平方米承重达 2～3t。中央大厅由 18 榀拱结构作为支撑，其拱梁截面为 800mm×1400mm、800mm×1200mm、600mm×1400mm、600mm×1200mm，楼板厚度 300mm。混凝土采用 C40 细石混凝土，并采用 PKPM 软件将各个拱形梁按照投影面积进行受力计算。传统的建模方式难以实现拱结构模型搭建，这里采用 Rhino 的参数化功能对正交圆拱结构的钢筋、梁、板分别进行深化建模（图 2-23）。

图 2-23　正交圆拱深化背景

（2）正交圆拱深化流程。从正交圆拱深化开始到结束的过程中，先应用 Rhino 软件搭建正交圆拱结构模型，在基于结构模型的三维空间坐标进行定位，接着基于结构模型建立高支模支撑体系，然后基于结构模型的弧度进行钢筋节点深化，紧接着基于结构模型的模板深化排布，随后基于结构模型的混凝土浇筑界面划分，此后应用 Rhino 软件搭建正交圆拱结构模型，最后检验模型是否与需要的正交圆拱深化结果一致，若一致则完成深化过程，若不一致则重新进行正交圆拱的深化（图 2-24）。

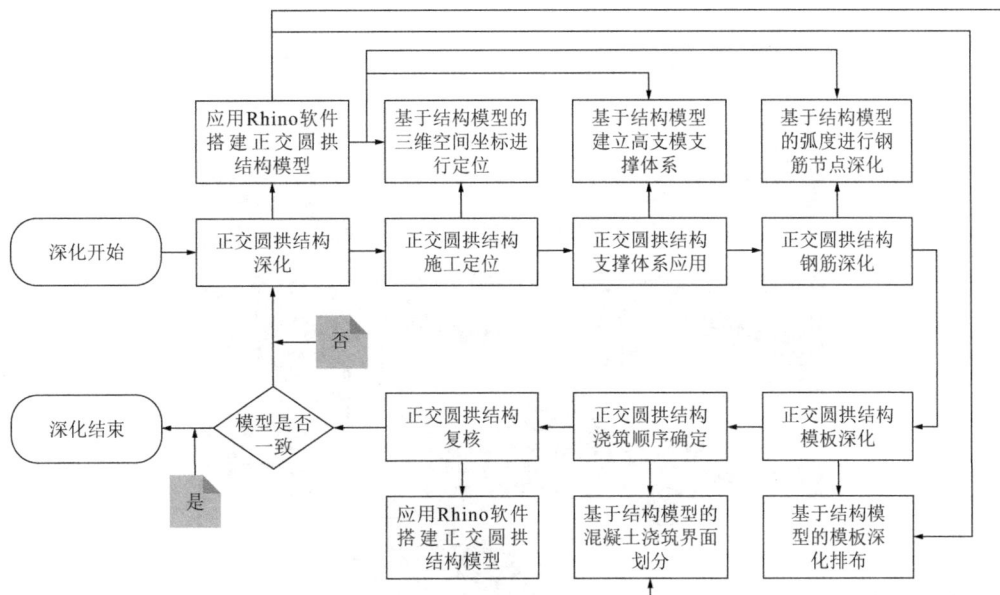

图 2-24　正交圆拱深化流程

（3）正交圆拱结构深化应用。依据结构图纸中标注梁尺寸，结合立面拱高，编辑参数化逻辑关系，形成参数化电池组，将曲线重建，优化三阶自由曲线为二阶圆弧，根据梁宽度进行放样生成结构模型（图 2-25）。

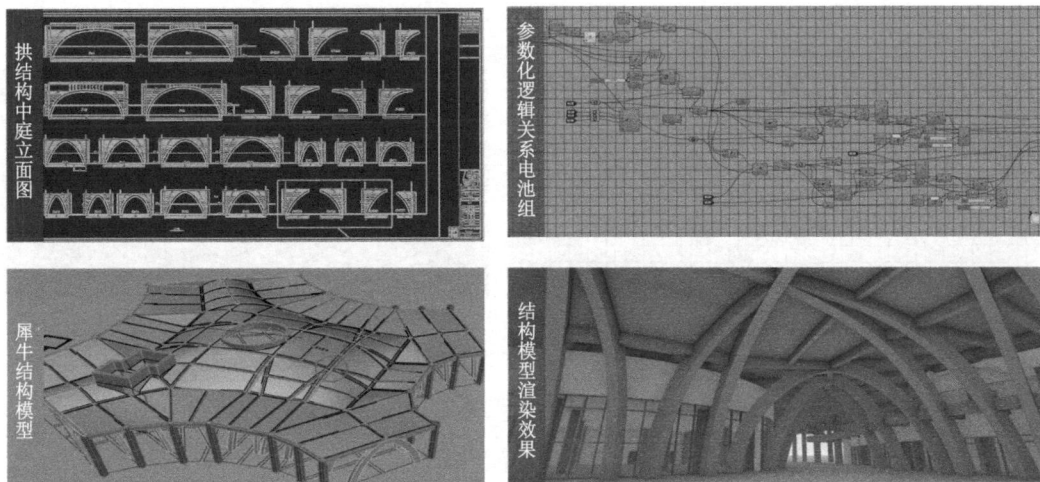

图 2-25　正交圆拱结构深化应用

（4）正交圆拱结构施工定位应用。中央大厅拱梁的空间定位精度是拱结构成型质量的关键，通过在搭建的结构模型内添加多个参数点，可以准确获得梁柱根部点位的三维空间坐标，将坐标点信息汇总成表，提供给现场测量放线的技术人员，并对控制点网格弹线，实现每一根弧形梁的落点定位，保障了下一步施工工序的顺利展开（图2-26）。

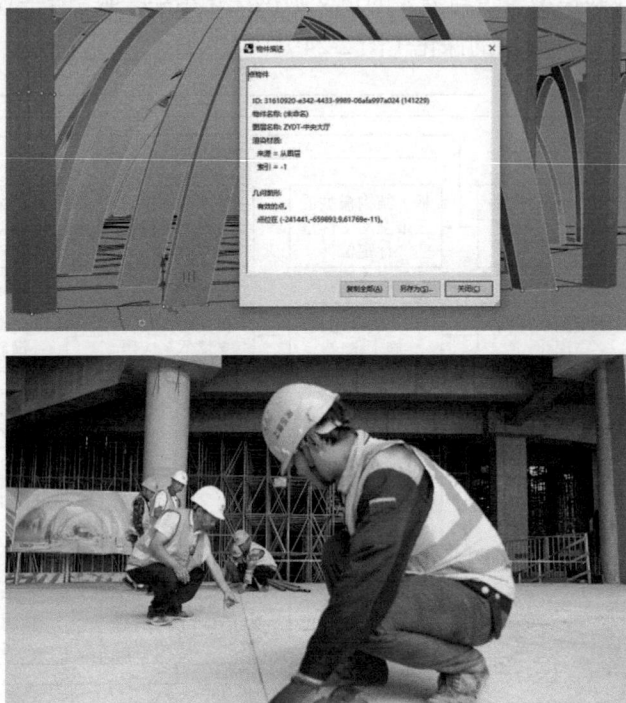

图 2-26　正交圆拱结构施工定位应用

（5）正交圆拱结构施工支撑体系。由于正交圆拱结构高度16m，属于高支模作业，不同于一般的结构形式，正交圆拱的弧形梁对于高支模架体搭设要求更为严格，这里应用BIM技术搭建拱形结构的高支模模型，指导现场的盘扣式满堂脚手架搭接，确保拱结构精准成型（图2-27）。

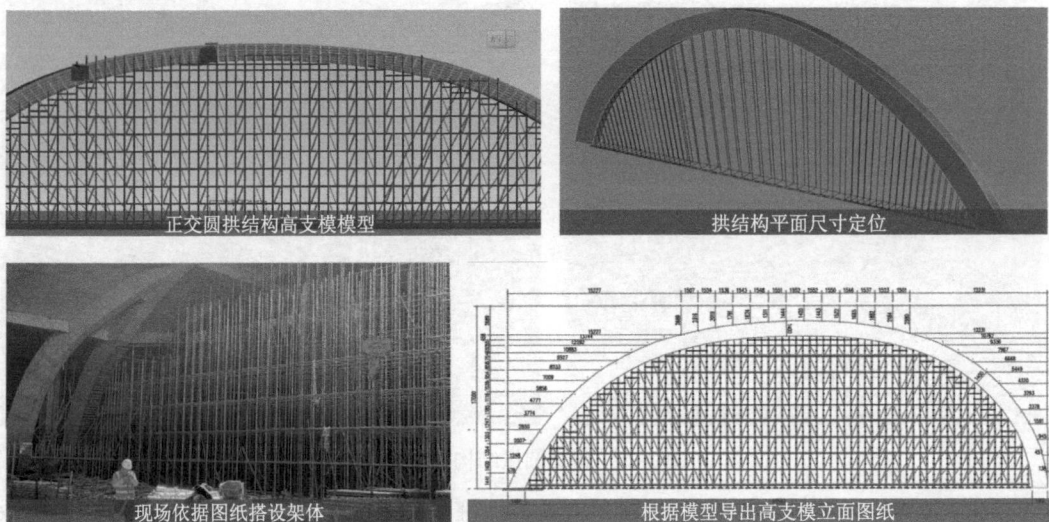

正交圆拱结构高支模模型

拱结构平面尺寸定位

现场依据图纸搭设架体

根据模型导出高支模立面图纸

图 2-27　正交圆拱结构施工支撑体系

（6）正交圆拱钢筋深化应用。由于正交拱形结构节点处多根拱形结构梁以不同角度斜交，传统手段无法实现，通过在结构梁模型中提取曲线作为钢筋放样路径，根据柱截面布置钢筋根数，通过放样生成主筋、箍筋，在放样路径起点建立模型组，通过曲线阵列生成箍筋模型，检查模型碰撞情况，合理优化钢筋布置，指导安装前的钢筋按编号下斜和预弯（图 2-28）。

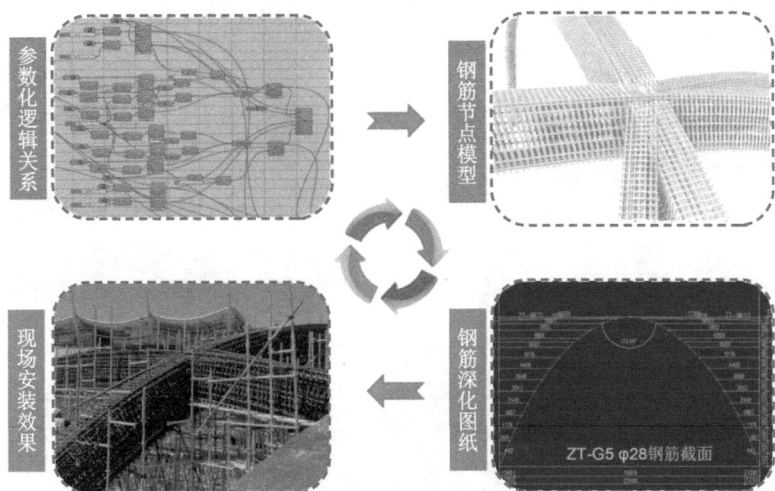

图 2-28　正交圆拱钢筋深化应用

（7）正交圆拱模板深化应用。基于 BIM 技术应用 Rhino 的参数化功能对模板进行设计分割，导出模板的深化图纸，生成模板的编号及对应尺寸报表，输入数控机床进行模板的定型加工，再将生成的模板深化图纸下发到工人师傅手中，有效保障了梁体尺寸弧度的流畅精准，实现了清水混凝土施工效果（图 2-29）。

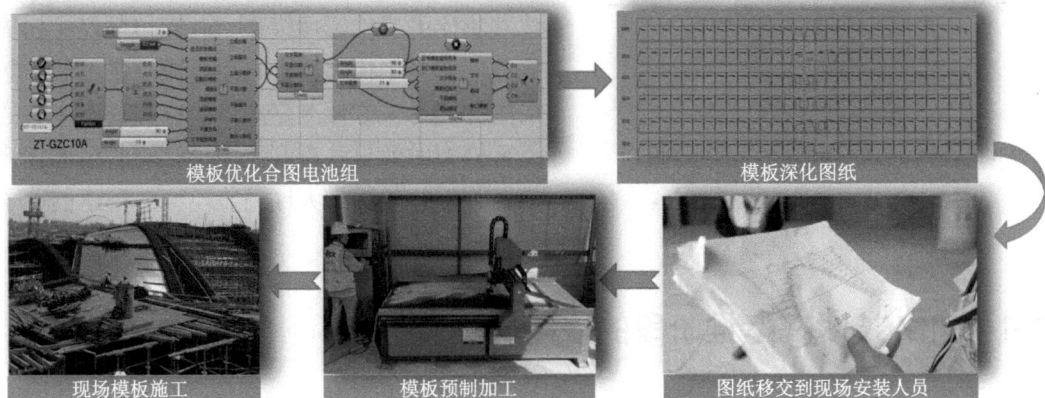

图 2-29　正交圆拱模板深化应用

（8）通过 BIM 模型确定浇筑顺序。通过 BIM 模型找到弧形梁与楼板的交接层，将正交拱形结构分三次浇筑最为合理，第一次浇筑：从结构底板到夹层顶板；第二次浇筑：夹层顶板到拱形梁顶板下 150mm；第三次浇筑：拱形梁顶板下 150mm 处到拱形梁顶板。根据圆拱浇筑方案，为保证三次混凝土浇筑无色差，提前与搅拌站取得联系，锁定混凝土原材料及混凝土配合比，现场施工队伍严格按照浇筑方案的分界线，合理分配人员进行混凝土浇筑作业，最终顺利完成施工（图 2-30）。

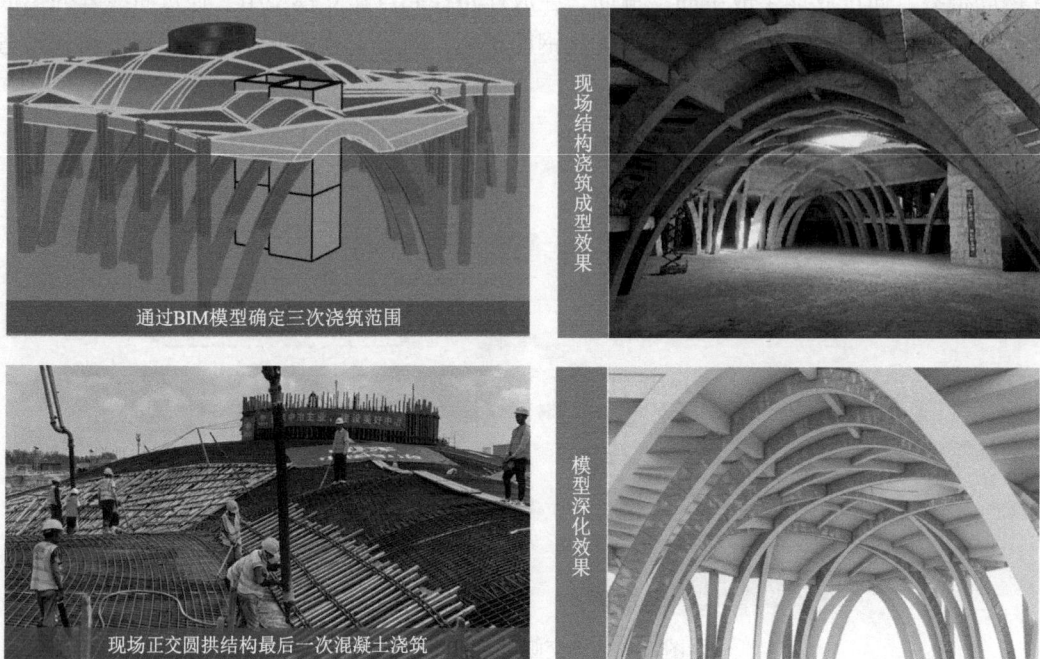

图 2-30　通过 BIM 模型确定浇筑顺序

图 2-31　正交圆拱结构深化复核

（9）正交圆拱结构深化复核。专门的测绘人员利用三维扫描仪对现场异形结构梁柱进行扫描，通过高速激光扫描测量的方法，高分辨率地获取被测对象表面的三维坐标数据，快速建立物体的三维影像模型。激光扫描仪在扫描完成一部分结构之后会自动生成一张类似于效果图的照片，方便测量人员预览扫描完成后的点云模型的效果，有利于圆拱结构的精细化建模，为后续的圆拱大厅精装模型的搭建创造了条件（图 2-31）。

2.4　BIM 技术在运维阶段的应用

BIM 技术在建筑智能化中有着建筑全生命周期的信息集成管理功能，而运营阶段在全生命周期中又是最长的。运营阶段的管理可分为设备维护、资产可视化信息管理、安全管理等。通过使用 BIM 技术和设备管理系统相结合，使系统能准确地记录下每个设备的信息，管理人员可以实时地观察到设备的状况，提前维护，预防故障，同时降低维护费用，又能安排具体的周期性维护方案。

BIM 智能运维数据模型要消除关键数据丢失的风险，同时能够更加及时、方便、有效地检索到需要的信息，进一步通过对基础数据进行数据挖掘，智能分析决策，实现真正的智能运维。

运维阶段 BIM 应用承担运营与维护的所有管理任务，其目的是为用户（包括管理人员和使用人员）提供安全、可靠、便捷、健康的建筑环境。运维管理围绕空间与资产管理、应急管理、能耗管理进行。北京城市副中心三大绿色建筑及共享设施项目综合管理运营平台如图 2-32 所示。

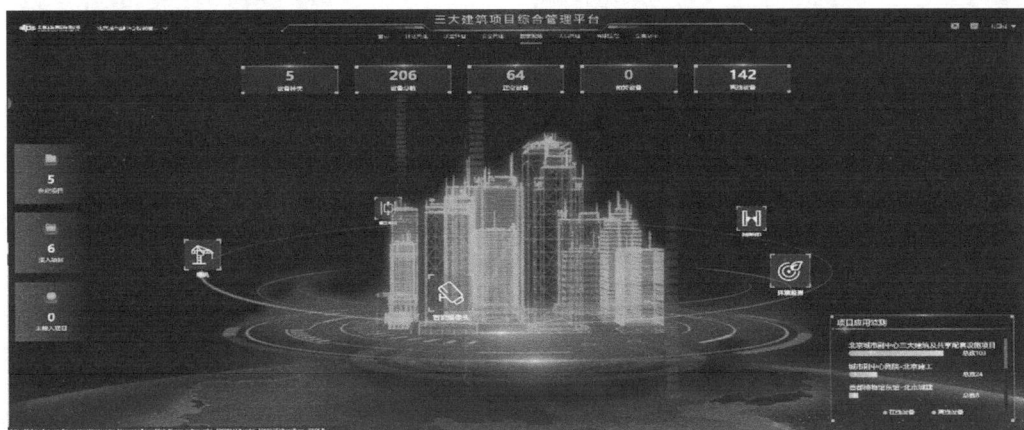

图 2-32　北京城市副中心三大绿色建筑及共享设施项目综合管理运营平台

（1）空间与资产管理（图 2-33）。空间管理包括空间规划、空间分配、人流管理，根据共享设施功能规划，设置租赁等空间信息，便于预期评估和制定满足未来发展需求的空间规划。资产管理通过建立、维护和模型关联的资产数据库，可形成直观的资产管理信息源，实时提供有关资产报表。

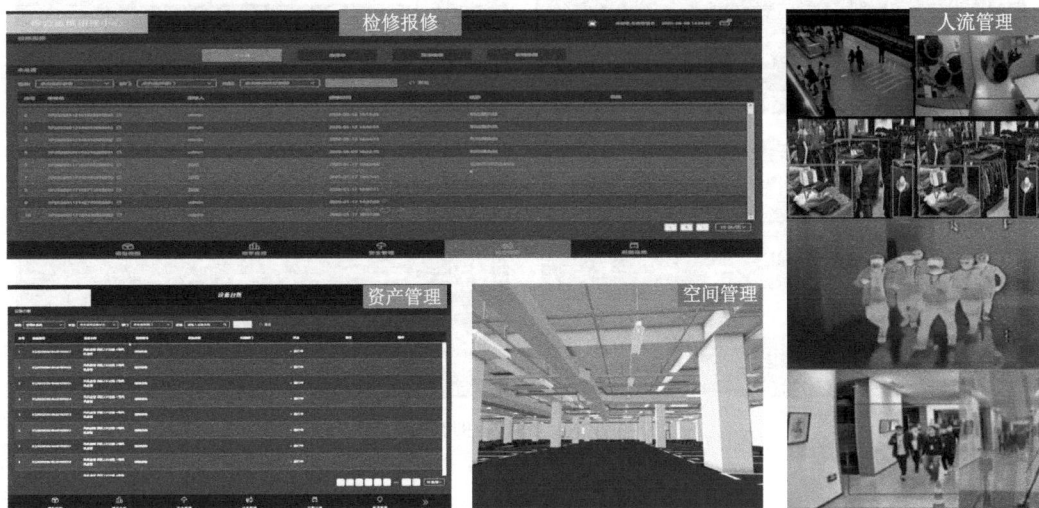

图 2-33　空间与资产管理

（2）应急管理（图 2-34）。利用 BIM 和智能化系统模型，制定应急预案，开展模拟演练。当突发事件发生时，在 BIM 模型中直观显示事件发生位置，并启动相应的应急预案，以控制事态发展，减少突发事件的直接和间接损失。

图2-34　应急管理系统

（3）能耗管理（图2-35）。结合能源管理系统、能源预付费管理系统及楼宇相关运行数据，将三大建筑能耗按区域、楼层和房间划分生成数据，对能耗数据进行分析，发现高耗能位置和原因，辅助做出针对性的能耗管理方案。

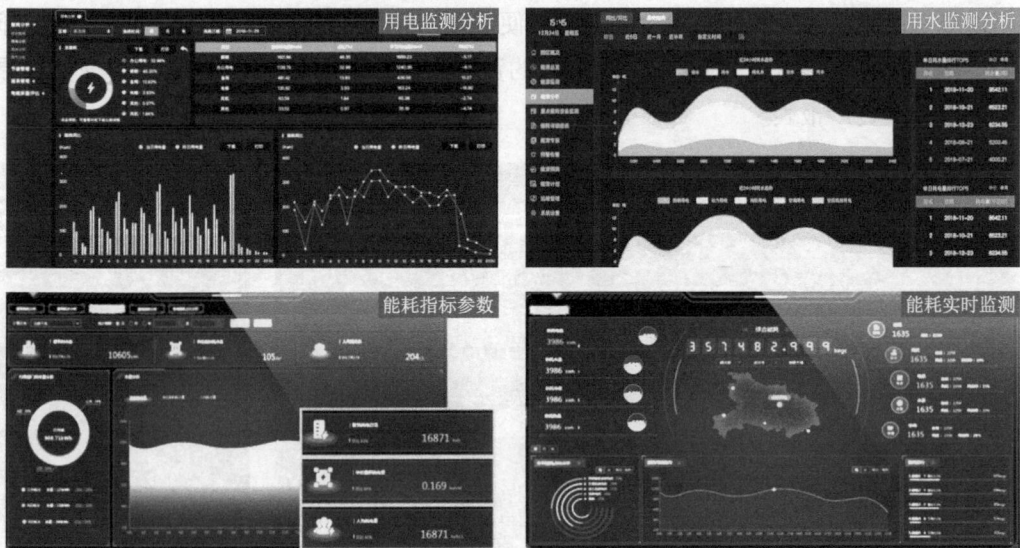

图2-35　能耗管理系统

第 **3** 章

物联网技术在智能建造中的应用

3.1　物联网技术在智能建造中的应用现状

物联网是新一代信息技术的集成和综合运用，对新一轮产业变革和经济社会绿色、智能、可持续发展具有重要意义。因其具有巨大的发展潜能，已是当今经济发展和科技创新的制高点，成为各个国家构建社会新模式和重塑国家长期竞争力的先导。

目前，物联网技术的发展还处于初级阶段。不同的研究领域和不同的组织机构对物联网的定义不同，因此物联网还没有形成明确的统一定义。但"物联网"的含义有两层意思：第一，物联网的核心和基础仍然是互联网；第二，其用户端延伸和拓展到了任何物品与物品之间，进行信息交换和通信。物联网（Internet of Things，IoT）是一个基于互联网、传统电信网等信息承载体让所有能够被独立寻址的普通物理对象实现互联互通的网络（图 3-1）。它具有普通对象设备化、自治终端互联化和普适服务智能化三个重要特征。

图 3-1　物联网示意图

中国物联网校企联盟将物联网定义为当下几乎所有技术与计算机、互联网技术的结合，实现物体与物体之间，或环境和状态信息实时的共享，以及智能化地收集、传递、处理、执行。广义上说，当下涉及信息技术的应用，都可以纳入物联网的范畴，这是科技融合体的最直接体现。

物联网指的是将无处不在的（Ubiquitous）末端设备（Devices）和设施（Facilities），包括具备"内在智能"的传感器、移动终端、工业系统、楼控系统、家庭智能设施、视频监控系统等，以及具备"外在使能"（Enabled）的设备，如贴上 RFID 的各种资产（Assets）、携带无线终端的个人与车辆等"智能化物件或动物"或"智能尘埃"（Mote），通过各种无线/有线的长距离/短距离通信网络连接至物联网域名，并实现互联互通（M2M）、应用大集成（Grand Integration），以及基于云计算的 SaaS 营运等。在内网（Intranet）、专网（Extranet）和/或互联网（Internet）环境下，采用适当的信息安全保障机制，提供安全可控乃至个性化的实时在线监测、定位追溯、报警联动、调度指挥、预案管理、远程控制、安全防范、远程维保、在线升级、统计报表、决策支持、领导桌面（集中展示的 Cockpit Dashboard）等管理和服务功能，实现对万物的"高效、节能、安全、环保"的"管、控、营"一体化。

物联网技术是在网络信息技术上发展起来的一种新型技术，对于物联网技术，应该从以下三个层面进行理解：第一，在物联网技术中涵盖了多种传感器，这些传感器通过一个信息源进行连接，所以在使用过程中可以按照一定数据频率展开信息收集、整理、分析、更新等多项工作。因此，物联网数据具有实时性特点。第二，由于物联网技术在使用过程中是在互联网平台上进行的，在此种情况下，众多组成部分就会连接成为一个统一的整体，然后通过网络进行信息数据传递，将重要的信息数据及时传播，让更多人了解。因此，物联网技术具有信息传播及时性特点。第三，物联网技术在使用过程中会将传感器和智能处理器进行有效结合，然后再通过各种计算机识别技术对大量信息数据进行筛选和加工，在此种情况下，物联网技术就可以在众多领域中被广泛使用，保证数据信息处理效率。因此，物联网技术具备智能处理的特点。

物联网技术具有以下特点：

1）全面感知

全面感知即利用 RFID、传感器、二维码等随时随地获取物体的信息。数据采集方式众多，实现数据采集多点化、多维化、网络化。而且从感知层面来讲，不仅表现在对单一的现象或目标进行多方面的观察获得综合的感知数据，也表现在对现实世界各种物理现象的普遍感知。

2）可靠传递

通过各种承载网络，包括互联网、电信网等公共网络，还包括电网和交通网等专用网络，建立起物联网内实体间的广泛互联，具体表现在各种物体经由多种接入模式实现互联，形成"网中网"的形态，将物体的信息实时准确地相互传递。

3）智能处理与决策

利用云计算、模糊识别和数据融合等各种智能计算技术，对海量数据和信息进行处理、分析和对物体实施智能化的控制。主要体现在物联网中从感知到传输到决策应用的信息流，并最终为控制提供支持，也广泛体现出物联网中大量的物体和物体之间的关联和互动。物体互动经过从物理空间到信息空间，再到物理空间的过程，形成感知、传输、决策、控制的开放式的循环。换句话说，物联网和互联网相比较最突出的特征是实现了非计算设备间的点点互联、物物互联。

物联网技术具有以下优势：

1）数据实时采集

物联网技术可以实现对物理对象、物理信息的实时准确采集，这就使实时高分辨率的信息捕捉提供性价比更高的服务成为可能，而且可以实现对物理对象实时性能信息的分析。这样就大大提高了人对物理对象的把控能力，提高运行效率、准确性、灵活性。

2）智能控制与决策

物联网技术可以将数据储存在数据库中，并对其变化进行判断以及对数据进行优化，通过嵌入式系统，实现智能决策。以智能清单和采买为例，通过物联网技术，对货物清单进行追踪，实时监测货物的数量以及质量，如果货物不合格或者出现短缺，可以进行预警。随着信息技术的发展，物联网技术将更加智能化、自动化。

将人工智能技术与物联网技术进行融合，通过逻辑芯片使物联网中的物品具有一部分自主能力可以对信息进行识别，并根据信息自主执行或处理。开展人工智能在物联网实际运用中的技术研究，能从根本上解决传统网络技术运维效果差、缺乏灵活性的缺陷。

3）与信息技术结合性高

（1）物联网与互联网是人与人交流沟通、传递信息的纽带，物联网的提出和使用让人与物、物与物之间的有效通信变为可能。物联网是一种建立在互联网上的泛在网络。物联网技术的重要基础和核心仍旧是互联网，通过各种有线和无线网络与互联网融合，将物体的信息实时准确地传递出去。互联网和物联网的结合性很高，二者的结合将会带来许多意想不到的有益效果，最终实现整个生态系统高度的智能特性。

（2）物联网与人工智能：在人工智能领域获得非凡进步的同时，物联网获得了更大的发展。人工智能能够帮助我们处理大量的数据，并且处理能力会越来越强。同时，物联网肩负数据、信息等资料收集的重要任务，二者的结合被称为 AIoT，现在已经成为相关行业的热点话题。AIoT 并不是新技术，而是一种新的 IoT 应用形态，从而与传统 IoT 应用区分开来。

（3）物联网与区块链：物联网安全性的核心缺陷，就是缺乏设备与设备之间相互的信任机制，所有的设备都需要和物联网中心的数据进行核对，一旦数据库崩塌，会对整个物联网造成很大的破坏。而区块链分布式的网络结构提供一种机制，使得设备之间保持共识，无须与中心进行验证，这样即使一个或多个节点被攻破，整体网络体系的数据依然是可靠、安全的。二者结合可以优势互补。

（4）物联网与数字孪生：数字孪生技术已经逐渐扩展至建筑业、制造业等众多领域。数字孪生是充分利用物理模型、传感器更新、运行历史等数据，集成多学科、多物理量、多尺度、多概率的仿真过程，在虚拟空间中完成映射，从而反映相对应的实体装备的全生命周期过程。物联网传感器的爆炸式增长使数字孪生成为可能。数字孪生可用于根据可变数据预测不同的结果，物联网通过其感知系统可以对数据进行实时采集，为数字孪生功能的发挥奠定坚实的基础，数字孪生技术可以优化 IoT 部署以实现最高效率。

（5）物联网与 5G：物联网技术仍停留在概念阶段，其原因为感知层与网络层推进缓慢。物联网需要一个庞大、先进、高效的数据网络充当网络层，而5G网络接入稳定、时延低、可靠性高，5G数据的传输速率可以满足物联网的要求。同时5G与现有无线移动通信网络互相兼容，可以在短时间内迅速布网，并节约大量硬件投资。因此，应当将5G技术与物联网充分融合起来。物联网作为一个新兴的信息技术，可以和很多信息技术进行结合。这将会发挥出它更大的价值。

4）应用范围广

物联网在各个行业中都拥有很高的应用价值。物联网的应用领域涉及方方面面，在工业、农业、环境、交通、物流、安保等基础设施领域的应用，有效地推动了基础设施领域的智能化发展，使得有限的资源被更加合理地使用分配。在家居、医疗健康、教育、金融服务业、旅游业等与生活息息相关的领域都可以与物联网进行应用，进而促进服务范围、服务方式及服务质量等方面的改进，大大地提高人们的生活质量；并且可以利用物联网技术反馈即时信息的技术特点，减少因灾难造成的损失。

物联网具有配置方便快捷、安全性和稳定性高等特点，并且拥有简单易行的操作界面。然而，结构的施工过程是一项复杂的任务。一方面，结构本身会随着时间的推移而不断变化；另一方面，施工环境也常常复杂多变。为了应对这些特殊情况，利用物联网技术对结构的施工监测进行更适合和有效的传输，以此监测结构在施工期间的状态变化，并将其作为施工程序的控制信息，确保施工的安全进行。

物联网技术在智能建造中的应用，可以分为以下几种类型：

（1）智能监测：利用物联网技术，对建造过程中的各种参数进行实时监测，如温度、湿度、压力、位移、裂缝、振动等，实现对建造质量和安全的有效控制。例如，智能水泥是一种利用物联网技术的智能监测应用，它通过在水泥中嵌入微型传感器，实时监测水泥的硬化过程和性能，提供水泥的强度、温度、湿度等数据，为水泥的使用和维护提供依据。

（2）智能控制：利用物联网技术，对建造过程中的各种设备和系统进行远程控制，如开关、调节、启停、报警等，实现对建造效率和资源的优化管理。例如，智能钢筋是物联网技术在施工构件管理中的创新应用，通过在钢筋表面粘贴微型传感芯片（或设置外挂式智能模块），实现钢筋应力、应变等数据的无线采集与传输，结合智能算法，可远程评估钢筋工作状态，辅助优化施工方案，提升钢筋使用效率、避免材料浪费。

（3）智能优化：利用物联网技术，对建造过程中的各种数据进行收集、分析、挖掘和优化，如设计、施工、运维、评估等，实现对建造方案和策略的智能化决策支持。例如，智能传感器是一种利用物联网技术的智能优化应用，它通过在建筑结构中部署大量的传感器，收集建筑的各种数据，如应力、变形、温度、湿度等，利用人工智能技术，对数据进行分析和优化，为建筑的设计、施工、运维、评估等提供智能化的建议和解决方案。

除了以上三种类型，物联网技术在智能建造中还有其他的应用，如智能机器人、智能模块、智能标签等，这些应用都可以提高智能建造的效率、质量、安全和可持续性，为建造业带来巨大的价值和优势。

物联网技术在智能建造中的应用也可以从建筑的设计、施工、运维三个方面进行划分：

（1）在建筑设计阶段，物联网技术可以实现建筑物的数字化设计和模拟，利用BIM技术，将建筑物的几何形态、结构、材料、设备、成本、进度等信息集成在一个三维模型中，实现建筑物的全生命周期管理；物联网技术还可以实现建筑物的智能化设计，利用人工智能技术，根据建筑物的功能、环境、用户需求等因素，自动生成最优化的设计方案；物联网技术还可以实现建筑物的增材制造，利用 3D 打印技术，将数字模型转化为实体结构，实现建筑物的快速、低成本、高效率的制造。

（2）在建筑施工阶段，物联网技术可以实现建筑物的智能化施工，利用工程物联网技术，将施工现场的人员、设备、材料、环境等信息实时采集和传输，实现施工过程的监测和控制；物联网技术还可以实现建筑物的机械智能化，利用机器人技术，替代人工完成一些危险、重复、低效的施工任务，如砌墙、刷漆、焊接等；物联网技术还可以实现建筑物的智能化交互，利用增强现实技术，将数字信息叠加在现实场景中，为施工人员提供辅助信息和指导。

（3）在建筑运维阶段，物联网技术可以实现建筑物的智能化运维，利用工程大数据技术，对建筑物的运行状态、能耗、安全、舒适等数据进行收集、分析和优化，实现建筑物的节能、安全、舒适运行；物联网技术还可以实现建筑物的智能化服务，利用物联网平台，为建筑物的用户提供个性化、智能化的服务，如远程控制、智能预约、智能推荐等；物联网技术还可以实现建筑物的智能化维护，利用物联网平台，为建筑物的维护人员提供预警、诊断、维修等智能服务，提高维护效率和质量。

物联网技术在智能建造中的应用，已经在国内外取得了一些成果和进展，如周晨光等利用 BIM 技术设计了苏州工业园区的装配式建筑，实现了建筑设计的数字化、模块化、标准化，提高了设计效率和质量；建筑机器人公司 Fastbrick Robotics 开发了砌墙机器人 Hadrian，可以在一天内砌筑一栋房屋的外墙，比人工快 20 倍，降低了施工成本和风险；华中科技大学利用工程大数据技术开发了智能建造平台 SynchroIBMS，可以实现建筑物的全生命周期管理，提供智能化的监测、控制、优化、服务等功能。

物联网技术在智能建造中的应用，也面临着一些挑战和问题，主要包括：技术标准不统一，导致数据交互和共享的难度和成本增加，影响物联网技术的集成和应用；技术人才不足，导致物联网技术的研发和创新能力不强，影响物联网技术的发展和推广；技术安全不可靠，导致物联网技术的数据和设备容易受到攻击和破坏，影响物联网技术的稳定和可信度；技术法规不完善，导致物联网技术的应用存在法律和伦理的风险和隐患，影响物联网技术的社会和环境效益。

物联网技术在智能建造中的应用，已经在全球范围内展开，涉及多个国家、地区、行业和项目。根据《建筑行业物联网，工业 4.0 推动数字建设需求》文件，以及《2019—2021年中国物联网市场预测与展望数据》等报告综合推断，2019 年，全球物联网技术在智能建造中的应用市场规模达到了约 120 亿美元，预计到 2024 年，将增长到约 270 亿美元，年均增长率达到 17.7%。其中，亚太地区是物联网技术在智能建造中的应用最大的市场，占全球市场的近 40%，主要受到中国、日本、韩国、印度等国家的推动。欧洲和北美地区也是物联网技术在智能建造中的应用重要的市场，占全球市场的约 30% 和 20%，主要受到德国、法国、英国、美国、加拿大等国家的影响。其他地区，如中东、非洲、拉丁美洲等，也有一定的物联网技术在智能建造中的应用市场，但规模相对较小，占全球市场约 10%。我国2020—2025 年物联网连接规模及增长率如图 3-2 所示。

中国物联网连接规模及增长率，2020—2025

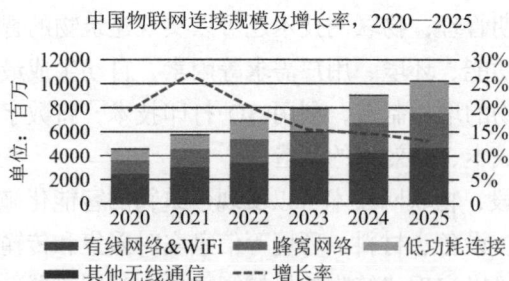

图 3-2　我国 2020—2025 年物联网连接规模及增长率（图片来源：IDC 中国）

物联网技术在智能建造中的应用水平和成熟度，也在不断提高，但仍有一定的差距和挑战。从技术方面来看，物联网技术在智能建造中的应用，涉及多种技术的集成和创新，如传感器技术、通信技术、计算技术、人工智能技术等，这些技术的发展和进步，为物联网技术在智能建造中的应用提供了强大的支撑和驱动，但也存在一些技术的不兼容、不稳定、不安全等问题，需要进一步研究和改进。从标准方面来看，物联网技术在智能建造中的应用，需要有一套统一的标准和规范，以保证物联网技术在智能建造中的应用的质量和效果，但目前，物联网技术在智能建造中的应用的标准和规范，还不够完善和统一，存在一些差异和冲突，需要进一步协调和整合。从政策方面来看，物联网技术在智能建造中的应用，需要有一系列的政策和法规，以保障物联网技术在智能建造中的应用的合法和合规，但目前，物联网技术在智能建造中的应用的政策和法规，还不够完善和明确，存在一些漏洞和障碍，需要进一步制定和完善。从市场方面来看，物联网技术在智能建造中的应用，需要有一个广阔和活跃的市场，以促进物联网技术在智能建造中的应用，但目前，物联网技术在智能建造中的应用的市场，还不够成熟和发达，存在一些需求和供给的不匹配，需要进一步培育和扩大。

综上所述，物联网技术在智能建造中的应用，已经取得了一定的进展和成果，但仍有很大的发展空间和潜力，需要不断创新和完善，以适应智能建造的需求和挑战。

以本项目为例，探究物联网技术在基坑检测中的应用。

国内外研究人员从不同角度、不同方面对基坑监测问题进行了研究，为基坑施工安全提供重要保障。徐志春等设计了一种基于振弦式传感器的基坑自动化监测系统，能够实时监测深基坑施工的全过程和结构安全的预警。张阳等研制了一种基于物联网和 WebGIS 的基坑监测系统，通过传感器、数据采集器、数据传输设备和信息管理模块组成无线监测系统，能够实现基坑水平位移、沉降等监测指标的在线监测和预警。Hashash 等在城市地下空间挖掘过程中通过传感器捕获基坑的水平位移、沉降等参数，实现对施工过程地面变形的实时监测。此外，基于微波、激光、无人机等监测技术也逐渐应用于基坑监测领域，通过对基坑周边土体的三维扫描和高精度测量能够更加精准地反映基坑的变形情况。韩达光等介绍了一种利用 BIM 和三维激光扫描技术进行基坑变形监测的方法，并以某大型基坑为例验证了该方法可以高效、精准地监测基坑的三维整体变形。在挖掘引起的地表沉降预测方面，Lee 等基于长短期记忆网络提出了两个模型用于捕获挖掘引起的地表沉降特征并预测沉降，提出的深度学习模型能够准确地预测训练集和测试集的沉降。Li 等则介绍了一种基于多点测量技术改进的支持向量机算法用于监测和预测深基坑变形的工具。这些研究为挖掘工程引起的地面变形监测和预测提供了有效的技术支持。

　　然而，目前将各类监测数据整合形成集中化、统一化的系统仍在发展阶段，为此本文提出一种基于物联网的超大基坑安全监测孪生系统，实现多维多源数据的集中化处理和地下空间施工的孪生同步，在应用层给决策者提供基坑的安全状态信息，使其可以根据这些信息及时采取相应的措施来保障基坑施工时人员安全。

3.2　物联网技术在施工阶段的智慧应用

　　物联网技术在智能建造施工阶段的作用和价值主要体现在以下几个方面：一是通过物联网设备的部署和数据的采集，实现对施工现场的实时监测和可视化，提高施工的透明度和可控性；二是通过物联网网络的建立和数据的传输，实现对施工数据的快速共享和协同处理，提高施工的协调性和效率；三是通过物联网平台的搭建和数据的分析，实现对施工数据的智能挖掘和决策支持，提高施工的质量和安全；四是通过物联网应用的开发和数据的控制，实现对施工设备和资源的远程操作和优化调度，提高施工的自动化和节能。

　　智能建造施工阶段是指从建筑设计图纸的出图到建筑物的竣工验收的过程，是建筑物从虚拟到现实的转化过程，也是建筑物的品质和价值的形成过程。智能建造施工阶段的主要环节和任务包括以下几个方面：

　　（1）采购。采购是施工的保障和支撑，是建筑物的成本和效益的控制，是建筑物的质量和安全的保障。采购的主要任务是根据设计图纸和施工计划，确定施工所需的材料、设备、工具、人力等资源的种类、数量、规格、质量、价格等要求，通过市场调研、比价、招标、合同等方式，选择合适的供应商和合作伙伴，进行资源的订购、支付、验收等流程，确保资源及时、充足、合格和经济的供应。

　　（2）运输。运输是施工的连接和衔接，是建筑物的物流和信息的流通，是建筑物的效率和节能的提升。运输的主要任务是根据采购的资源和施工的进度，制定合理的运输计划和路线，选择合适的运输工具和方式，进行资源的装载、运送、卸载等操作，确保资源安全、快速、准确和省时地到达施工现场或目的地。

　　（3）安装。安装是施工的核心和重点，是建筑物的组装和拼接，是建筑物的形象和品质的展现。安装的主要任务是根据设计图纸和施工规范，按照施工顺序和方法，利用施工设备和工具，进行建筑物的基础、框架、墙体、屋面、门窗、管线、设备、装饰等部分的安装和连接，确保建筑物的结构、功能、美观和舒适的实现。

　　（4）监测。监测是施工的反馈和评价，是建筑物的检测和测试，是建筑物的改进和优化的依据。监测的主要任务是根据施工标准和要求，利用各种仪器和设备，对施工过程中的各个环节和部分进行定期或不定期的监测和检测，如温度、湿度、压力、位移、应力、裂缝、噪声、污染等，记录和分析监测数据，评估施工的质量、安全、效率和环保等指标，提出改进和优化的建议和措施。

　　（5）调试。调试是施工的完善和调整，是建筑物的运行和维护的准备，是建筑物的功能和性能的验证。调试的主要任务是根据建筑物的设计和功能，对施工完成的建筑物的各个系统和设备进行调试和测试，如供水、供电、供暖、通风、照明、消防、安防等，检查和调整系统和设备的参数、状态、性能等，确保系统和设备的正常运行和协调配合。

物联网技术在智能建造施工阶段的应用场景和需求主要体现在以下几个方面：

（1）数据采集：通过在施工现场部署各种物联网设备，如传感器、摄像头、无人机等，实现对施工现场的各个方面的数据采集，如温度、湿度、压力、位移、应力、裂缝、噪声、污染、人员、设备、材料、进度等，为施工的监测、分析、决策、控制提供数据支持。

（2）数据传输：通过建立稳定、高速、安全的物联网网络，如有线、无线、光纤、卫星等，实现对施工现场的数据快速、准确、可靠的传输，将数据发送到云端或其他终端，为施工的共享、协同、处理提供数据支持。

（3）数据分析：通过搭建强大、灵活、智能的物联网平台，如云平台、大数据平台、人工智能平台等，实现对施工现场的数据深入、细致、智能的分析，如数据清洗、数据挖掘、数据可视化、数据预测、数据优化等，为施工的评价、决策、优化提供数据支持。

（4）数据控制：通过开发多样、实用、智能的物联网应用，如手机应用、平板应用、电脑应用等，实现对施工现场的数据有效、灵活、智能的控制，如数据查询、数据报告、数据告警、数据指令、数据反馈等，为施工的操作、调度、管理提供数据支持。

物联网技术在智能建造施工阶段的智慧解决方案的主要功能和优势是：实现对施工现场的实时监测、智能预警、远程控制、自动优化等，提高施工的质量、安全、效率和环保指标等，降低施工的成本、风险、延误和污染等。

物联网技术在智能建造施工阶段的智慧解决方案的典型案例和效果评估如下：

（1）智能仓储：通过在仓库内部署各种传感器、摄像头、RFID 等物联网设备，实现对仓库内的材料、设备、工具等资源的实时监测和管理，如库存、位置、状态、使用情况等；通过物联网网络将数据发送到云端或其他终端，通过物联网平台进行数据分析和优化，如库存预测、需求匹配、补货提醒、报废处理等；通过物联网应用进行数据控制和指令下发，如出库、入库、调拨、盘点等，实现仓储的智能化和自动化，提高仓储的效率和准确性，降低仓储的成本和损耗。

（2）智能运输：通过在运输工具上安装各种传感器、摄像头、GPS 等物联网设备，实现对运输工具的实时监测和管理，如位置、速度、方向、状态、负载等；通过物联网网络将数据发送到云端或其他终端，通过物联网平台进行数据分析和优化，如路线规划、交通状况、运输成本、运输效率等；通过物联网应用进行数据控制和指令下发，如启动、停止、转向、加速、减速等，实现运输的智能化和自动化，提高运输的效率和安全性，降低运输的成本和风险。

（3）智能施工：通过在施工现场部署各种传感器、摄像头、无人机等物联网设备，实现对施工现场的实时监测和管理，如温度、湿度、压力、位移、应力、裂缝、噪声、污染、人员、设备、材料、进度等；通过物联网网络将数据发送到云端或其他终端，通过物联网平台进行数据分析和优化，如质量评估、安全预警、效率提升、环保改善等；通过物联网应用进行数据控制和指令下发，如设备操作、资源调度、任务分配、问题处理等，实现施工的智能化和自动化，提高施工的质量和安全性，降低施工的成本和延误。

（4）智能检测：通过在施工完成的建筑物上安装各种传感器、摄像头、RFID 等物联网设备，实现对建筑物的实时监测和管理，如结构、功能、性能、状态、使用情况等；通过物联网网络将数据发送到云端或其他终端，通过物联网平台进行数据分析和优化，如性能评估、故障诊断、维护预测、节能改进等；通过物联网应用进行数据控制和指令下发，如调试、测试、维修、更新等，实现检测的智能化和自动化，提高检测的准确性和可靠性，降低检测的成本和风险。

物联网技术在智能建造施工阶段存在以下问题：物联网技术在智能建造施工阶段的应用还处于初级阶段，技术成熟度不高，标准规范不统一，数据安全不保障，成本效益不明显，应用范围和深度不广泛，存在着技术、管理、法律、文化等方面的障碍和挑战。

物联网技术在智能建造施工阶段的应用将呈现以下几个方面的特点和趋势：

（1）技术融合：物联网技术将与其他先进技术，如人工智能、大数据、云计算、区块链、5G 等技术进行深度融合，形成更强大、更灵活、更智能的物联网技术体系，为智能建造施工阶段的应用提供更多的可能性和选择。

（2）业务创新：物联网技术将促进智能建造施工阶段的业务创新，如新的业务模式、新的服务内容、新的合作方式等，为智能建造施工阶段的应用提供更多的价值和优势。

（3）模式变革：物联网技术将引领智能建造施工阶段的模式变革，如从传统的以人为中心的模式，转向以数据为中心的模式；从分散的、孤立的、封闭的模式，转向集成的、协同的、开放的模式；从被动的、静态的、单向的模式，转向主动的、动态的、双向的模式，为智能建造施工阶段的应用提供更高的效率和质量。

（4）合作共赢：物联网技术将促进智能建造施工阶段的合作共赢，如跨行业、跨领域、跨地域的合作，多方参与者的利益共享、风险分担、资源互补、价值共创，为智能建造施工阶段的应用提供更多的动力和机会。

为了推动物联网技术在智能建造施工阶段的应用的发展和进步，提出以下几点建议和意见：

（1）加强技术研发和创新，提高物联网技术在智能建造施工阶段的应用的技术水平和成熟度，解决物联网技术在智能建造施工阶段的应用中遇到的技术难题和挑战，如设备兼容、网络稳定、数据安全、智能算法等。

（2）建立标准规范和制度保障，提高物联网技术在智能建造施工阶段的应用的规范性和可靠性，制定和实施物联网技术在智能建造施工阶段的应用的相关标准、规范、政策、法律等，如数据格式、数据交换、数据共享、数据保护等。

（3）增加市场需求和政策支持，提高物联网技术在智能建造施工阶段的应用的市场性和可持续性，培育和扩大物联网技术在智能建造施工阶段的应用的市场需求和市场规模，提供和完善物联网技术在智能建造施工阶段的应用的政策支持和激励机制，如资金补贴、税收优惠、项目推广等。

（4）加强合作交流和文化建设，提高物联网技术在智能建造施工阶段的应用的合作性和普及性，加强物联网技术在智能建造施工阶段的应用的相关方的合作交流和经验分享，建立和完善物联网技术在智能建造施工阶段的应用的合作平台和合作机制，如联盟、协会、论坛等，培育和弘扬物联网技术在智能建造施工阶段的应用的相关方的物联网文化和智能建造文化，如创新意识、协作精神、开放态度等。物联网技术在智能建造施工阶段的应用将呈现快速发展的态势，技术创新、政策支持、市场需求、社会责任等因素将推动物联网技术在智能建造施工阶段的应用的发展和进步，物联网技术将在智能建造施工阶段发挥更大的作用和价值。

北京城市副中心三大绿色建筑中物联网技术在施工阶段的应用如下：

在超大地下空间结构的施工过程中，由于空间规模庞大，导致存在结构复杂、扰动强烈、地质环境多变、致险因素众多、风险防控困难等问题，无法满足高精度、实时性的安全分析要求。针对超大地下空间结构施工问题复杂的特点，引入数字孪生理念，结合物联网技术，开发一个能够满足工程实际需求的孪生系统架构，提高结构施工安全监测的智能化水平，保证地下空间结构施工时处于安全状态。

施工安全风险数据是驱动数字孪生框架的基础，因此首先通过文献调研、专家访谈等方式构建大型基坑施工风险指标体系。大型基坑工程施工风险主要分为：围护结构失稳、支撑体系失稳、坑底变形破坏、土体滑塌、地表沉降、建（构）筑物破坏、道路桥梁破坏、地下管线破坏等，如图3-3所示。

图 3-3　大型基坑工程施工风险源

为满足大型地下空间的高精度、实时性施工安全监测的要求，考虑时间、空间多个维度的因素，将数字孪生理念融入地下结构工程施工安全监测的系统中。数字孪生技术能够实现物理空间和虚拟空间的信息实时交互，在虚拟空间中映射实体在现实环境中的行为变化。在地下空间结构施工过程中，会产生大量实测数据，会与虚拟仿真的数据交互构成孪生数据。通过对孪生数据的信息挖掘，实现施工过程的动态预测。基坑施工安全监测首先最重要的是对关键安全风险因素的数据捕捉，通过对大型基坑工程施工安全风险的梳理可知，施工过程需要捕捉的信息主要分为工程自身风险 O、地质风险 G、周边环境风险 E 和

施工人员管理 P_i。由此建立的孪生模型框架可以真实映射出施工的安全状态。

在施工过程中，造成基坑施工安全问题的原因是多方面的。综合多方面的影响因素作用，重点考虑地下空间结构的施工安全关系密切的围护结构 E、支撑体系 S_1、坑底变形 F，地质风险土体滑塌 S_2、突泥突水 W，周边环境风险的邻近建筑物破坏 A、邻近道路铁路破坏 R、邻近桥梁破坏 B、邻近管线破坏 P。根据对施工安全分析需要捕捉的信息，将孪生信息分为三类，分别用公式(3-1)、公式(3-2)和公式(3-3)表示。

$$O = \{E, S_1, F\} \tag{3-1}$$
$$G = \{S_2, W\} \tag{3-2}$$
$$E = \{A, R, B, P\} \tag{3-3}$$

对于各个施工风险要素，分别建立与实体相对应的有限元模型、BIM 模型，并将虚拟模型上传至孪生系统平台中。根据规范要求、工程经验，对每个关键的风险要素设立管理标准，建立孪生系统的智能辅助决策模块，保证在施工全过程安全监测的科学性。根据地下空间结构施工安全风险管理所需的信息，结合数字孪生理念，提出孪生系统框架，如图 3-4 所示。

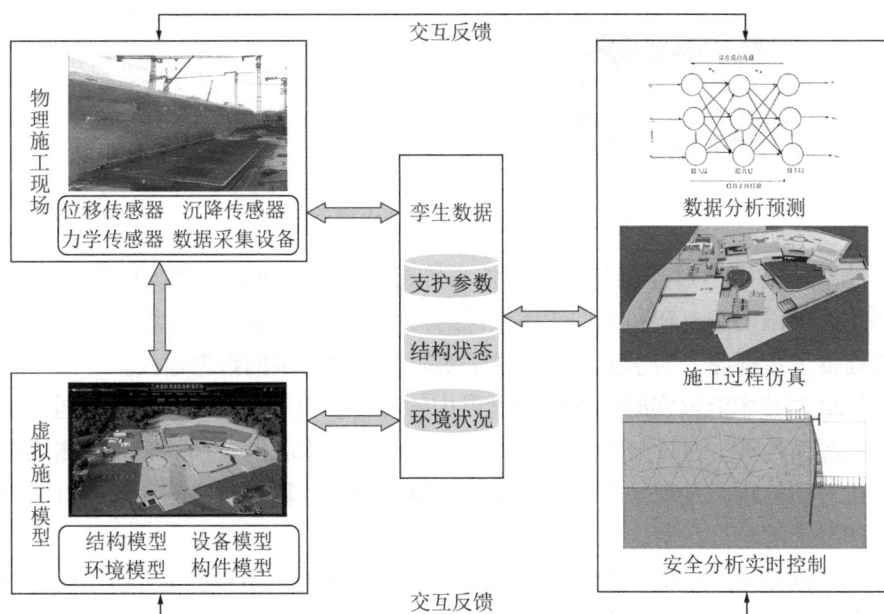

图 3-4　超大基坑安全监测孪生系统框架

该框架中物理建造实体与虚拟仿真模型通过物联网技术实现虚实交互，借助实时的多因素数据采集，传输到云平台进行云计算，通过智能算法对历史积累数据的分析挖掘及预测，得到结构的安全状态，并将该信息反馈在应用层中，实现施工过程的自动决策和自我调度。

数字孪生技术的原理是通过数据采集、虚拟建模、实时监测与反馈、仿真与优化、控制与决策以及状态诊断与维护等关键步骤相互作用，实现对物理实体的模拟、监测和优化。通过传感器和监测设备采集物理实体的数据，并将其与数字孪生模型进行同步，确保模型与实体的状态保持一致。再基于采集到的数据，构建物理实体的虚拟模型，包括结构、属性和行为规则等详细信息。通过与实时数据同步，实时监测物理实体的状态、性能和行为，并提供实时反馈信号，用于控制和调整实体的运行。利用数字孪生模型进行仿真和优化分析，预测结构的状态和性能，并提供优化建议和决策支持。通过数字孪生模型与实时数据的联动，实现对物理实体的远程控制和操作，并为决策制定者提供智能化的决策支持。最后，基于数字孪生模型和实时数据，进行状态诊断，识别结构的安全风险原因，并提供相应的维护建议和策略。

从物联网技术和孪生系统的原理总结可以得到二者的共性，所以在孪生系统框架的基础上，融合物联网技术，探寻出以下五点融合机理，并给出机理融合框架，如图 3-5 所示。

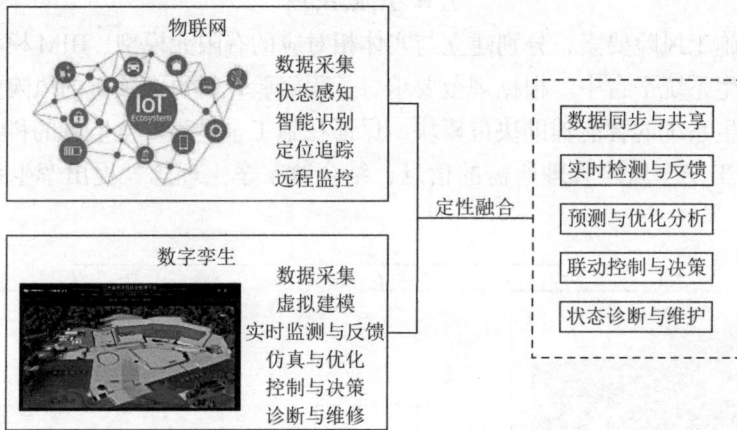

图 3-5　物联网与数字孪生融合机理

（1）物联网技术通过连接与传输设备和传感器间的数据，实现实时数据的采集和共享，这些数据可以用于更新和维护孪生系统的模型，保持模型与实际物理世界的同步。物联网技术提供了数据源，为孪生系统提供了实时的、高质量的数据输入。

（2）物联网技术能够实时监测物理世界中的各种参数和状态，包括设备运行状态、环境条件、能源消耗等。通过与孪生系统的结合，可以将物联网技术的实时监测数据与孪生模型进行比对和分析，发现异常情况并提供实时反馈。这种实时监测和反馈机制有助于准确了解物理系统的运行状态，并及时做出调整和优化。

（3）物联网技术产生的大量数据可以用于孪生系统的预测和优化分析。通过对物联网数据的历史记录和实时监测数据的分析，孪生系统可以预测物理系统的未来行为和性能，并提出优化建议。这种预测和优化分析可以用于设备维护、资源利用优化、能源效率提升等，实现更高效和可持续的运营。

（4）物联网技术与孪生系统的融合可以实现联动控制和智能决策支持。通过物联网技术采集到的实时数据，孪生系统可以生成与物理系统相匹配的虚拟模型，并进行模拟和分析。基于孪生模型的分析结果，可以实现对物理系统的远程控制和操作，并为决策制定者提供智能化的决策支持，以优化运营和管理。

（5）物联网技术的实时监测和孪生系统的建模分析相结合，可以实现对物理系统的状态诊断和维护支持。通过监测数据和模型分析，可以准确识别结构的安全状态，并提供相应的维护建议和方案。这有助于提高结构的可靠性和维护效率，降低事故对施工的影响。

经过对物联网技术基本原理的分析，结合数字孪生技术的特点，探寻得出物联网技术和孪生系统的融合机理。由于地下空间施工过程安全监测是以时间维度为导向，融合多维多源数据共同进入云平台进行计算分析，以融合机理为核心，建立数学模型，为后续孪生系统的开发应用提供参考。

在数学模型中，$M(t)$ 表示孪生系统的模型；$D(t)$ 表示物联网技术采集到的实时数据，其中 t 表示时间；$S(t)$ 表示物理系统在时间 t 的状态。

（1）数据共享与同步：

$$M(t) = f[D(t)] \tag{3-4}$$

将物联网技术采集到的实时数据 $D(t)$ 用函数 f 映射到孪生系统模型 $M(t)$ 中，确保模型与实际物理系统的同步。

（2）实时监测与反馈：

$$M(t) \approx S(t) \tag{3-5}$$

通过实时监测数据的同步，使得孪生系统模型 $M(t)$ 与物理系统状态 $S(t)$ 近似。

反馈机制：根据 $M(t)$ 与 $S(t)$ 的差异，生成反馈信号，用于控制和调整物理系统的行为。

（3）预测与优化分析：

$$P(t) = g[M(t)] \tag{3-6}$$

通过函数 g 对孪生系统模型 $M(t)$ 进行预测和优化分析，得到预测结果 $P(t)$。

优化决策：根据预测结果 $P(t)$，制定优化决策，调整物理系统的运行状态和参数。

（4）联动控制与决策：

控制机制：根据孪生系统模型 $M(t)$ 和实时数据 $D(t)$，生成控制指令 $C(t)$，用于联动控制物理系统的行为。

决策支持：基于模型分析和实时数据，提供决策支持，例如根据 $M(t)$ 和 $D(t)$ 进行智能化决策。

（5）状态诊断与维护：

状态诊断：根据孪生系统模型 $M(t)$ 和实时数据 $D(t)$，进行状态模拟分析，识别物理系统的风险原因。

维护支持：基于状态诊断结果，提供维护支持，包括维护建议和维护策略。

根据该融合机理，可以总结出以下几个关键点。首先，通过函数 f 将实时数据 $D(t)$ 映射到孪生系统模型 $M(t)$ 中，以确保模型与实际物理系统的同步。其次，通过实时监测数据的同步，使得孪生系统模型 $M(t)$ 与物理系统状态 $S(t)$ 近似，从而实现实时监测和反馈。通过生成反馈信号，控制和调整物理系统的行为。此外，利用函数 g 对孪生系统模型 $M(t)$ 进行预测和优化分析，得到预测结果 $P(t)$。根据预测结果 $P(t)$，制定优化决策，调整物理系统的运行状态和参数。同时，根据孪生系统模型 $M(t)$ 和实时数据 $D(t)$，生成控制指令 $C(t)$，用于联动控制物理系统的行为。基于模型分析和实时数据，可以提供决策支持，例如根据 $M(t)$ 和 $D(t)$ 进行智能化决策。最后，利用孪生系统模型 $M(t)$ 和实时数据 $D(t)$，进行状态诊断，以识别物理系统的风险原因。

综上所述，物联网技术和数字孪生系统的融合机理为地下空间施工过程安全监测提供了强大的工具和决策支持。通过实时数据采集、模型分析和预测优化，可以监测、控制和维护物理系统，以确保施工过程的安全性和效率。

3.3　物联网技术在运维阶段的智慧应用

运维是指对各种设施、系统、设备等进行日常的监测、维护、修复、改进等活动，以保证其正常、高效、安全、可靠地运行的过程。运维是各行各业的重要组成部分，涉及工业、能源、交通、医疗、教育、环境等多个领域。运维的质量和效率直接影响到企业的生产力、竞争力、成本、利润和社会责任。然而，传统的运维方式存在着许多问题和挑战，例如：数据的收集和分析不充分，导致运维决策缺乏依据和预见性，无法及时发现和解决问题，无法有效利用资源和降低风险；人工的参与和干预过多，导致运维效率低下，人力成本高昂，人为错误和事故频发，运维质量难以保证；运维的标准和流程不统一，导致运维的可复制性和可扩展性差，运维的协同和协调困难，运维的可持续性和创新性不足。

为了解决这些问题和挑战，物联网技术在运维中的智慧应用应运而生。物联网技术通过网络将各种物理设备、传感器、控制器等连接起来，实现信息的交换和协同。物联网技术可以为运维提供以下优势：数据的收集和分析更加全面和实时，可以实现运维的智能化、自动化、远程化和预测化，提高运维的效率、质量、安全和可持续性；人工的参与和干预更加精准和高效，可以实现运维的专业化、个性化、协作化和优化，降低运维的成本、风险、错误和事故；运维的标准和流程更加统一和规范，可以实现运维的标准化、模块化、集成化和创新化，提高运维的可复制性、可扩展性、协同性和创新性。

智能建造运维阶段是指建筑物竣工后的使用和管理的阶段，是建筑物的最长和最重要的阶段。智能建造运维阶段的主要任务是保证建筑物的正常运行和维护，提高建筑物的性能和价值，延长建筑物的寿命，减少建筑物的风险和成本。智能建造运维阶段的主要挑战是如何有效地监测、控制、服务建筑物的各种参数、设备、系统、功能等，以适应不同的环境、需求、场景等。

物联网技术在智能建造运维阶段的智慧应用是指利用物联网技术，对建筑物的各种信息进行收集、分析、处理、传输、展示等，实现对建筑物的智能化的监测、控制、服务等的应用。物联网技术在智能建造运维阶段的智慧应用的价值和意义是显而易见的，它可以提高建筑物的运行效率和安全性，节约建筑物的能源消耗和运维成本，提升建筑物的使用体验和价值，促进建筑物的可持续发展和创新。

物联网技术在智能建造运维阶段的智慧应用根据物联网技术的功能和应用场景，可分为以下几类：

1）监测类

监测类的物联网技术是指利用物联网技术收集和分析建筑物的各种参数，如温度、湿度、光照、空气质量、能耗、结构安全等，实现对建筑物的实时监测和预警的技术。监测类的物联网技术可以帮助建筑物的运维者及时了解建筑物的运行状况，发现和解决潜在的问题，保障建筑物的正常运行和维护。

一个典型的监测类的物联网技术的应用案例是北京国家会议中心。北京国家会议中心是一个集会议、展览、酒店、商业、文化等功能于一体的综合性建筑物,占地面积约 27 万 m²,建筑面积约 50 万 m²,是我国最大的会议中心之一。北京国家会议中心利用物联网技术实现了对建筑物的全方位监测,包括能源管理、环境监测、结构监测等,有效提高了建筑物的运行效率和安全性。

能源管理方面,北京国家会议中心利用物联网技术,对建筑物的电力、水、气等能源进行实时监测和分析,实现了能源的优化配置和节约使用。北京国家会议中心还利用物联网技术,对建筑物的太阳能、地源热泵等新能源进行实时监测和控制,实现了能源的清洁利用和环保减排。

环境监测方面,北京国家会议中心利用物联网技术,对建筑物的温度、湿度、光照、空气质量、噪声等环境参数进行实时监测和分析,实现了环境的舒适调节和健康保障。北京国家会议中心还利用物联网技术,对建筑物的火灾、水灾、地震等灾害风险进行实时监测和预警,实现了灾害的及时发现和有效应对。

结构监测方面,北京国家会议中心利用物联网技术,对建筑物的结构应力、变形、裂缝等结构参数进行实时监测和分析,实现了结构的稳定保护和寿命延长。北京国家会议中心还利用物联网技术,对建筑物的地下车库、地铁隧道等结构影响进行实时监测和评估,实现了结构的安全防护和风险降低。

通过监测类的物联网技术的应用,北京国家会议中心实现了对建筑物的全面、精确、实时的监测,为建筑物的运维提供了强有力的数据支撑和技术保障。

2)控制类

控制类的物联网技术是指利用物联网技术控制和调节建筑物的各种设备和系统,如空调、照明、电梯、门禁、消防等,实现对建筑物的智能化管理和优化的技术。控制类的物联网技术可以帮助建筑物的运维者根据不同的环境、需求、场景等,对建筑物的各种设备和系统进行自动化、智能化、远程化的控制和调节,提高建筑物的运行效能和节能性。

一个典型的控制类的物联网技术的应用案例是上海中心大厦。上海中心大厦是一个集办公、酒店、观光、文化等功能于一体的超高层建筑物,高 632m,是我国最高、世界第二高的建筑物。上海中心大厦利用物联网技术实现了对建筑物的智能化控制,包括空调系统、照明系统、电梯系统等,有效节约了能源消耗和运维成本。

空调系统方面,上海中心大厦利用物联网技术,对建筑物的温度、湿度、风速等参数进行实时监测和控制,实现了空调的自动调节和优化。上海中心大厦还利用物联网技术,对建筑物的冰蓄冷、地源热泵等节能技术进行实时监测和控制,实现了空调的节能降耗和环保减排。

照明系统方面,上海中心大厦利用物联网技术,对建筑物的光照、人流、时间等参数进行实时监测和控制,实现了照明的自动调节和优化。上海中心大厦还利用物联网技术,对建筑物的 LED 灯、太阳能灯等节能技术进行实时监测和控制,实现了照明的节能降耗和环保减排。

电梯系统方面,上海中心大厦利用物联网技术,对建筑物的电梯的速度、载重、故障等参数进行实时监测和控制,实现了电梯的自动调节和优化。上海中心大厦还利用物联网技术,对建筑物的电梯的能量回收、智能分配等节能技术进行实时监测和控制,实现了电梯的节能降耗和安全保障。

通过控制类的物联网技术的应用，上海中心大厦实现了对建筑物的高效、节能、安全的控制，为建筑物的运维提供了强有力的技术支撑和管理优化。

3）服务类

服务类的物联网技术是指利用物联网技术提供和改善建筑物的各种服务和功能，如导航、停车、娱乐、健康、安防等，实现对建筑物的人性化和舒适化的技术。服务类的物联网技术可以帮助建筑物的使用者和管理者享受和提供更多的便利和效益，提高建筑物的使用体验和价值，增强建筑物的吸引力和竞争力。

一个典型的服务类的物联网技术的应用案例是深圳平安金融中心。深圳平安金融中心是一个集办公、酒店、商业、文化等功能于一体的综合性建筑物，高 599m，是我国第二高、世界第四高的建筑物。深圳平安金融中心利用物联网技术实现了对建筑物的人性化服务，包括智能导航、智能停车、智能娱乐等，有效提升了建筑物的使用体验和价值。

智能导航方面，深圳平安金融中心利用物联网技术，为建筑物的使用者和访客提供了智能导航的服务，包括室内定位、路径规划、语音导航等，实现了对建筑物的快速、准确、便捷的导航。

智能停车方面，深圳平安金融中心利用物联网技术，为建筑物的使用者和访客提供了智能停车的服务，包括车牌识别、车位预约、车位导引、车辆寻找等，实现了对建筑物的高效、节省、安全的停车。

智能娱乐方面，深圳平安金融中心利用物联网技术，为建筑物的使用者和访客提供了智能娱乐的服务，包括观光电梯、观景平台、数字展馆、互动游戏等，实现了对建筑物的有趣、丰富、多彩的娱乐。

通过服务类的物联网技术的应用，深圳平安金融中心实现了对建筑物的人性化、舒适化的服务，为建筑物的使用者和访客提供了更多的便利和效益，为建筑物的运维增加了更多的价值和可能。

物联网技术在智能建造运维阶段的智慧应用已经取得了一定的成果和进步，但仍处于初级阶段，有待进一步完善和推广。物联网技术在智能建造运维阶段的智慧应用还面临着一些挑战和困难，如技术标准不统一、数据安全和隐私保护不充分、运维成本和风险较高等。物联网技术在智能建造运维阶段的智慧应用将朝着更高级、更智能、更集成、更开放的方向发展，实现对建筑物的全生命周期管理和优化。物联网技术在智能建造运维阶段的智慧应用将与其他新兴技术如人工智能、大数据、云计算、区块链等深度融合，形成更多的创新模式和应用场景，为建筑物的运维提供更多的价值和可能。

1. 发展现状和存在的问题

物联网技术在智能建造运维阶段的智慧应用已经在一些先进的建筑物中得到了应用和验证，如北京国家会议中心、上海中心大厦、深圳平安金融中心等，展示了物联网技术在智能建造运维阶段的智慧应用的可行性和有效性。物联网技术在智能建造运维阶段的智慧应用已经从单一的功能和应用，转向多元的功能和应用；从局部的监测和控制，转向全面的监测和控制；从简单的数据收集和处理，转向复杂的数据分析和应用；从封闭的系统和平台，转向开放的系统和平台，取得了一定程度的发展和进步，体现了物联网技术在智能建造运维阶段的智慧应用的多样性和复杂性。

然而，物联网技术在智能建造运维阶段的智慧应用仍处于初级阶段，有待进一步完善和推广。物联网技术在智能建造运维阶段的智慧应用还面临着一些挑战和困难，如：

（1）技术标准不统一。物联网技术涉及多种技术、设备、系统、平台等，目前还缺乏统一的技术标准和规范，导致物联网技术的兼容性、互操作性、可扩展性等受到限制，影响物联网技术的集成和应用。

（2）数据安全和隐私保护不充分。物联网技术需要收集和处理大量的数据，涉及建筑物的运行情况、使用者的行为习惯、管理者的决策意图等，这些数据可能存在泄露、篡改、攻击等风险，威胁建筑物的安全和使用者的隐私，影响物联网技术的信任度和接受度。

（3）运维成本和风险较高。物联网技术需要投入大量的资金、人力、物力等，进行物联网技术的研发、部署、维护等，增加了建筑物的运维成本和复杂度。同时，物联网技术也可能带来一些新的运维风险，如技术故障、网络中断、人为误操作等，影响建筑物的运行稳定性和可靠性。

针对以上的问题，需要从多个方面进行改进和完善，如：

制定和推广统一的技术标准和规范，促进物联网技术的协调和协作，提高物联网技术的兼容性、互操作性、可扩展性等；加强数据的加密、备份、审核等措施，保障数据的安全和隐私，提高物联网技术的信任度和接受度；降低物联网技术的运维成本和复杂度，提高物联网技术的运维效率和效果，减少物联网技术的运维风险和影响。

2. 发展趋势和未来方向

物联网技术在智能建造运维阶段的智慧应用将朝着更高级、更智能、更集成、更开放的方向发展，实现对建筑物的全生命周期管理和优化。

更高级的物联网技术：物联网技术将不断提升其性能和功能，实现更高的精度、速度、范围、容量等，为建筑物的运维提供更强的数据支撑和技术保障。

更智能的物联网技术：物联网技术将不断提升其智能水平，实现更好的学习、分析、决策、执行等，为建筑物的运维提供更优的管理优化和服务改善。

更集成的物联网技术：物联网技术将不断提升其集成能力，实现更多的功能和应用的融合和协同，为建筑物的运维提供更多的效能提升和节能降耗。

更开放的物联网技术：物联网技术将不断提升其开放性和互动性，实现更多的数据和信息的共享和交流，为建筑物的运维提供更多的便利和效益。

物联网技术在智能建造运维阶段的智慧应用将与其他新兴技术如人工智能、大数据、云计算、区块链等深度融合，形成更多的创新模式和应用场景，为建筑物的运维提供更多的价值和可能。

人工智能可以为物联网技术提供更强的智能支撑，实现对建筑物的运维的更精准的分析、预测、推荐、优化等，提高建筑物的运维的智能化水平和效果；大数据可以为物联网技术提供更丰富的数据资源，实现对建筑物的运维的更全面的监测、评估、比较、挖掘等，提高建筑物的运维的数据化水平和效果；云计算可以为物联网技术提供更强的计算能力，实现对建筑物的运维的更快速的处理、存储、传输、展示等，提高建筑物的运维的云化水平和效果；区块链可以为物联网技术提供更高的安全保障，实现对建筑物的运维的更可靠的验证、记录、追溯、共识等，提高建筑物的运维的区块链化水平和效果。

通过与其他新兴技术的融合，物联网技术在智能建造运维阶段的智慧应用将形成更多的创新模式和应用场景，如：

利用物联网技术和其他新兴技术，构建一个集数据收集、分析、展示、交互、管理、优化等功能于一体的智能建造运维平台，为建筑物的运维提供一个统一的入口和接口，实现对建筑物的运维的全方位的支持和服务。

利用物联网技术和其他新兴技术，构建一个由多个建筑物、设备、系统、平台等组成的智能建造运维网络，为建筑物的运维提供一个广泛的连接和协作，实现对建筑物的运维的跨域的支持和服务。

利用物联网技术和其他新兴技术，构建一个由多个建筑物、使用者、管理者、服务者等组成的智能建造运维生态，为建筑物的运维提供一个多元的参与和贡献方，实现对建筑物的运维的共享的支持和服务。

通过形成更多的创新模式和应用场景，物联网技术在智能建造运维阶段的智慧应用将为建筑物的运维提供更多的价值和可能，如：

物联网技术可以实现对建筑物的实时监测和预警，及时发现和解决潜在的问题，保障建筑物的正常运行和维护，避免发生事故和损失，提高建筑物的运行效率和安全性。

物联网技术可以实现对建筑物的智能化控制和优化，根据不同的环境、需求、场景等，对建筑物的各种设备和系统进行自动化、智能化、远程化的控制和调节，节约建筑物的能源消耗和运维成本。

物联网技术可以实现对建筑物的人性化和舒适化的服务，提供和改善建筑物的各种服务和功能，如导航、停车、娱乐、健康、安防等，提升建筑物的使用体验和价值，增强建筑物的吸引力和竞争力。

物联网技术可以实现对建筑物的全生命周期管理和优化，从设计、施工、运维等各个阶段，实现对建筑物的智能化、数字化、网络化、生态化的管理和优化，促进建筑物的可持续发展和创新。

北京城市副中心三大绿色建筑中物联网技术在运维阶段的应用如下：

利用 BIM 技术建立与基坑相对应的几何模型，几何模型是对超大基坑施工现场进行高度还原与仿真，并将虚拟模型上传至孪生系统平台中。同时考虑施工过程的动态性，利用 BIM 技术的可视化施工模拟建立施工顺序及总体工期计划，并按照施工进度对孪生模型进行动态更新。利用 Revit 软件分别建立地下基础、基坑开挖、边坡支护等实体要素模型，桩基、支护构件等模型分别进行参数化处理并建立相应族库，以便实现快速建模。三大建筑共享配套设施基坑几何模型如图 3-6 所示。

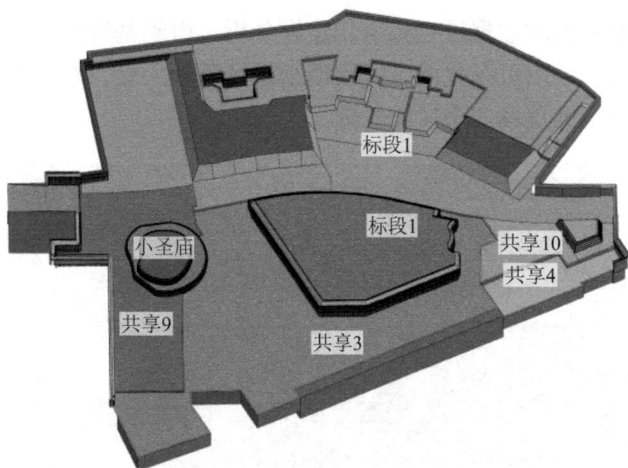

图 3-6　三大建筑共享配套设施基坑几何模型

针对围护结构失稳、支撑体系失稳、坑底变形、地表沉降等引起超大基坑施工安全风险的指标，通过在施工现场安装传感器对风险指标进行数据收集。超大基坑安全监测对象主要包含水平位移监测、沉降监测、深层水平位移监测、地下水位监测、锚索内力监测、混凝土支撑轴力监测等，通过在监测点布设传感器和监测设备实时采集基坑的数据。基坑传感器监测布设要求包括：①基坑工程监测点的布置应能反映监测对象的实际状态及其变化趋势，监测点应布置在内力及变形关键特征点上，并应满足监控要求；②基坑监测点布置应不妨碍监测对象的正常工作，并减少对施工作业的不利影响。监测标志应稳固、明显、结构合理，监测点的位置应避开障碍物，便于观测。监测期间，定期检查工作基点和基准点的稳定性。

通过综合利用 Zigbee、4G、Wi-Fi 等无线传输网络的方式将多种基坑监测设备、传感器通过物联网技术连通起来，并将多源多维的监测数据传输至孪生平台的数据库中，以此实现监测数据的自动采集和实时传输，确保基坑安全监测孪生模型能够实时、准确地反映物理空间中的基坑实体。三大建筑共享配套设施基坑孪生模型如图 3-7 所示。

图 3-7　三大建筑共享配套设施基坑孪生模型

通过对上述孪生模型和监测设备的集成，构建基坑安全监测孪生系统平台，如图 3-8 所示。孪生系统能够对原始监测数据进行实时处理，借助孪生平台中的安全风险评估和控制算法对历史积累数据和实时数据进行数字化建模分析，得到基坑的安全状态，形成各类变化曲线和图形、图表，并以可视化的方式反馈给现场管理人员，及时发现工程及周边建筑物、管线隐患，从而指导现场安全风险管理。

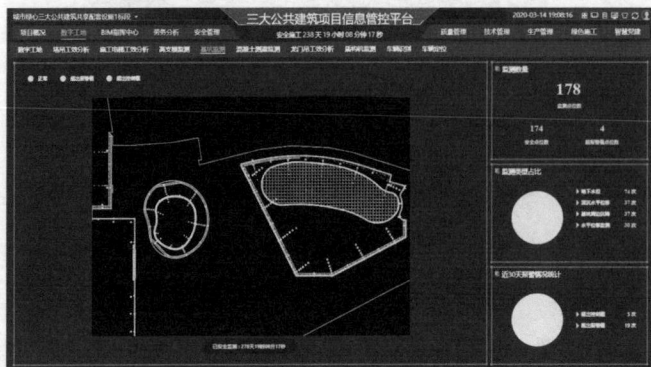

图 3-8   大型基坑安全监测孪生系统平台

系统平台能够统计监测类型占比，实时展示地下水位、深层水平位移、基坑周边沉降、水平位移监测数据，并统计 30d 内报警情况。通过物联网技术和数字孪生系统的融合，可实现基坑数据的实时监测，测量整个工期的基坑安全状态的变化，通过对监测数据分析、报警、及时地反映基坑工程的状态，避免重大事故的发生。

第 4 章

数字化交付在项目中的应用

4.1 数字化交付概述

数字化交付是一种基于数字化技术和平台的项目交付模式,能够实现项目的全生命周期的数字化管理,提高项目的质量、效率、安全和环保水平,满足项目的多方利益相关者的需求,实现项目的可持续发展(图 4-1)。数字化交付的核心是利用数字化技术和平台,实现项目的全生命周期的信息的收集、存储、传递、分析和应用,实现项目的数字化、可视化、智能化和协同化,提高项目的管理水平和价值。

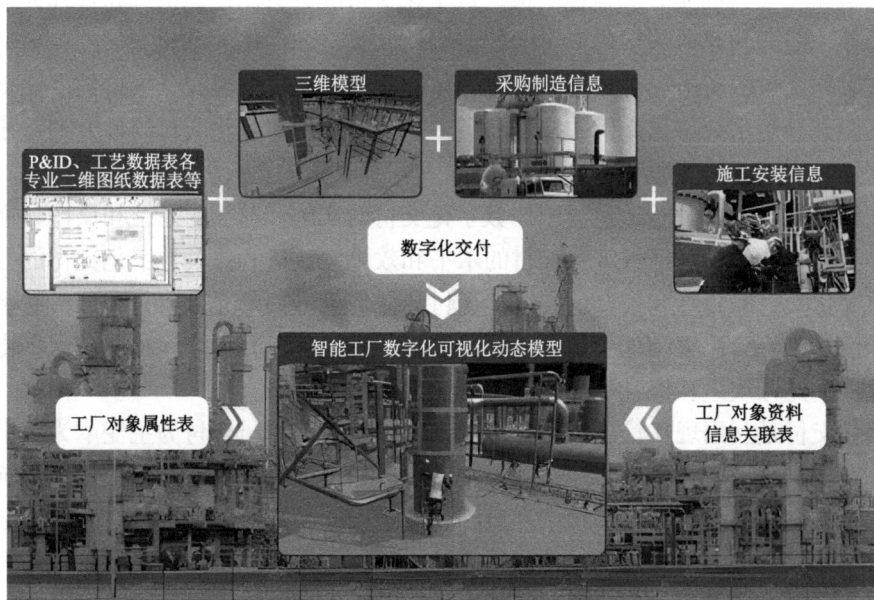

图 4-1 数字化交付示意图

数字化交付的特点和优势主要有以下几个方面:

(1)数字化交付是一种基于数字化技术和平台的交付模式,能够充分利用互联网、云计算、大数据、人工智能、物联网、移动通信、区块链等技术的优势,实现项目的全生命周期信息的高质量、高效率、高时效性、高准确性、高可靠性、高可用性、高感知性、高参与性、高智能性、高创造性等，为项目的全生命周期管理的决策和执行提供强大的支持和保障。

（2）数字化交付是一种基于全面、系统、动态的思维方式的交付模式，能够从项目的全生命周期的角度，综合考虑项目的几何、物理、功能、时间、成本、质量、安全、环境等多方面的因素，实现项目的全生命周期的最大价值和最小成本，为项目的全生命周期管理的投资和回报提供依据和指导。

（3）数字化交付是一种基于可持续发展理念的交付模式，能够兼顾项目的功能、美学、经济、社会和生态等多方面的需求，实现项目的全生命周期的最佳化，为项目的全生命周期管理的质量和信誉、安全和责任、环境和社会提供保障。

数字化交付的内容和流程主要包括以下几个方面：

（1）数字化交付的需求分析。确定数字化交付的目标、范围、内容、标准、方法、指标等，是数字化交付的基础和前提。数字化交付的需求分析需要充分了解项目的背景、特点、目的、条件、风险、机遇等，充分收集和整理项目的各方利益相关者的需求和期望，充分分析和评估项目的可行性，充分制定和明确项目的数字化交付的计划和方案。

（2）数字化交付的方案制定。根据数字化交付的需求分析，选择和确定数字化交付的技术和平台，设计和构建数字化交付的模型和系统，制定和实施数字化交付的策略和措施，是数字化交付的核心和关键。数字化交付的方案制定需要充分利用数字化技术和平台的优势，充分考虑数字化交付的特点和要求，充分协调数字化交付的各方资源和条件，充分保证数字化交付的质量和效果。

（3）数字化交付的实施和监控。根据数字化交付的方案制定，执行和管理数字化交付的各项活动，监测和评估数字化交付的各项指标，调整和优化数字化交付的各项策略和措施，是数字化交付的实施和保障。数字化交付的实施和监控需要充分执行数字化交付的计划和方案，充分运用数字化交付的技术和平台，充分协调数字化交付的各方利益相关者，充分改进数字化交付的问题和不足。

（4）数字化交付的评价改进。根据数字化交付的实施和监控，总结和反馈数字化交付的成果和收益，评价和验证数字化交付的水平和效果，改进和提升数字化交付的方法和技术，是数字化交付的总结和提升。数字化交付的评价改进需要充分收集和分析数字化交付的数据和信息，充分比较和评价数字化交付的目标和实际，充分认识和总结数字化交付的经验和教训，充分改进和提升数字化交付的能力和水平。

数字化交付是利用现代信息技术，将竣工交付模式从纸质交付为主变革为数字化交付为主，旨在提升竣工交付效率与建筑数据利用率。如今国内外学者对数字化交付领域的研究较少，且数字化交付研究主要集中在道路、交通方面，针对大型地下空间的数字化交付内容与数字化交付方法的研究仍然较为匮乏。本书旨在提出融合多源多维数据的大型地下空间数字化交付方法，为此领域的数字化交付问题提供思路。

4.2　数字化交付的重要性

建筑业是融合多领域、多专业的综合性行业，其项目往往具有高难度、大规模、长周期的难点。我国建筑业在智能化与信息化方面的水平仍在低位，而数字化与信息化技术有助于变革建筑业的生产与管理模式，让建筑业转向高质量发展，从而实现建设质量与建设效率的全面提升。在建筑业向数字化转型的过程中，竣工交付模式向数字化交付的转变是极其重要的一环。

数字化交付在项目中应用的重要性主要体现在以下几个方面：

（1）数字化交付能够提高项目的质量水平。数字化交付能够利用数字化技术和平台，对项目的全生命周期的质量进行标准化、规范化、一致化和可追溯化的管理，实现项目的质量的可视化、数字化和智能化，提高项目的质量的预测和预防能力，降低项目的质量的风险和损失，提升项目的质量的水平和满意度，为项目的全生命周期管理的质量和信誉提供保障。

（2）数字化交付能够提高项目的效率水平。数字化交付能够利用数字化技术和平台，对项目的全生命周期的效率进行动态化、精确化、优化和协同化的管理，实现项目的效率的可视化、数字化和智能化，提高项目的效率的分析和优化能力，降低项目的效率的浪费和损耗，提升项目的效率的水平和效果，为项目的全生命周期管理的效率和效果提供保障。

（3）数字化交付能够提高项目的安全水平。数字化交付能够利用数字化技术和平台，对项目的全生命周期的安全进行感知化、预警化、防范化和应急化的管理，实现项目的安全的可视化、数字化和智能化，提高项目的安全的监测和评估能力，降低项目的安全的风险和事故，提升项目的安全的水平和信任度，为项目的全生命周期管理的安全和责任提供支持和保障。

（4）数字化交付能够提高项目的环境水平。数字化交付能够利用数字化技术和平台，对项目的全生命周期的环境进行量化、评价化、改善化和优化的管理，实现项目的环境的可视化、数字化和智能化，提高项目的环境的认知和改进能力，降低项目的环境的影响和损害，提升项目的环境的水平和协调性，为项目的全生命周期管理的环境和社会等问题提供保障。

目前数字化交付已经在国内外多个项目中应用，取得了一定的经验：

数字化交付在国际上已经有了一些成功的应用和示范，如美国的芝加哥大学医院项目、英国的伦敦奥运村项目、新加坡的滨海湾金沙酒店项目、澳大利亚的悉尼歌剧院项目等，这些项目都充分利用了数字化交付的技术和平台，实现了项目的全生命周期的数字化管理，提高了项目的质量、效率、安全和环保水平，满足了项目的多方利益相关者的需求，实现了项目的可持续发展。这些项目的案例和经验为数字化交付的推广和应用提供了借鉴和启示。

数字化交付在国内也有了一些进展，如北京的国家体育场项目、上海的迪士尼乐园项目、广州的珠江新城项目、深圳的平安金融中心项目等，这些项目都尝试和探索了数字化交付的技术和平台，实现了项目的全生命周期的数字化管理，提高了项目的质量、效率、安全和环保水平，满足了项目的多方利益相关者的需求，实现了项目的可持续发展。这些项目的案例和经验为数字化交付的创新和改进提供了参考和支持。

数字化交付在项目中应用的前景和潜力是巨大的，随着数字化技术和平台的不断发展和完善，数字化交付的水平和效果将不断提高和优化，数字化交付的范围和领域将不断扩大和拓展，数字化交付的影响和价值将不断增加和提升，数字化交付将成为项目交付的主流和趋势，为项目的全生命周期管理的发展和进步提供动力和方向。

4.3　数字化交付的应用流程

数字化交付的应用流程是指利用数字化技术和平台，实现项目的全生命周期的信息的收集、存储、传递、分析和应用，实现项目的数字化、可视化、智能化和协同化，提高项目的管理水平和价值的一系列步骤和活动。

数字化交付的前期准备阶段，是数字化交付的应用流程的第一个阶段，也是最基础的阶段，是确定数字化交付的目标、范围、内容、标准、方法、指标等的过程，是数字化交付的应用流程的基础和前提。在这个阶段，需要完成以下几个任务：

1）明确数字化交付的目标

数字化交付的目标是指数字化交付要实现的预期效果和价值，是数字化交付的应用流程的导向和动力。数字化交付的目标应该符合项目的背景、特点、目的、条件、风险、机遇等；应该符合项目的多方利益相关者的需求和期望；应该符合数字化交付的特点和要求；应该符合可持续发展的理念和原则。数字化交付的目标应该具有明确性、可量化性、可达成性、可评价性等特点，以便于数字化交付的应用流程的实施和监督。

2）确定数字化交付的范围

数字化交付的范围是指数字化交付要涵盖的项目的阶段、领域、活动、信息等，是数字化交付的应用流程的边界和范围。数字化交付的范围应该根据项目的规模、复杂度、重要性、紧迫性等因素进行合理的划分和确定；应该根据数字化交付的技术和平台的能力和条件进行合理的选择和确定；应该根据数字化交付的目标和内容进行合理的匹配和确定。数字化交付的范围应该具有完整性、适当性、灵活性等特点，以便于数字化交付的应用流程的执行和管理。

3）制定数字化交付的内容

数字化交付的内容是指数字化交付要实现的项目的信息的收集、存储、传递、分析和应用等具体的事项和任务，是数字化交付的应用流程的核心和关键。数字化交付的内容应该根据数字化交付的目标和范围进行详细的分解和制定；应该根据数字化交付的技术和平台进行合理的选择和制定；应该根据数字化交付的特点和要求进行合理的安排和制定。数字化交付的内容应该具有清晰性、可操作性、可控制性等特点，以便于数字化交付的应用流程的监测和评估。

4）确立数字化交付的标准

数字化交付的标准是指数字化交付要遵循的项目的质量、效率、安全、环境等方面的规范和要求，是数字化交付的应用流程的依据和指导。数字化交付的标准应该符合国家、行业、地区、组织等相关的法律、法规、规范、规则等；应该符合数字化交付的目标和内容等；应该符合数字化交付的技术和平台等；应该符合数字化交付的特点和要求等。数字化交付的标准应该具有权威性、适用性、一致性等特点，以便于数字化交付的应用流程的规范和统一。

5）选择数字化交付的方法

数字化交付的方法是指数字化交付要采用的项目的信息的收集、存储、传递、分析和应用等方面的技术和工具，是数字化交付的应用流程的工具和方法。数字化交付的方法应该根据数字化交付的内容和标准进行合理的选择和确定；应该根据数字化交付的技术和平台进行合理的选择和确定；应该根据数字化交付的特点和要求进行合理的选择和确定。数字化交付的方法应该具有有效性、先进性、兼容性等特点，以便于数字化交付的应用流程的实现和保障。

6）设定数字化交付的指标

数字化交付的指标是指数字化交付要达到的项目的质量、效率、安全、环境等方面的具体的数值和水平，是数字化交付的应用流程的目标和评价结果。数字化交付的指标应该根据数字化交付的目标和范围进行合理的设定和确定；应该根据数字化交付的内容和标准进行合理的设定和确定；应该根据数字化交付的技术和平台进行合理的设定和确定；应该根据数字化交付的特点和要求进行合理的设定和确定。数字化交付的指标应该具有可量化性、可达成性、可评价性等特点，以便于数字化交付的应用流程的监测和评估。

为实现数字交付及后期运维数据的支撑，三大建筑项目划分四大类空间信息及八大类设备信息。四大类空间信息分别是建筑信息、区域信息、楼层信息、房间信息；八大类设备信息分别是动力类设备、照明类设备、智能类设备、网络类设备、监测类设备、测量类设备、开关类设备、储藏类设备。所有信息制定数据信息采集模板，作为基础数据的来源。根据制定的系统及设备分级编码标准制定设备编码，编制编码清单；确定同种设备编码中顺序编码的方法，要保证现场采集与 BIM 模型构件编码的一致性，采用划分片区的方式确定，同一片区设备的分项信息相同；实施过程中需要协调好总包单位和分包单位采集基础数据，同时要保证与 BIM 设计端统一规则。

根据设计图纸统计出各专业设备构件共 376 种，根据物业公司的要求编制了 11 层 20 位数字的编码，对各专业设备进行编码信息的录入工作，实现 BIM 的运维应用（图 4-2）。

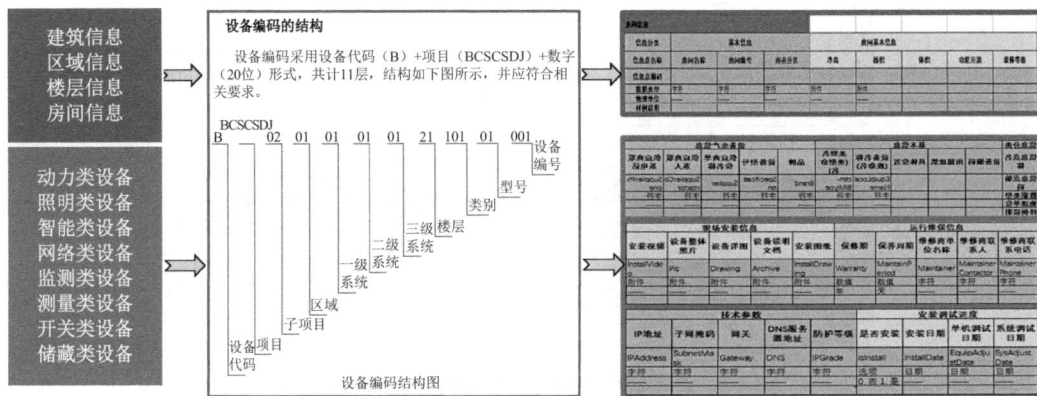

图 4-2　数字化成果交付编码

本书提出融合多源多维数据的大型地下空间数字化交付方法，为此领域的数字化交付问题提供思路；提出基于数字孪生的数字化交付五维模型框架，其数学语言表述为如下公式：

$$M_{\mathrm{BDT}} = (D_{\mathrm{PE}}, D_{\mathrm{VE}}, D_{\mathrm{Ss}}, D_{\mathrm{DD}}, D_{\mathrm{CN}}) \tag{4-1}$$

式中，D_{PE} 表示建筑物理实体，D_{VE} 表示建筑虚拟模型，D_{Ss} 表示数字化交付服务，D_{DD} 表示交付数据，D_{CN} 表示各模块之间的连接。

　　建筑物理实体是以建筑实体为核心，以人员、机电设备、项目管理日志、景观环境为辅助的综合物理实体。建筑物理实体涵盖了上述五个组成部分在建筑全生命周期的真实状态信息，是建筑虚拟模型的底层数据来源。建筑虚拟模型针对建筑竣工交付阶段，涵盖建筑虚拟实体的几何物理信息与交付资料信息。模型具体的组成部分包括但不限于 BIM 模型、结构有限元计算模型、三维扫描点云模型、竣工交付资料电子文档库。通过反复更新修正，交付资料最终会形成不同类别的数据库，留待后续调用。数字化交付服务旨在依托一套集成多专业协作功能与数据处理功能的数字化交付平台，协助多方完成竣工交付工作与建筑数据库的形成工作。平台以行业规范、专家经验等知识为背景，以人工智能、5G、深度学习、数据融合、云计算等技术为支撑，共同帮助数字化平台功能性与有效性的实现。交付数据是数字化竣工交付的核心载体，主要包括规范、合同规定的硬性数据，以及与建筑运维服务相关的软性数据。各模块之间的连接以数字化交付平台为枢纽，通过数据在各模块间的采集与传递完成。数据的采集依托人工输入、传感器接收与网络数据调用的方式。数据的传递需要统一数据采集接口、网络协议与数据格式，进而保证数据在实体与虚体间形成有效连接。基于数字孪生的数字化交付五维模型框架如图 4-3 所示。

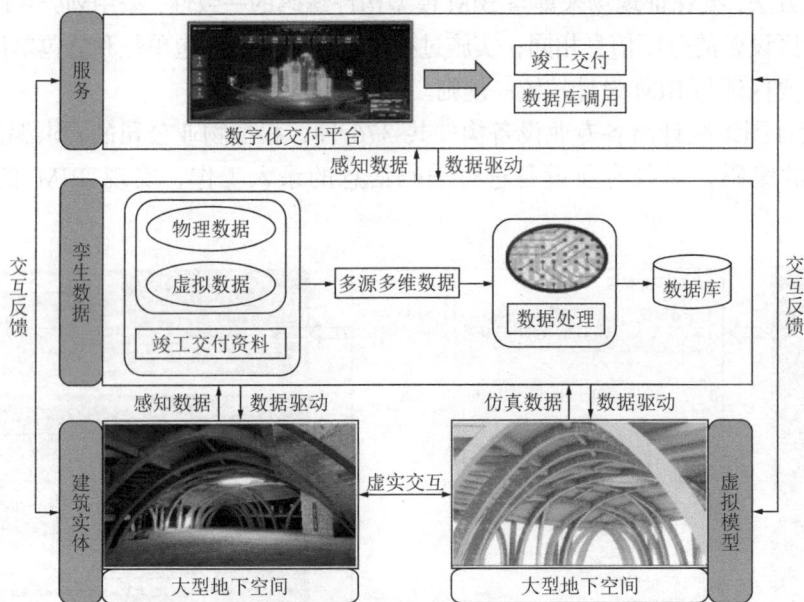

图 4-3　基于数字孪生的数字化交付五维模型框架

　　数字化交付平台主要有 4 个应用场景，分别是工程竣工交付场景、后期运维场景、建筑改扩建场景、信息交流场景。

（1）工程竣工交付场景。以交付系统作为连接多方参与竣工交付的枢纽工具，平台支持多方在线上进行数字化交付工作。在交付过程中，首先，施工单位将竣工交付资料自检后上传至交付平台；其次，由建设单位组建的验收组通过交付平台线上协同完成资料的审阅工作，若验收资料合格则予以通过，若不合格则责令要求施工单位整改；验收工作完成后，建筑资料以数据库的形式留存在档案馆。工程竣工交付流程如图 4-4 所示。

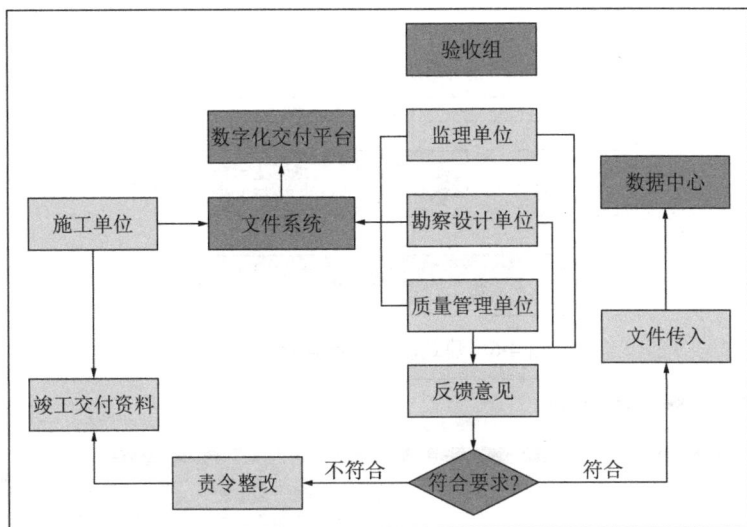

图 4-4　工程竣工交付流程

（2）后期运维场景。物业公司在展开运维工作前，可以直接从工程竣工交付系统中的数据中心模块，通过数据库查找并调用需要的运维数据，解决物业公司缺少有效运维数据的难题，提升数据利用的效率。后期运维场景的应用流程如图 4-5 所示。

（3）建筑改扩建场景。建筑服役期间改扩建项目或建筑服役期满重新评估房屋性能时，

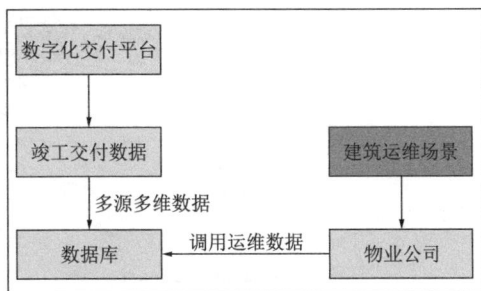

图 4-5　后期运维场景的应用流程

会涉及评估、加固、修复、改建、重建环节。此时交付系统有两个作用：①通过交付系统调用变动前的建筑资料，提高改扩建项目的建筑资料调取效率；②在建筑经过相关处理后重新竣工交付时，再次通过交付平台完成竣工交付全过程，提升竣工交付的效率，并完成同一建筑数据库的更新。此后，由于每一代建筑变动后的资料都以数据库的形式得到了更新和保存，建筑便有了历史感，每一代建筑的历史数据都有迹可循。建筑改扩建场景应用流程如图 4-6 所示。

（4）信息交流场景。在一些信息交流场景，如科研会议、行业技术分享会议，若建设单位与业主单位同意信息共享后，可通过交付系统中的数据库调出有效数据，以数据资料为载体的信息交流更具有效性，促进大家依托数据更有效率地进行经验交流、科研创新。同时还可提高建筑数据的利用效率，促进建筑业的数字化发展（图 4-7）。

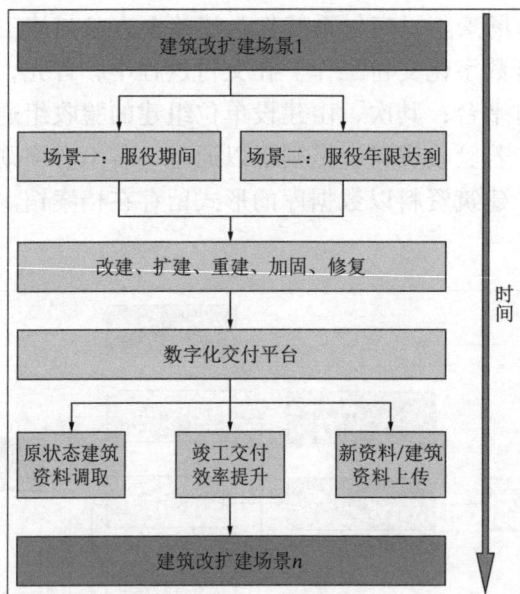

图 4-6　建筑改扩建场景应用流程

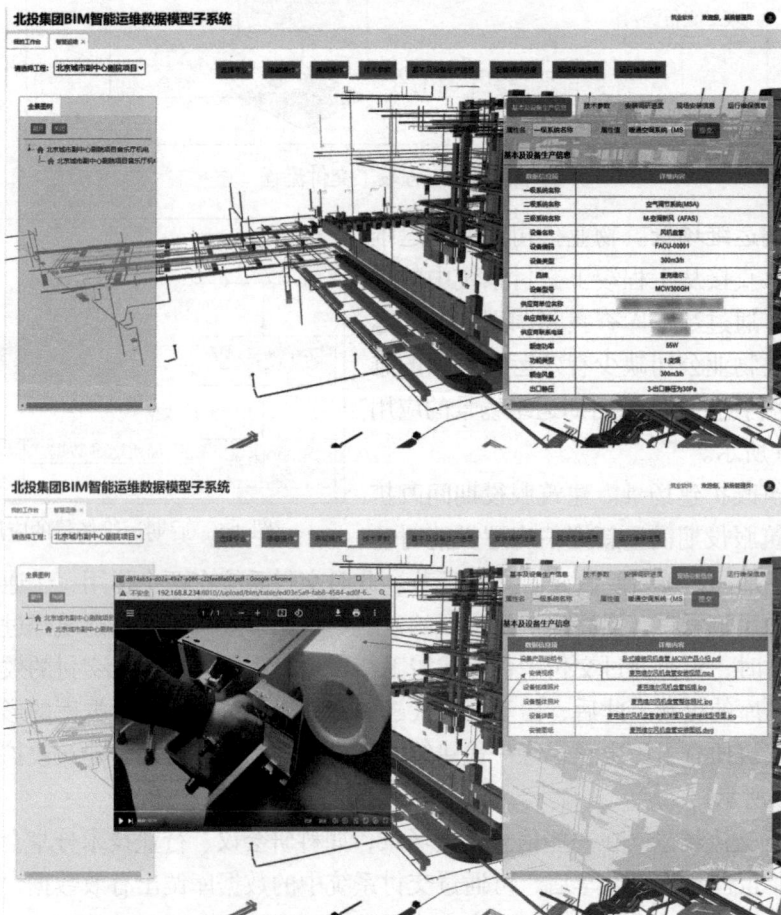

图 4-7　BIM 智能运维数据模型——现场安装信息应用效果

第 **5** 章

精益管理平台建设与应用

5.1 精益管理平台方案构建

精益管理是一种源于制造业的管理理念，它的起源可以追溯到 20 世纪初的福特汽车公司，它的发展可以归功于 20 世纪中后期的丰田汽车公司，它的普及可以归因于 20 世纪末的精益生产运动。精益管理的实践主要包括：精益生产、精益服务、精益供应链、精益创新、精益变革等。精益管理在制造业、服务业、医疗业、教育业、政府部门等各个领域都有广泛的应用和成功的案例。精益管理的发展趋势是向更广的领域、更深的层次、更高的水平、更强的能力、更好的效果方向发展。

智能建造精益管理平台是一种基于云计算、物联网、大数据、人工智能等技术的综合性平台，它能够对建造过程中的各个环节进行实时的监测、分析、优化、协调、控制、评价、反馈，从而实现智能建造的精益管理。智能建造精益管理平台的功能包括：项目管理、设计管理、采购管理、施工管理、质量管理、安全管理、成本管理、进度管理、合同管理、风险管理、绩效管理、知识管理、协同管理、决策支持等。

智能建造精益管理平台是一种将智能建造和精益管理相结合的综合性平台，它是智能建造的重要组成部分，也是精益管理的有效载体。智能建造精益管理平台的研究和应用在国内外都有一定的进展和成果。国外的智能建造精益管理平台的研究和应用主要集中在欧美和日本等发达国家，它们以先进的技术和管理为支撑，以创新和协作为特色，以可持续和智慧为目标，开发了一些具有代表性的平台和系统。例如，美国的Autodesk 公司开发了 BIM 360 平台，它是一个基于云的协作平台，能够实现项目的全生命周期管理，包括设计、施工、运维等阶段，提供了数据的集成、分析、可视化、优化等功能，支持了多方的协同和沟通，提高了项目的效率和质量；英国的 Bentley 公司开发了 ProjectWise 平台，它是一个基于云的工程协作平台，能够实现项目的全流程管理，包括规划、设计、施工、运维等阶段，提供了数据的共享、协调、变更、审批等功能，支持了多方的协作和决策，提高了项目的效率和质量；日本的东芝公司开发了Toshiba Smart Construction System，它是一个基于物联网和人工智能的智能建造系统，能够实现项目的全方位监控，包括人员、设备、材料、环境等方面，提供了数据的采集、分析、预测、控制等功能，支持了多方的监督和反馈，提高了项目的安全和效益。国内的智能建造精益管理平台的研究和应用相对较少，但也有一些值得关注的平台和系统。例如，北京建筑大学开发了智能建造工程管理平台，它是一个基于 BIM 和云计算的综合性平台，能够实现项目的全过程管理，包括设计、施工、运维等阶段，提供了数据的集成、分析、优化、评价等功能，支持了多方的协同和沟通，提高了项目的效率和质量；上海交通大学开发了智能建造数字孪生平台，它是一个基于数字孪生和大数据的创新性平台，能够实现项目的全景模拟，包括设计、施工、运维等阶段，提供了数据的共享、协调、变更、审批等功能，支持了多方的协作和决策，提高了项目的效率和质量；深圳市建筑科学研究院开发了智能建造云平台，它是一个基于互联网和人工智能的智能化平台，能够实现项目的全方位监控，包括人员、设备、材料、环境等方面，提供了数据的采集、分析、预测、控制等功能，支持了多方的监督和反馈，提高了项目的安全和效益。

三大建筑中精益管理平台的构建如下：

1. 智能视频监控系统

在工地分布广泛、现场环境恶劣的建筑行业，确保规范施工，保证工程质量及工地的建筑材料、设备等财产安全是施工单位管理者关心的头等大事。建筑工地属于环境复杂、人员复杂的区域。考虑到工程监督、项目进度、设备及人员的安全，一套有效的视频监控系统对于管理者来说是非常有必要的。通过远程视频监控系统，管理者可以了解到现场的施工进度，可以远程监控现场的生产操作过程，可以远程监控现场材料的安全。

智能监控整体方案，旨在打造公司级视频监控系统，在施工现场布设高速球机和无线传输设备，实现现场实时视频信息的收集和传输，在公司层面搭设视频监控系统，满足权限分级管理要求，实现通过 Web 端和移动端查看各项目视频的功能。

通过视频监控系统的研发及应用，结合各项目部现场已配置的硬件设备，将各个项目各个设备孤立的视频数据进行整合集成，实现所有在建项目远程在线实时视频监控，公司领导层能实时、直观地掌握项目现场动态情况，并具备调度指挥、远程视频会议等扩展功能。

1）系统架构

根据管理架构，智能视频监控系统可按集团公司平台、分公司平台和工地现场三级构建，如图 5-1 所示。建设工程安全视频督查系统由工地现场、传输网络、监控中心相互衔接、缺一不可的部分组成。工地现场对建筑工地周边的视频监控进行了整合，主要负责对建筑工地视频信息进行采集、编码、存储及上传。工程安全视频监控系统的网络承载于运营商网络，组建局域网络，用于建筑企业与监控中心之间的通信。办公网用户可对建筑工地进行远程监控，实时了解现场情况；建筑工地系统的视频信息可上传至监控中心并进入办公网，供相关人员调用查看。根据授权使用，部署 B/S 平台，监控管理前端建筑工地，接收由建筑工地上报的视频信息，满足监控中心管理人员信息查看、设备控制的需求。

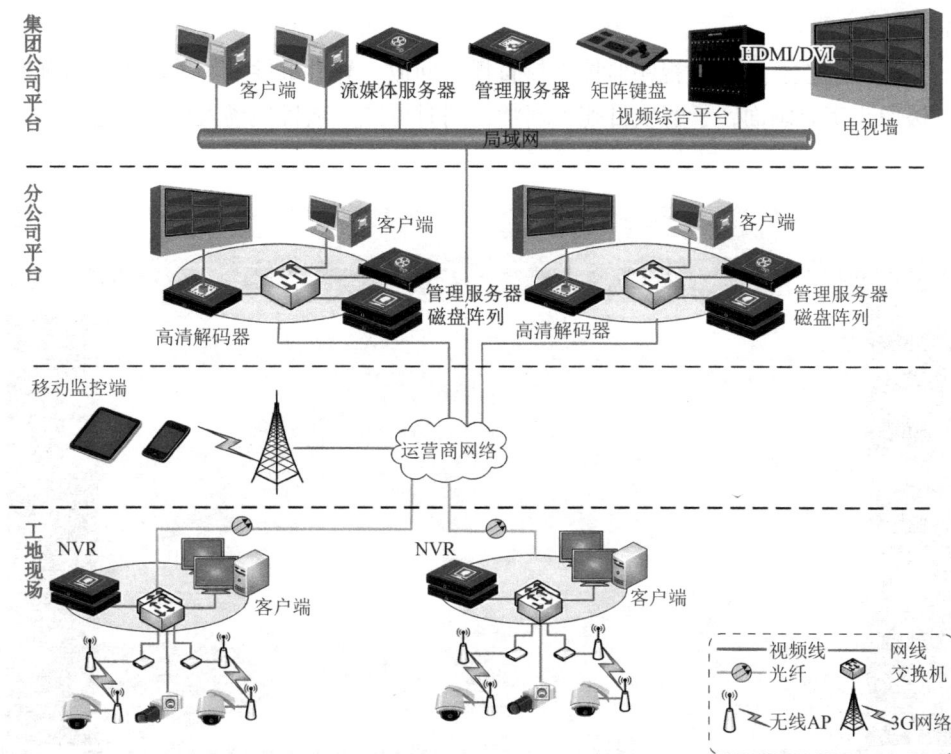

图 5-1　智能视频监控系统拓扑结构图

2）监控点部署

前端点位的部署根据工地规模的不同，在数量上会有较大差异。一般最小的监控部署为"四枪两球"。两个球机安装于工地的两个角度制高点，塔式起重机上方，考虑到施工和维护的可操作性，以及球机视野的最大化，一般球机安装于塔式起重机的操作平台上。由于地势较高，方便对工地全局进行掌握，另外，高清球机弥补了传统球机细节的不足，可以通过缩放拉近远处的情景。四个枪机分别安装于大门口、材料堆放区和宿舍区；考虑到每个工地的不同可以根据自己的实际情况调整。比如在门较多时，可以在每个门口装一个枪机，如对材料安全特别重视可以多放几只，也可设置移动侦测报警，宿舍区主要是针对务工人员进行管理（表 5-1）。

具体摄像机部署点位　　　　　　　　　　　表 5-1

序号	覆盖范围	选用设备类型	实现目的
1	工地出入口	枪式网络摄像机	监控进出人员，能看清进出物品细节
2	建筑材料堆放处、加工区	枪式网络摄像机	材料所在区域，操作规范，防止材料被盗
3	围墙	枪式网络摄像机	监控围墙区域，防止人员翻越
4	员工宿舍区、生活区	枪式网络摄像机	监控进出人员，能看清细节
5	办公区大门、院、走廊	枪式、球机、半球	监控办公区整体，防偷盗行为
6	塔式起重机上方	网络高清高速智能球机	监控塔式起重机作业层情况，监控整个工地情况
7	安全隐患点区域	高清枪式摄像机	监控安全管理要求较高的点位

3）平台功能

（1）项目监控：项目级视频监控支持直播、回放、异常事件预警等功能，可随时查看项目上摄像头实时画面，了解项目施工现状，同时可减少项目现场人员日常巡检的工作量（图 5-2）。

图 5-2　项目监控

（2）数字工地：项目管理人员可总览项目设备监控状况，做到一张图管项目，可综合查看视频监控的分布、报警状态、历史记录等信息。在工地效果图或总平面图上标注监控点位图标，单击图标显示该点位视频预览图，如设备出现故障，数字工地上会自动进行故障提醒（图 5-3）。

图 5-3　数字工地

（3）进度抓拍：定时定点抓拍现场图片，可根据当前工程重点部分或相关需求，设置普通摄像机完成自动抓拍过程，关键影响部位留痕，抓拍结果可以按时间轴形式展示图片，项目施工进度一目了然（图 5-4）。

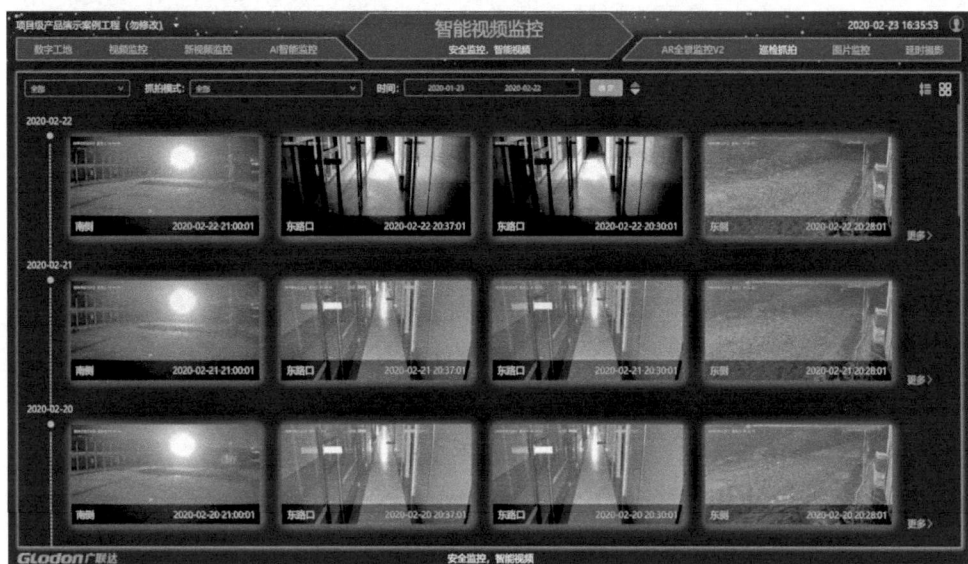

图 5-4　进度抓拍

（4）延时摄影：通过延时摄影技术，可以短视频形式快速了解一个时间段内的工程进度情况，平台通过既有摄像机，实现延时摄影的制作，展现项目建造过程，体现技术实力和公司品牌形象，视频支持导出到本地保存（图 5-5）。

图 5-5　延时摄影

（5）全景视频：在高点全景视频画面中，以画中画的方式查看各类低点局部视频画面，形成一套立体化的监控体系（图 5-6）。

图 5-6　全景视频

4）智能视频监控优势

智能监控项目平台可承接多品牌、多品类摄像机，方便项目管理人员通过网页、手机随时调取相关视频信息，实现远程查看。并可以结合广联达精益建造管理平台联合使用，拥有多业务（生产、技术、质量、安全等专业）模块组合，有更多的拓展应用与更高的业务价值。视频监控平台也可以拓展 BIM 相关技术，通过 BIM 模型与现场设备点位进行结合，立体呈现施工现场状态，也可拓展相关 AI 技术，为项目的智能管理提供核心支撑。

2. 塔机监测系统

塔机监测系统是集互联网技术、传感器技术、嵌入式技术、数据采集及存储技术、数据库技术等为一体的综合性新型仪器。该仪器能实现多方实时监管，区域防碰撞，塔群防碰撞、防倾翻、防超载，实时报警、实时数据无线上传及记录，数据黑匣子等功能，特别是该仪器在对接精益建造管理平台后，可以做出塔机运行过程的工效分析，帮助项目准确掌握塔机的运力和工作饱和度，为现场管理提供决策依据。

塔机监测系统由主机和远程监管平台组成。主机安装在工地现场塔机上，并连接幅度、高度、回转、重量、倾角、风速等传感器和制动控制装置，通过显示器数字化显示工地现场塔机运行状况；无线网络能把塔机的各种参数实时上传到远程监管平台，便于管理部门及安监机构对塔机进行实时在线监管、安全状况分析、历史数据调取等；一旦塔式起重机操作过程中发生不安全行为，可实现实时预警，提示现场操作人员和管理人员及时补救，以避免事故发生。

1）系统组成

系统由显示器、高度传感器、幅度传感器、重量传感器、回转传感器、倾角传感器、风速传感器等组成，如图 5-7 所示。

图 5-7 塔机监测系统组成

2）系统功能

（1）状态显示功能：采集塔机操作过程中的各种数据，包括吊重、高度、幅度、运行行程、回转角度、风速等，可以通过显示器实时查看，并及时提供预警和告警语言播报，为塔机司机提供操作依据。

（2）起重量检测报警功能：采集塔机吊钩所吊物体的重量，在达到设置的预警阈值时，自动发出警示及控制信号。

（3）力矩检测报警功能：实时计算塔机的当前力矩，当达到塔机的性能曲线临界阈值时，自动发出警示及控制信号。

（4）幅度限位功能：检测变幅小车的实时位置，当小车达到内外限位时，自动发出警示及控制信号。

（5）高度限位功能：检测吊钩距离地面的高度，当吊钩达到上限位时，自动发出警示及控制信号。

（6）塔群防碰撞检测报警功能：对群塔作业进行干涉报警，当塔机之间出现碰撞趋势时，自动发出报警及控制信号。

（7）区域限制保护功能：限制塔机吊钩进入设置的区域。

（8）风速检测报警功能：检测现场风速的大小。

（9）塔机定位功能：定位塔机的当前位置，并上传至远程监管平台。

（10）远程数据传输功能：实时将塔机的运行状态数据发送至远程监管平台。

（11）故障诊断功能：系统及传感器发生故障时，立即显示并记录故障及发出报警信息，同时切断对应传感器的操作回路并上报监管平台，直至故障解除。

（12）黑匣子记录功能：记录塔机的工作数据，一旦发生事故，便于追溯原因，数据存储时间不少于 30 个连续工作日；工作循环不少于 16000 条，存储 1 个月的操作记录。

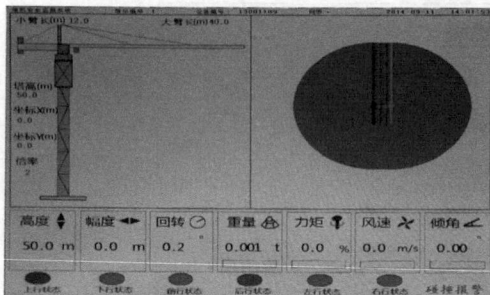

图 5-8　塔机主界面

3）主界面及设置

主界面（图 5-8）用于显示塔机各项运行工况参数，方便塔机操作人员实时了解塔机运行状态，并且通过观察主界面上显示的参数随时调整相应的操作，保证塔机安全工作。主要包括以下部分：

（1）高度：吊钩距离基础平面的实时高度，安装有高度传感器的监控系统，同时会对高度进行限位报警，安装有控制功能时会对高度进行限位控制。

（2）幅度：小车距离标准节中心的实时距离。

（3）回转：塔机大臂实时转向防碰撞组网时进行回转限位。

（4）重量：塔机当前的实际吊重，当实际吊重达到额定重量的 90% 时，系统会提示红色字体的"超重预警"；当实际吊重达到额定吊重的 100% 时，系统会提示红色字体的"超重报警"。

（5）力矩：实时吊重占额定吊重的百分比，当塔机起重力矩接近额定载重量时（比如达到额定起重力矩的 90%），系统首先发出"超重预警"的声音，同时，显示屏显示塔机实际吊重数值及力矩百分比，并显示相应的红色预警标识；当塔机起重力矩增大接近危险值时（比如达到额定力矩的 100%），系统发出"超重报警"的声音，并且在显示屏上显示相应的红色报警标识。

（6）风速：施工现场当前风速，当风速达到设置的预警值时，界面下方的运行状态会由绿色变为红色，同时发出报警提示音。

（7）倾角：塔机塔身倾斜角度，当塔机倾斜度达到设置的预警值时，界面下方的运行状态会由绿色变为红色，同时发出报警提示音。

图 5-9 显示的是塔机防碰撞的图形显示，防碰撞传感器附近有几台塔机会有碰撞风险，主机显示屏上的画面就会出现几条线，当线条显示红色时，右下角会显示红色字体的"碰撞报警"，同时系统会发出"碰撞报警"的提示音。

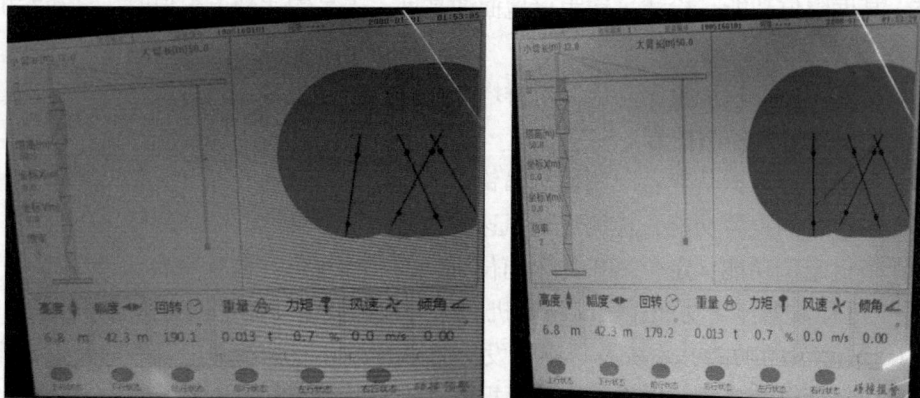

图 5-9　塔机防碰撞的图形展示

同时在设置界面可以实现对塔机属性信息的设置、传感器标定、限位信息设置、报警信息设置等功能，如图 5-10 所示。

图 5-10 塔机参数设置

4）塔机监测系统优势

通过将物联网技术和 BIM 技术相结合，直观呈现现场塔机运行情况，包括所在位置、在线状态、是否预警等信息，全面体现施工现场物联网技术应用成果，展现项目科学精细化管理过程。在 BIM 5D + 精益建造管理平台上，结合塔机模型，实时显示多维度的监测数据，并可实时查看吊钩监控画面，实现塔式起重机运行状态的多方位监控；一旦现场发现隐患，一方面在现场语音告警，提示设备操作人员规避风险，另一方面告警信息通过手机 App 自动推送给项目管理人员，管理人员根据预警信息督促现场施工人员进行整改，避免发生安全事故（图 5-11）。

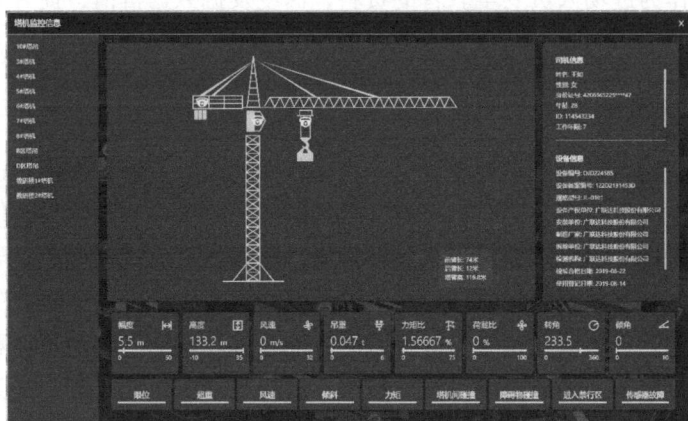

图 5-11 塔机运行状态可视化展示

监测的运行数据主要有：限位、超重、风速、倾斜、障碍物、传感器故障等多项，一旦检测到风险，自动形成预警记录，以便及时消除安全隐患；通过对多台塔式起重机的监测，实现群塔防碰撞检查，保证运行安全。

通过工效分析页面，直观查看塔机违章数量及监测状态，对当日现场塔机的整体运行情况进行体现，协助项目管理人员掌握塔式起重机日常运行状况（图5-12）。直观查看选定期间塔司的吊装数量，工作结果透明化，以数据为支撑对塔司工作状况进行客观评价，督促提升本项目塔司的整体工作效率。通过对当月项目上每台塔式起重机的吊装循环次数统计，体现各台塔式起重机的使用频次及工作饱和度，协助项目管理人员对于当前生产任务安排是否合理、物料堆放地点选择是否正确等问题进行分析判断，保证现场生产效率。

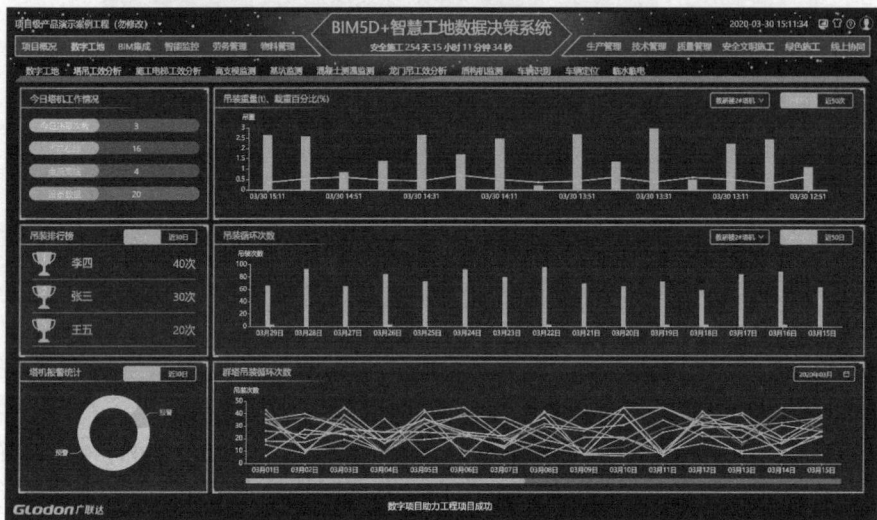

图 5-12　塔机工效分析

所有塔式起重机每次的吊装数据都会存储在系统后台，支持按时间、按塔式起重机、按是否违章进行筛选，并支持导出 Excel，积累企业大数据库。所有塔机的告警数据都会存储在系统后台，支持按时间、按塔式起重机、按告警等级进行筛选，并支持导出 Excel，导出的预警记录可作为进场人员安全教育的资料，深度发掘数据价值，提升管理水平，通过趋势做预判，做到未雨绸缪、防患于未然。

3. 吊钩可视化系统

塔机高度较高时，司机基本处于盲吊，完全依靠地面人员的工作指令进行操作，极易因沟通不畅而产生安全隐患；同时，在有建筑物遮挡的时候形成隔物吊，使作业安全隐患更加突出。地面人员与司机依靠对讲机进行沟通，很容易造成判断误差，导致误操作；司机在高空作业时，基本处于脱管状态，一旦出现安全事故，缺少对事故裁决有用的信息。

通过在塔机加装传感器及摄像头等物联网智能硬件，帮助塔司清楚地看到吊装全过程的视频监控，避免盲吊，降低事故发生的概率，解决塔司在作业过程中因为视觉盲区或与信号工沟通不畅而造成的吊装安全隐患。同时，一旦发生安全事故，视频记录将作为还原事故过程的依据。

1）吊钩可视化架构

吊装可视化系统的网络拓扑，支持驾驶室本地浏览、工地现场办公室的局域网浏览、远程云浏览、手机 App 浏览（图5-13）。

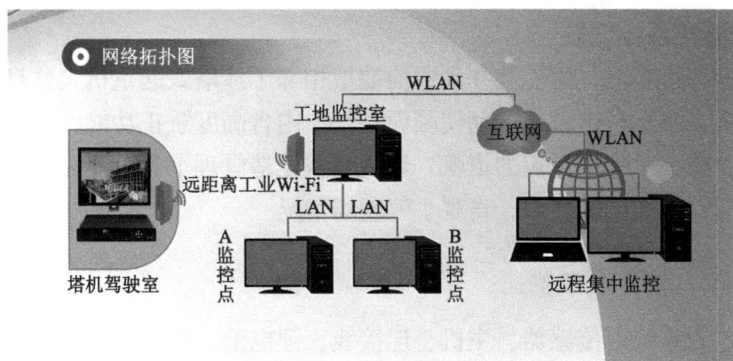

图 5-13 吊钩可视化网络拓扑图

2）系统构成（图 5-14）

移动端（摄像机端）：移动端安装在小车上面，随着小车的运动而运动，摄像机垂直拍摄小车下方吊钩，从而实现吊装盲区可视化。移动端通过内置的锂电池供电维持当天的工作，通过无线设备与主机端进行视频及控制命令传输，向主机传输视频信号、执行主机发送过来的变焦控制命令，实现根据吊钩距离的远近而进行焦距的调整。在小车近端限位附近安装有充电触头，每天晚上驾驶员仅需要将小车开回近端，通过充电触头、充电导轨实现对移动端锂电池的夜间充电，驾驶室显示屏左上角会显示充电中或未充电，每次满电设计使用时间不低于 15h，驾驶员对充电导轨一个月进行一次清洁，防止因为灰尘导致充电导轨接触不良而充不上电。为了达到节约用电的目的，在连续 1h 的停止吊装后，移动端会自动关闭摄像机从而进入低功耗待机状态，塔式起重机再次开始吊装作业，摄像机会重新开启实现吊装视频全过程拍摄。

主机端：主机端包含控制主机及显示屏，实现视频信号的接收与解码，从而驾驶员可以清晰地看到吊装视频。主机还负责实时监测当前吊钩高度，并根据当前吊钩高度计算变焦数据，发送控制命令到移动端。

高度监测端：高度监测通过高度监测传感器用于监测当前吊钩距离大臂的距离，将距离值转变成电信号量传导给主机端，是该系统不可缺少的一部分。

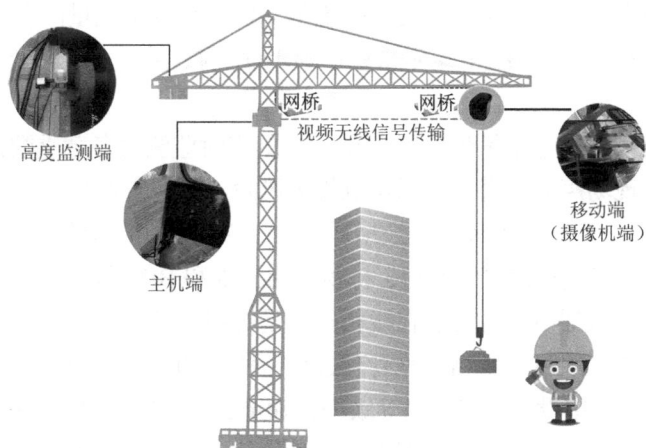

图 5-14 吊钩可视化系统

3）吊钩可视化系统优势

摄像头安装在小车上，避免装在大臂前端被相邻干涉塔式起重机大臂打掉，同时避免吊装时大臂下沉、小车行走带来振动使画面晃动。内含高度矫正功能，方便后期的顶升、更换钢丝绳等，减小对软件标定的依赖。通过精益建造管理平台，实时查看塔机运行数据及吊钩监控画面，实现同屏观看，直观了解现场情况。

4. 卸料平台监测系统

卸料平台监测系统由传感器、主机、连接线、锂电池、太阳能板等硬件组成，通过固定在卸料平台钢丝绳上的重量传感器实时采集当前载重数据，当出现超载现象时，现场声光报警，有效预防安全事故的发生。系统还通过 GPRS 模块，将采集到的载重数据实时上传至精益建造管理平台，方便管理人员远程掌握现场情况（图 5-15）。

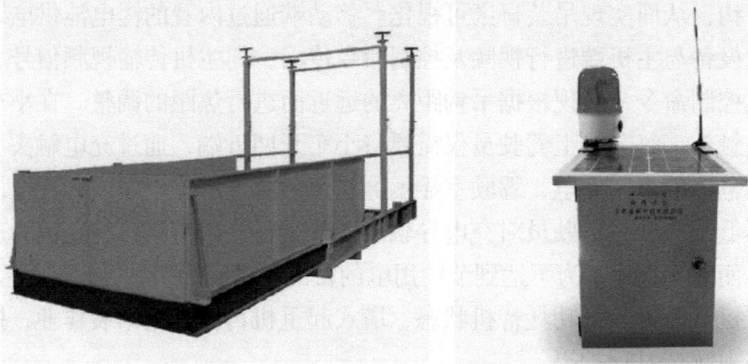

图 5-15　卸料平台系统组成

（1）主机：采集传感器信号，用于判断平台是否超载，内置锂电池太阳能充电、无线数据发送模块、中央处理器。

（2）重量传感器：实时监测卸料平台载重，并传输数据至主机。

（3）警示灯：声光报警，提醒现场人员注意安全。

系统监测当前卸料平台所载物体的实际重量，以及与额定重量的百分比。当实际重量达到 90% 时，系统发出声光预警；实际重量达到 100% 时，系统发出声光报警，且响声频率更快。

卸料平台监测系统通过重量传感器（图 5-16），实时监测设备载重数据，一旦监测值超过额定值，一方面现场声光报警，提示司机规避风险，另一方面自动推送报警信息给管理人员，及时督促整改。运行数据和报警记录通过 GPRS 模块实时上传到精益建造管理平台，实现远程监管。通过精益建造管理平台，将物联网技术和 BIM 技术相结合，直观呈现现场卸料平台运行情况，包括所在位置、在线状态、是否报警等信息，全面体现施工现场物联网技术应用成果，展现项目科学精细化管理过程。所有卸料平台的告警数据都会存储在系统后台，支持按时间、按设备、按告警等级进行筛选，并支持导出 Excel，导出的预警记录可作为进场人员安全教育的资料，深度发掘数据价值，提升管理水平，通过趋势做预判，做到未雨绸缪、防患于未然。

图 5-16　卸料平台监测系统

5. 高支模监测系统

高支模监测系统是一款将建筑施工安全监测与无线通信技术相结合的综合监测系统，具有免布线、快速安装、高频数据采集、多参数集成及智能预警等特点，广泛应用于高大模板支撑系统浇筑施工、建（构）筑物施工结构变形等具有重大风险的安全监测领域。

基于高支模事故特点，系统主要监测高支模关键点的模板沉降、立杆轴力、立杆倾斜、模板水平位移（选测）以及地基沉降（选测）等参数，通过无线采集数据实时查看监测数据，当浇筑过程中各监测参数超过报警值时，系统自动报警，通知现场人员排查安全隐患（图 5-17）。

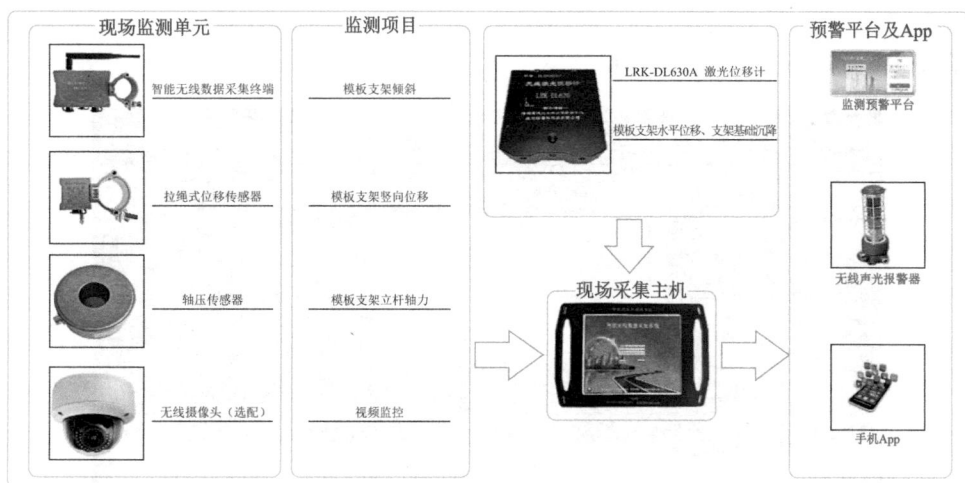

图 5-17　高支模检测系统构成

智能无线数据采集仪主要应用于现场无线采集监测传感器的数据，用于 Zigbee 网络的无线数据采集，并将数据推送到系统数据平台，可现场用于高大模板支护体系的施工安全检测；采集仪内置智能监测软件，最大可采集 90 组传感器共 270 通道，最高采样频率为 1Hz（每秒 1 次），用于现场数据采集分析。智能无线数据采集仪（倾角）主要应用于监测过程中传感器数据的无线采集与传输，可采集模拟信号、电压信号、电流信号，内置高精度倾角仪等，采用 Zigbee 传输方式将数据传输到监测主机；另外还内置高精度倾角仪等，采用无线 Zigbee 传输方式将数据传输到监测主机，精度 0.5%F.S。高精度位移传感器配合智能无线数据采集终端使用，可实现远程变形监控。立杆轴压传感器采用高精度应变桥模块，安装在支架和模板之间，在混凝土浇筑过程中测量立杆轴力，精度 0.5%F.S。

对高支模关键部位或薄弱部位的模板沉降、立杆轴力和杆件倾角、支架整体水平位移等参数进行实时监测：

（1）能反映高支模体系整体水平位移的部位。

（2）跨度较大或截面尺寸较大的现浇梁跨中等荷载较大、模板沉降较大的部位。

（3）跨度较大的现浇混凝土板中部等荷载较大、模板沉降较大的部位。

（4）测点布置在跨度梁，当跨度不大于 9m 时应至少在 1/2 跨位置，大于 9m 时应在 1/4、1/2、3/4 位置布置测点。每个监测面应布置 1 个支撑沉降、1 个立杆轴力、1 个倾角传感器。

（5）倾斜传感器应布置在立杆高度 2/3～3/4 高度处。

（6）轴力传感器布置在顶托和模板之间。

（7）沉降监测布设在模板底部。

（8）监测主机应该处于架体外围由专业安全人员进行操作。

通过自动采集、信息传感等技术集成了变形测量、超限报警的新型监测设备，实现高支模监测数据实时采集、实时传输、实时计算、科学预警、智能报警、协同管理等功能。还原高支模变形全过程，为施工技术人员提供经验支持，为以后类似施工技术方案提供技术储备。

高支模监测系统如图 5-18 所示。

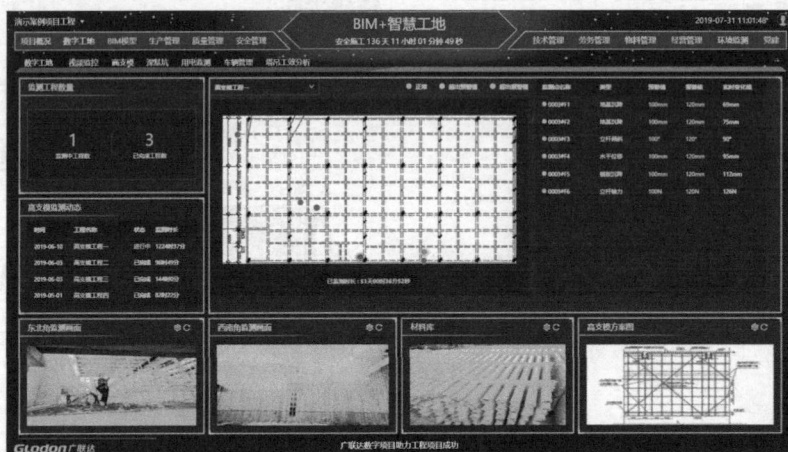

图 5-18　高支模监测系统

6. 钢结构安全监测系统

通过对施工过程的实时监控，准确把握构件在施工过程中的应力变化规律，通过应力变化的差异性、不均匀性来了解核心构件的真实施工应力积累，从而了解整个大体量钢结构的工作状态。提供对施工过程中关键部位的变形监测，通过结构形态的偏移状况、结构跨中的挠度情况分析结构的安装质量与工作状态。及时发现结构响应的异常、结构损伤或退化，确保结构的正常受力，延长结构使用寿命。通过监测数据，对灾害进行有效评估，给决策者提供相关依据，使运维方案等更加合理，提高建筑物结构使用寿命。

1）监测系统组成

监测系统主要包括二维面阵激光位移计、无线位移计、应变计、智能无线数据采集终端、无线倾角仪等，图示汇总见表 5-2。

机械设备名称及图示

表 5-2

序号	机械设备名称	图示
1	二维面阵激光位移计	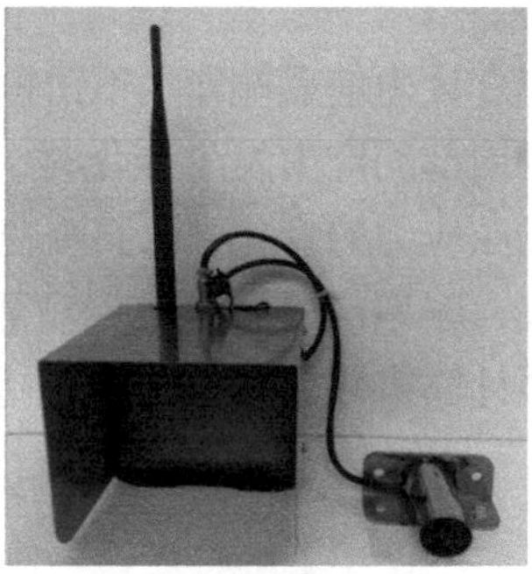
2	无线位移计	
3	应变计	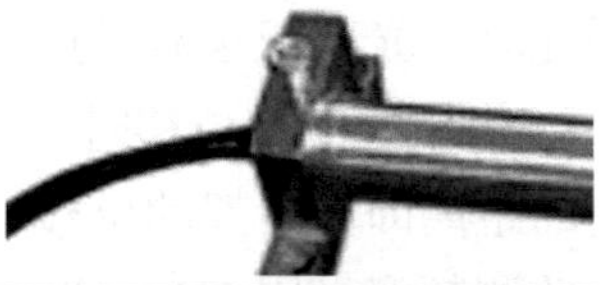
4	智能无线数据采集终端	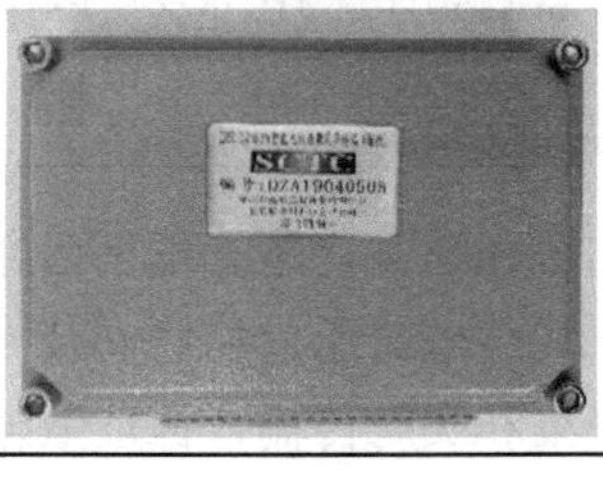

2）监测方法

采用振弦式应变计来进行该项目的监测工作，并建立相应的监测系统，实现预期的监测目的。

监测仪器主要包括振弦式应变计和智能无线数据采集终端。它们与相应配套的软件系统、计算机及各种附件一起组成了应力应变及温度监测系统。振弦式应变计是一种用振弦来进行测量的应变传感器，其最大的优点是传感器结构简单，工作可靠，输出信号为标准的频率信号，非常方便计算机处理。振弦式传感器是目前国内外普遍重视和广泛应用的一种非电量电测的传感器。由于振弦传感器直接输出振弦的自振频率信号，因此，具有抗干扰能力强、受电参数影响小、零点漂移小、受温度影响小、性能稳定可靠、耐振动、寿命长等特点。

智能无线数据采集终端结合了自动测读技术与 4G 移动通信技术，做到了自动化实时采集振弦式应变传感器的数据，并将数据发送到监测平台进行实时解算。可以设置监测频率自动进行测量或者手动启动测量，效率较高、操作简单，实时掌握在施工过程中应力应变的变化趋势。

振弦式应变计由前后端座、不锈钢护管、信号传输电缆、振弦及激振电磁线圈等组成。当被测结构物内部的应力发生变化时，应变计同步感受变形，变形通过前、后端座传递给振弦转变成振弦应力的变化，从而改变振弦的振动频率（图 5-19）。电磁线圈激振振弦并测量其振动频率，频率信号经电缆传输至智能无线数据采集终端，再经由 4G 移动通信技术将数据发送至计算机数据采集平台进行计算，即可测出被测结构物内部的应变量。

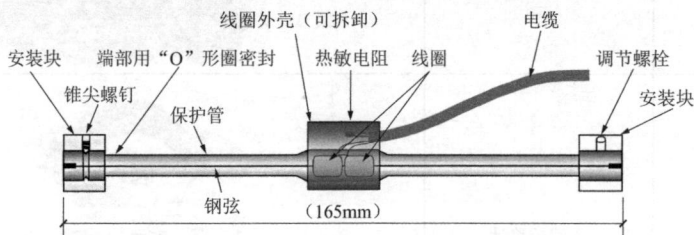

图 5-19　应变计内部结构图

钢结构变形及支座位移采用二维面阵激光位移计进行监测。在吊装阶段采用二维面阵激光位移计与拉绳式位移传感器进行监测。首先在稳固的柱子上安装激光发射器，在需测量桁架位移的部位安装接收光靶，尽量使得激光点落在激光靶中部。在光靶接收到激光发射器发射的激光时，光靶记录激光点在光靶上的初始位置，并将这个位置的坐标进行初始化，即 (X_0, Y_0)，当桁架产生位移时，光靶接收到激光点的位置发生变化，该位置和初始位置在竖直方向的距离即为桁架的位移。采集的数据通过 4G 无线通信技术传输至采集平台，在整个阶段中监测频率采用 1Hz，以确保整个构件处于安全可控的状态。

7. 基坑监测系统

深基坑监测和精益建造管理平台通过综合利用不同的传输方式，将多种现场监测仪器、检测设备、无线传感器通过物联网技术连通起来，采用主动或被动触发的方式，实现监测数据的自动采集和实时传输，保证数据的真实性、完整性和实时性。系统通过对原始监测数据的实时处理，运用数学模型和回归分析、差异分析等数理方法对采集到的各类数据进行数字化建模分析，形成各类变化曲线和图形、图表，具有形式多样的实时报警功能，对问题工程进行追踪处理，落实工作责任制，及时发现工程及周边建筑物、管线隐患，预防事故发生，实现从被动监管向主动监管，事后监督向事前事中监督的双转变。基坑监测示意图如图 5-20 所示。

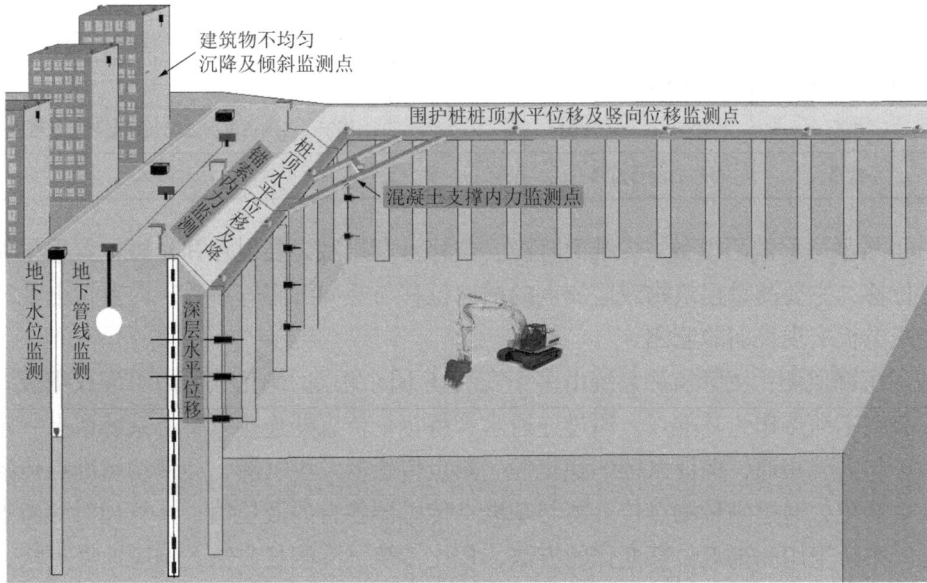

图 5-20　基坑监测示意图

监测系统组成如表 5-3 所示。

监测系统组成　　　　　　　　　　　　　　　　　表 5-3

序号	监测类型	设备名称	设备型号	备注
1	混凝土支撑应力	智能无线数据采集仪	LRK-DZ622A	数据采集模块，内置 4G 上网卡，无线传输
		埋入式混凝土应变计	YB-MR01	钢弦式混凝土应变计，不含电缆
2	锚索轴力	智能无线数据采集仪	LRK-DZ622A	数据采集模块，内置 4G 上网卡，无线传输
		锚索轴力计	YB-MS300	三弦锚索轴力计（100/200/300/400T），不含电缆
3	深层水平位移	智能无线数据采集仪	LRK-DZ622A	可与应力或应变传感器模块复用
		自动化测斜仪	LRK-CX06	自动化测斜传感器可配合固定杆安装，也可预埋
		测斜仪固定杆	LRK-G06	配合自动化测斜传感器安装
4	基坑周边沉降及水平位移	二维激光位移计	LRK-DL630	激光标靶法测沉降和水平位移
5	基坑周边沉降	智能无线数据采集仪	LRK-DZ622A	数据采集模块，内置 4G 上网卡，无线传输
		静力水准仪	LRK-J112	压差式静力水准仪，不含电缆和水管
6	周边建筑倾斜监测	无线高精度双轴倾角仪	LRK-RG911	无线倾角仪用于测量建筑物倾斜 量程：±30° 精度：0.5%FS

序号	监测类型	设备名称	设备型号	备注
7	周边建筑物裂缝位移监测	无线位移计	LRK-LG931	测量固有裂缝变化监测
8	地下水位监测	无线水位计	RYY-SW01	数据采集模块，内置 4G 上网卡，无线传输
9	钢支撑轴力监测	智能无线数据采集仪	LRK-DZ622A	数据采集模块，内置 4G 上网卡，无线传输
		钢支撑轴力计	—	测量基坑钢支撑轴力的监测，默认带 2m 线
10	结构应力应变监测	表贴式应变计	—	—
11	供电	太阳能电池板（选配）	—	用于设备的供电，如无长期监测需求可以不选
12	系统平台	基坑自动化监测平台		

（1）水平位移监测设备：二维面阵激光位移计利用激光发射点和光斑位置采集仪之间的相对位移，主要测量建筑物或监测点的横向位移与竖向沉降等参数；内置锂电池可配备太阳能充电板实现长期的监测。

（2）沉降监测：沉降监测系统由多个安装在不同测点的倾角式静力水准仪组成，其中一个安装在不动点作为基准点。通过连通水管将每个传感器连接，整个系统留有一定量的水，水箱与大气相通，保证系统的稳定性。测点传感器发生沉降，会带动基准点传感器液位也发生变化，通过测量测点传感器与基准点传感器各自的液位值，计算相对参考点的沉降变化。系统采用测试点位移变化的方法，相比传统沉降测量方法，响应速度更快，非常适用于各种路基的沉降变化检测。

（3）深层水平位移监测：采用电涡流微位移测量电路，可靠性好，数据一致性稳定，安装方便，使用方便，实现深层水平位移（测斜）的自动化采集。测斜仪具有自动校准、初始归零、实时无线传输等功能。

（4）地下水位监测：采用预埋水位管并用跟踪式自动化水位计测量水位变化，跟踪式自动无线水位计采用对地涡流电阻式测量水位高差变化，伺服电机根据水位变化实时测量，并 4G 无线传输测量数据；具有精度高、自动化测量、实时传输等功能；可应用于基坑周边水位自动化测量、湖泊水位实时测量，以及其他水位自动化监测领域。

（5）锚索内力监测：锚索计安装在张拉端或锚固端，安装时钢绞线或锚索从锚索计中心穿过，锚索计处于钢垫座和工作锚之间，并从中间锚索开始向周围锚索逐步加载以免锚索计的偏心受力或过载。

（6）混凝土支撑轴力监测：支撑轴力主要测量混凝土支撑内力，布置在支撑的四面中间。

（7）数据采集设备：深层水平位移及振弦类传感器采用智能无线数据采集终端采集数据；实现数据直接通过 4G 网络传输到系统平台；智能无线数据采集仪主要应用于监测过程中传感器数据的无线采集与传输；可采集模拟信号、电压信号、电流信号、振弦信号，以及串口信号等，采用 4G 传输方式将数据传输到云平台。

（8）基坑监测系统平台（图 5-21）：在平台端可以显示各传感器位置，统计各监测点数据是否正常、是否超出报警值、是否超出控制值。平台可以统计监测类型占比，同时显示地下水位、深层水平位移、基坑周边沉降、水平位移监测数据，并统计 30d 内报警情况。

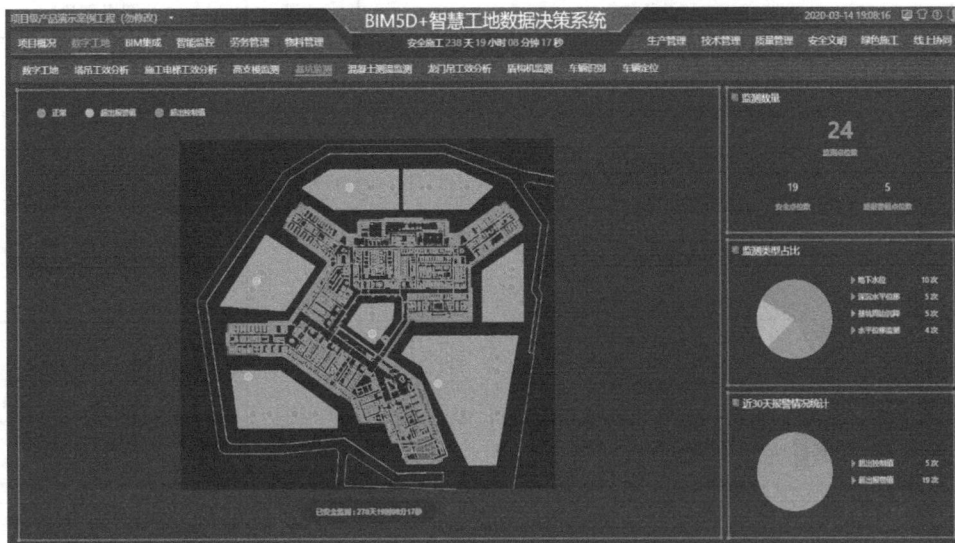

图 5-21　基坑监测系统平台

8. 智能临边防护监测系统

提高高处作业和临边防护安全能力的重要性不言而喻，利用好现有的先进设备和技术，做好临边防护、降低高处事故的发生率，就能极大减少安全事故。以智能临边防护为抓手，在施工现场将"物联网+"的理念和现有技术结合起来，从施工现场的源头做起，通过设备收集各类信息数据，建立数据管理平台，提升建筑工地的精益管理，对施工的临边防护进行预计和报警，提高施工临边的安全环境。

防护网破坏监测：人员靠近、翻越防护网，或防护网遭到破坏与非法拆挪，实时声光报警。

GPS 定位：内置 GPS 实时定位，快速定位被破坏防护网的位置。

报警统计：精益建造管理系统可查询防护网实时状态以及报警记录，便于追踪违规记录。

相关设备名称及图片汇总于表 5-4 中。

相关设备名称及图片　　　　　　　　　　　　　　　　　　表 5-4

序号	设备名称	数量	设备图片
1	临边防护标准版	1 台	

序号	设备名称	数量	设备图片
2	太阳能板	1个	
3	标准版配件包（磁锁×2，线索×2，USB充电线×1，膨胀螺栓×2，M4×16圆头带垫螺栓×7，一字改锥×1，钢扎带×2）	1个	
4	临边防护高级版	1台	
5	高级版配件包（红外发射器×1，红外接收器×1，磁锁×2，线索×2，一字改锥×1，膨胀螺栓×10，M8螺栓×1，L角×1，抱箍×2，M4×25圆头螺栓×4，黑色胶圈垫片×4，4G胶棒天线×1，9V/3A充电器×1，L形固定杆×2）	1个	

9. 施工临电箱监测系统

施工现场临时用电是指临时电力线路，以及安装的各种电气、配电箱提供的机械设备动力源和照明。按照国标惯例，施工现场必须实行三级配电箱配置：一级箱、二级箱及开关箱；必须采用 TN-S 接零保护系统；现场必须采用二级漏电保护系统。配线箱承载着工地动力分配及安全防护的功能，但是工地存在人员复杂、管控困难的现状，在用电分析及安全防护上经常让安全管理者头疼。临电系统检查基本靠人工排查的方式，效率低、人力资源要求多，信息的反馈不及时，事故原因难排查一直是顽疾。

采用"物联网+"技术实现施工现场临时用电的实时监控、报警通知、统计分析。支持实时数据采集，支持多种异常报警，支持多种通知形式，支持历史数据统计。

利用各种漏电、温度、开关状态监测，烟雾监测传感器，电能监测传感器将施工用电过程的各种数据收集到终端主机中，实时监测临电箱中电流、电压、功率、频率情况，监测是否有漏电发生，并将数据通过云服务器实时上传到平台中，如果有问题启动平台预警机制（图 5-22、图 5-23）。

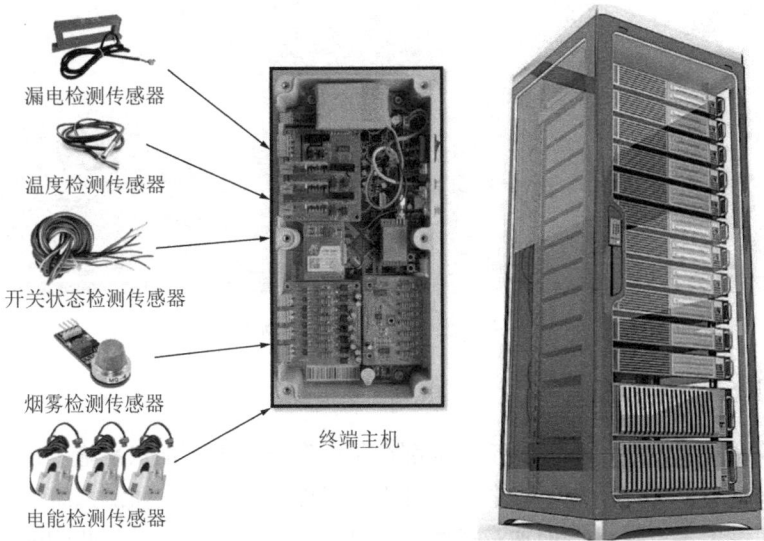

图 5-22　终端主机和云服务器

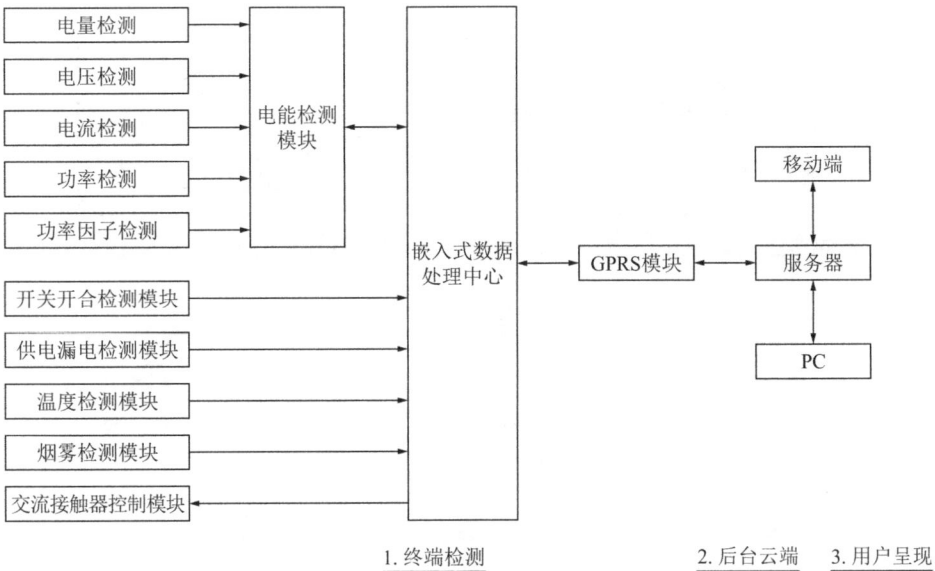

图 5-23　系统框架

临电箱数据可以传输到精益建造管理平台端，平台端对数据进行综合分析。管理人员可以看到近一个月电缆温度监控，近一个月漏电监测，近一个月用电报警统计，施工区、生活区、办公区监测设备区域分布，为项目安全用电管理提供数据支撑（图 5-24）。

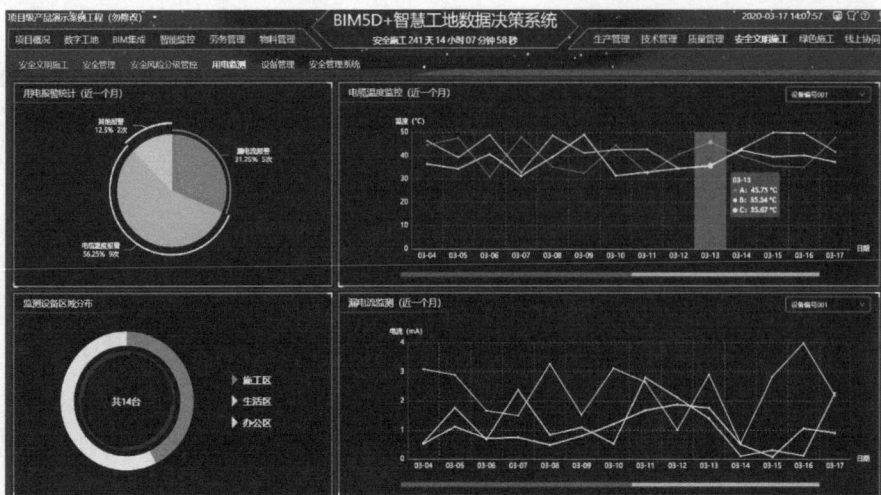

图 5-24   施工临电箱监测系统平台

10. 夜间施工监测系统

当下建筑业高速发展，众多施工现场都在争分夺秒、加班加点地施工，力求获得更高的效率。夜间施工，无疑增加了安全事故发生的可能。夜间施工监测系统，通过高清夜视摄像头对夜间进出场车辆进行识别及抓拍，记录夜间施工情况，并将监测的数据实时上传至精益建造管理平台进行统计分析，以进行针对性管理（图 5-25）。

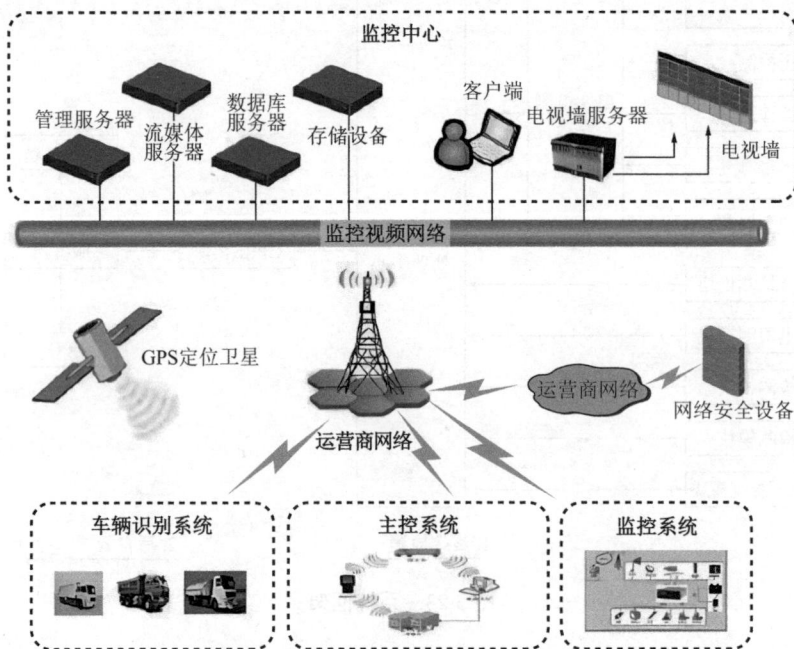

图 5-25   夜间施工监测系统组成

整个系统由主控系统、车辆识别系统、监控系统、监控中心四大子系统组成，共同完成夜间施工监测的全程管控（图 5-26）。

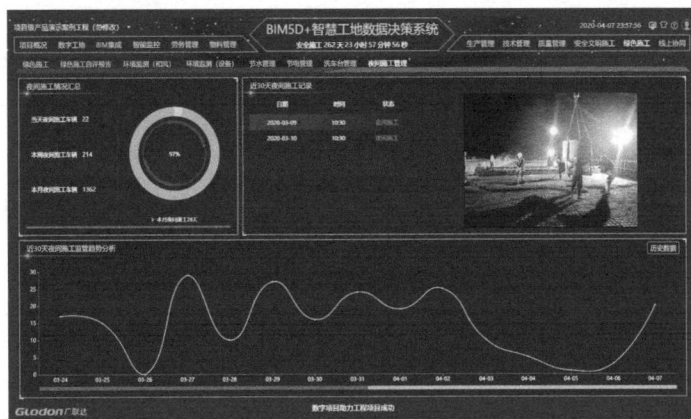

图 5-26 夜间施工情况汇总

自定义夜间监测时间段，如晚上十点到凌晨五点，通过出入口高清夜视摄像头，自动识别进出场车辆，包括车型、车身颜色的识别，一旦识别到渣土车进入，即判断为有夜间施工，摄像头抓拍渣土车进出画面，并将数据、图像实时上传至精益建造管理平台，生成夜间施工情况记录及夜间施工监管趋势分析报告。

11. 环境监测系统

环境监测系统实时采集建筑工地风速、温度、颗粒物等参数，并快速回传至精益建造管理平台；当监测值超过临界点时，系统自动报警，还可以联动喷淋设备，实现监测值超标后的自动降尘。主要监测的项目为可吸入颗粒物，并配套噪声监控系统、气象系统、数据采集系统和通信系统等，监测的数据包括扬尘浓度、噪声指数、温度、湿度、风向、风速、风力等，通过无线网络实时传输，实现了远程、自动的环境监控。

本系统由数据采集器、传感器、无线传输系统、后台数据处理系统及信息监控管理平台组成。监测子站集成了大气 PM2.5、PM10、环境温湿度及风速风向监测、噪声监测等多种功能；远程监管数据平台是一个互联网架构的网络化平台，具有对各子站的监控功能及对数据的报警处理、记录、查询、统计、报表输出等多种功能。该系统还可与各种污染治理装置联动，以达到自动控制的目的。系统构成及技术参数如表 5-5 所示。

系统构成及技术参数　　　　　　　　　　　　　　　　　　表 5-5

类别	产品名称	数量	参数说明
传感器类	空气温度传感器	1 套	量程：−30～70℃ 分辨率：0.1℃ 精度：±0.2℃
	空气湿度传感器	1 套	量程：0%～100% 分辨率：0.1% 精度：±3%
	风速传感器	1 套	量程：0～60m/s 分辨率：0.1m/s 精度：±(0.3 ± 0.23V)m/s

类别	产品名称	数量	参数说明
传感器类	风向传感器	1套	量程：0°～360° 分辨率：1° 精度：±3°
	噪声传感器	1套	量程：30～130db 分辨率：1db 精度：±0.5%
	PM传感器	1套	量程：0～500ug 分辨率：1ug/m³ 精度：±10%
主机	数据采集器	1套	多通道数据采集器、可自动记录、记录间隔可根据客户需求设置
供电方式	220V供电系统	1套	市电交流电
通信方式	GPRS无线传输	1套	要求公网电脑、开通GPRS手机卡一张、可对接客户自己的服务器或者政府指定服务器
驱动	LED显示屏卡	1套	用于驱动LED显示屏
LED显示屏	多行字屏	1块	尺寸105cm×57cm
配件	百叶箱	1个	放置温湿度、PM传感器
	设备支架	2根	1.3m、1.5m各一根（直径8cm）
	仪器防护箱	1	用于安装采集仪和电源系统

（1）气象监测系统：整套设备具备风速、风向、风力、温度、湿度等环境参数的监测功能，为扬尘和噪声监测数据的后期分析提供气象参数保障；特别是通过风向对扬尘的运动趋势做科学预测和报警；在不同的气象条件下，对扬尘、噪声监测数据做科学的修正。

（2）噪声监测系统：具有校准单位，提供全天候户外噪声采集传感单元，对传感器的户外监测安全和数据准确性提供可靠保障。

（3）扬尘监测系统：通过PM传感器对扬尘进行连续自动监测，对扬尘每分钟采集一次数据，并实时上传至服务器后台程序统计和分析。扬尘监测包括PM2.5和PM10，并同时上传到数据中心和监控平台。

（4）数据采集处理系统：本系统是整套系统的中枢，对所收集的监测数据进行判别、检查和存储；对采集的监测数据按照统计要求进行统计分析处理，将处理后的数据上报至云平台，并控制参数的本地化显示。

（5）数据展示系统：本系统的监测数据可以实时上传至精益建造管理平台，实现远程监管和信息留存。

（6）LED屏显示系统：实时监测数据现场显示，给施工单位、城市居民以警示作用；给施工单位和城市居民自查、自控提供数据支撑（图5-27）。

环境监测设备监测到的值实时回传至精益建造管理平台，并将数据建模，以直观的图表形式呈现，管理人员可远程、实时监控项目环境情况。通过24h环境变化曲线、月度环境变化曲线，对扬尘治理效果进行判断，或者根据趋势对未来情况进行预判。当现场的环境监测数据超过设定的阈值后，自动推送报警信息，辅助管理人员做出应急措施，避免安全事故发生。

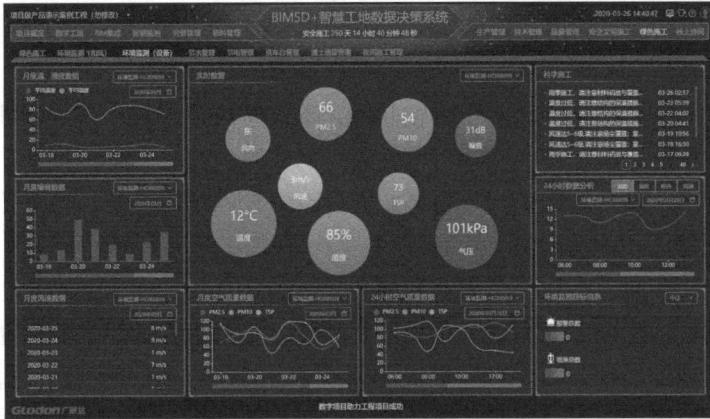

图 5-27　环境监测设备数据实时回传

12. 自动喷淋控制系统

自动喷淋控制系统，通过无线接收模块，接收扬尘系统发出的开关命令，自动开启和关闭喷淋设备。以前对于喷淋设备的使用，往往是扬尘严重超标后再进行治理，从而出现治理不及时、污染面积扩大、治理范围增大、水资源浪费等问题。安装在现场的喷淋系统与扬尘监测系统联动，可以实现远程控制喷淋设备起停，以提高工作效率；自动喷淋降尘，有效治理扬尘，控制粉尘浓度，避免环境污染。

自动喷淋控制系统由室外防水电箱、空气开关、交流接触器、无线遥控开关接收器、无线遥控开关信号发射器等组成。自动喷淋控制系统与雾炮喷淋、塔式起重机喷淋、围挡喷淋等各种喷淋设备联动，以达到自动控制喷淋设备起停的目的（图 5-28）。

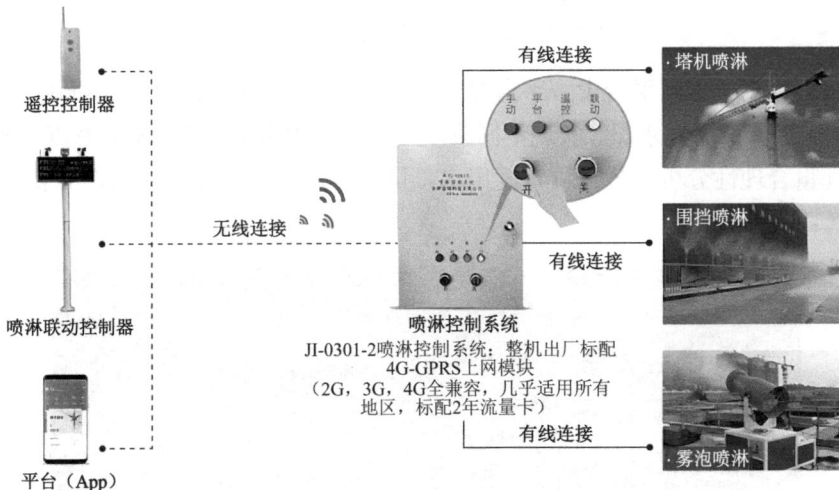

图 5-28　自动喷淋系统架构

在现场安装扬尘监测设备以及喷淋联动器，并将两项设备对接到精益建造管理平台，实时监测现场环境情况。当PM2.5、PM10 等监测数据超过在平台中设置的临界值后，平台将向喷淋联动器发送信号，自动开启喷淋装置，对现场进行扬尘治理；当 PM 浓度下降到标准值以下，喷淋设备自动关闭。可以实现远距离、实时控制喷淋设备，并实现不同品牌之间的联动。

13. 智能水表监测系统

物联网水表是一种基于蜂窝的窄带物联网，不仅解决了传统水表的精准计量问题，还能够实现用水数据的远程上传，实现对输水管道的实时监控，降低漏损率。该物联网水表采用无线传输技术，具有通信稳定、可靠、安全，以及网络深覆盖、数据传输量小、功耗低、成本低等优势。

物联网水表，开通运行后，水表会搜寻到附近的 NB-IoT 通信基站并注册到物联网云平台，云平台就会知晓该水表需要上报和接收数据，之后水表的用水数据通过通信基站上传到精益建造管理云平台，同时水表接收来自云平台的校时等数据信息。管理部门通过云平台可以看到各户用水情况、实时的能耗曲线，以及各种按月按日的统计报表。另外平台还支持数据的提取功能（图 5-29）。

图 5-29   Nb-IoT 物联网水表工作原理

智能水表数据上传到平台中，平台对数据进行分析。平台可以统计不同施工阶段用水总量、不同施工区的总用水量，实现不同阶段万元产值用水量监控、不同月度用水量监控、生活区水耗量合理性分析、各区域月度用水总量监控，为管理人员绿色施工节水管理提供数据支撑（图 5-30）。

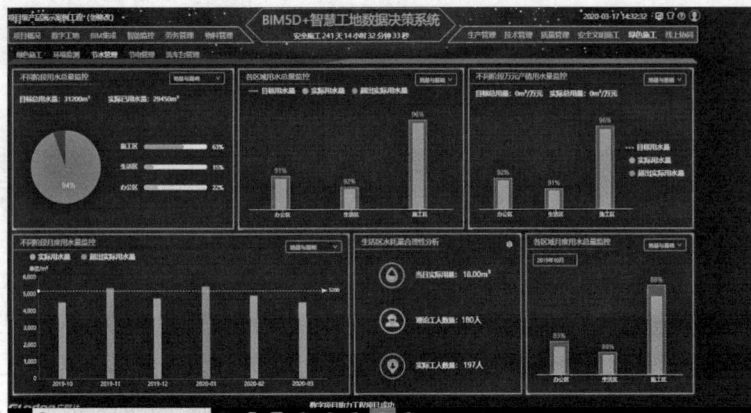

图 5-30   智能水表监测系统平台

14. 高边坡监测系统

高边坡监测系统是一种综合性的自动化远程监测系统，可对边坡岩土体内部沉降、倾斜、错动、土壤湿度、孔隙水压力变化等进行连续监测，及时捕捉边坡性状变化的特征信息，通过有线或无线方式将监测数据及时发送到监测中心。结合地表监测的雨量、位移等信息，由专用的计算机数据分析软件处理，对边（滑）坡的整体稳定性做出判断，快速做出诸如山体边坡崩塌、滑坡等灾害发生的预警预报，更加准确、有效地监测灾情发生，且可为保证地质安全和整治工程设计提供信息参考（图 5-31）。

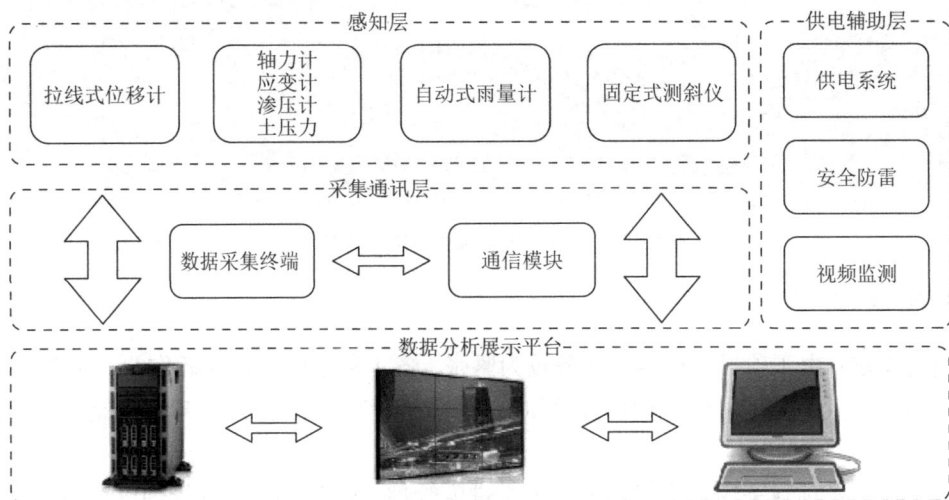

图 5-31　高边坡监测系统拓扑结构示意图

表面位移自动化监测主要可选择静力水准仪和边坡地滑仪，静力水准仪选择 JS01 型，边坡地滑测量选择无线拉绳位移传感器。深层水平位移由固定式测斜仪和智能无线数据采集模块组成。通过智能无线数据采集仪进行监测过程中传感器数据的无线采集与传输；可采集模拟信号、电压信号、电流信号、振弦信号，以及串口信号等，采用 Zigbee 或 4G 传输方式将数据传输到云平台。能对监测数据进行初步的分析和简单的评价，并可根据事先设定的预警值进行报警，报警可实现手机通知、声光报警器等。

5.2　精益管理平台应用

由上海宝冶牵头根据上述精益建造管理方案为业主实施搭建了建设方管理平台，业主可从平台的菜单切换至各家参建单位的子平台（智慧工地）视角，建设方综合管理平台与项目子平台板块相同，实现数据"一对一"对接，推动项目精细化管理。

基于 BIM 的精益建造管理系统采用 1 个平台、3 级管理（集团级、公司级、项目级）、3 大技术中心（物联中心、数据中心、BIM 指挥中心）、9 大模块（质量管理系统、生产管理系统、安全管理系统、劳务管理系统、物料管理系统、智能视频监控、技术管理系统、数字工地、智慧党建）、3 端应用（手机端、电脑端、Web 端）的系统架构，打造一个宝冶特色、国内领先的 BIM + 精益建造管理平台（图 5-32）。

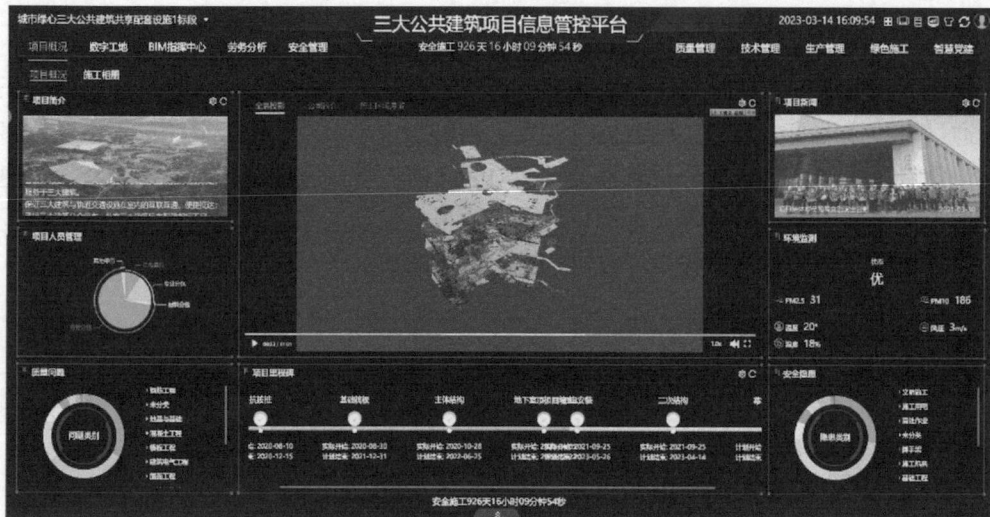

图 5-32　三大公共建筑项目信息管控平台

1. 智慧生产

应用需求：由于项目工程生产任务较为紧张，各工种之间流水穿插作业，人力、设备、材料管控难度大，如何能保证项目按整体施工计划顺利完成，进度管理工作是工程管控的重中之重。

应用过程：项目采用生产管理系统进行进度管理。项目生产进度管理以总控计划为核心，在各个施工阶段逐步细化，主要是以具体的工序任务项为主，进行现场跟踪管理。利用数字例会、施工日志、施工相册等功能辅助进度管理，充分发挥生产管理系统优势。

应用效果：为减少突发事件对工期进度的不利影响，利用 BIM 模型联动生产计划及时纠偏（图 5-33）。

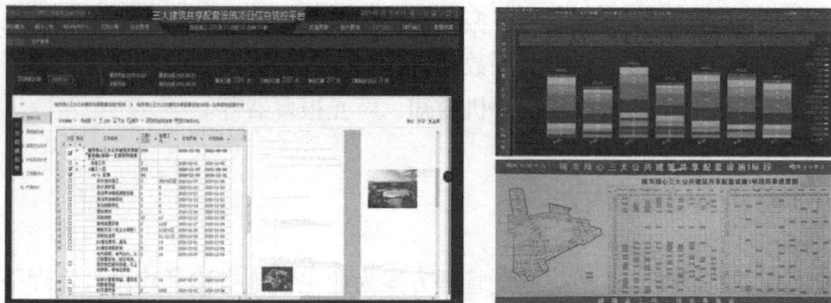

图 5-33　智慧生产

2. 智慧创安

应用需求：项目地处北京城市副中心区域，距北京城市副中心行政办公区仅 4km，安全管理要求非常高，不能出现任何安全事故。

应用过程：项目对安全检查分两级管理，一是项目安全检查，二是公司对项目的安全检查，建立全方位、多层级安全保障体系。每年由公司安全生产监督管理部编制安全检查计划，下发各项目执行。项目安全检查分日检、周检、月检、专项检查等各种检查方式。

应用效果：现场安全管理人员上传的安全问题按照发生区域及安全隐患的类型，分别进行统计，同时记录安全检查问题的趋势。项目共计检查 364 次，排查隐患 338 项，整改率达到 100%，有效避免施工过程中的安全隐患，安全高效地完成施工生产任务（图 5-34）。

图 5-34　智慧创安

3. 智慧提质

应用需求：项目以鲁班奖为施工质量目标，对施工质量有较高的要求，且大厅圆拱为空间异型结构，保障该部位的混凝土成型质量和观感效果是重点。

应用过程：对质量检查分两级管理，一是项目部的质量日检，二是公司对项目部的每月质量检查，建立全方位、多层级质量保障体系。项目部质量员每日检查，质量员与施工员线上协同完成检查整改全过程。

应用效果：项目利用质量管理系统，实现项目质量巡检、问题分析等项目管理工作，及时反馈处理现场质量问题，并且对集中问题进行分析解决，提升工作效率及质量管理水平。项目共计排查质量问题 420 项，整改率、及时整改率、复查率均达到 100%（图 5-35）。

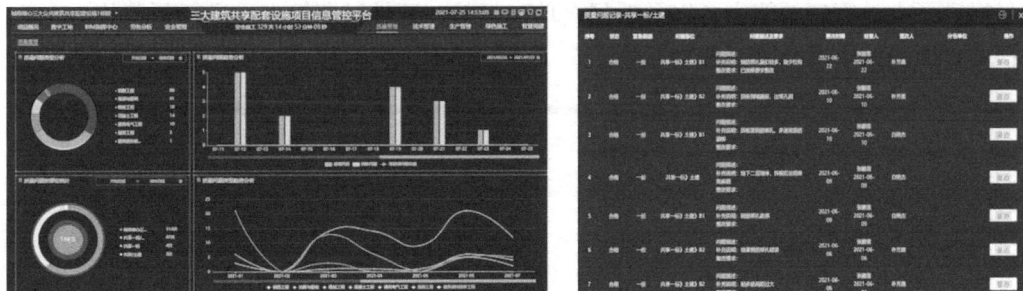

图 5-35　智慧提质

4. 智慧增绿

应用需求：项目紧邻北京城市副中心行政办公区，扬尘、噪声管理要求高，项目施工作业面大，扬尘控制是关键。

应用过程：通过在现场安装 2 台环境监测设备，实时监测现场噪声、温湿度、风速风向、颗粒物浓度等环境情况，数据实时回传至精益建造管理平台，以直观的图表形式呈现。

应用效果：管理人员可远程实时监控项目环境情况，通过 24h 环境变化曲线、月度环境变化曲线，对现场扬尘治理情况进行判断，确保满足市政环保管控要求，遇到扬尘天气，及时洒水降尘，确保绿色文明施工（图 5-36）。

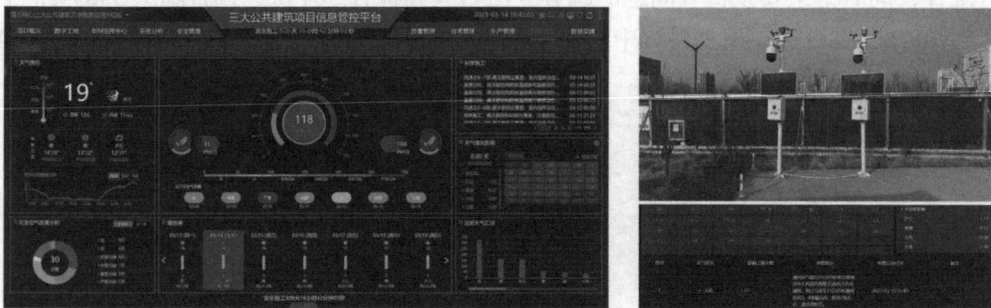

图 5-36　智慧增绿

5. 智慧劳务

应用需求：基于项目自身对于人员管理的需求，需动态掌握现场劳务人员出勤统计，了解现场人员是否满足项目进度要求配置，同时需要自动统计出勤率，出勤人数低于阈值时自动提醒项目管理人员，避免劳动力影响项目进度。

应用过程：项目管理人员应用劳务管理系统，人员从进场到退场实现全过程实名管理，满足国家实名制要求，并与北京政府 395 平台实现对接。现场及生活区人员出入管控采用闸机＋人脸识别方式，采用小程序进行信息录入，高效快捷。

应用效果：基于劳务管理系统可实时查看在岗人数，有效对分包单位人员数量、工种、合同签订情况、考勤等数据进行分析，定期统计项目作业人员考勤率。对出勤率不达 50% 的分包予以通报，通过内控保证月出勤率在 80%，从而在人力上提升生产效率。平台帮助项目提升了人员管理的能力，以及对黑名单、超龄、证件过期等人员进行预警共 243 条，使得项目规避用工风险（图 5-37）。

图 5-37　智慧劳务

6. 数字工地

应用需求：项目施工现场共计有 12 台塔式起重机，群塔作业施工管理要求高。此外，管理人员需第一时间了解现场施工情况，同时也为满足北京市相关单位要求，需在施工现场布置视频监控系统。

应用过程：通过现场安装或配备各类硬件设备（摄像头、闸机、塔式起重机监测设备等），结合场地 BIM 模型对施工现场人员、机械设备、施工区域等进行实时监测监控，并反映在数字工地模块上，使管理人员更高效、便捷掌握现场情况。

应用效果：项目现场视频摄像头接入监控系统平台后，管理人员通过系统可实时查看项目现场视频监控消息，同时系统可以对摄像头的云台进行控制（支持远端云台的操控和回放，如图 5-38 所示）。

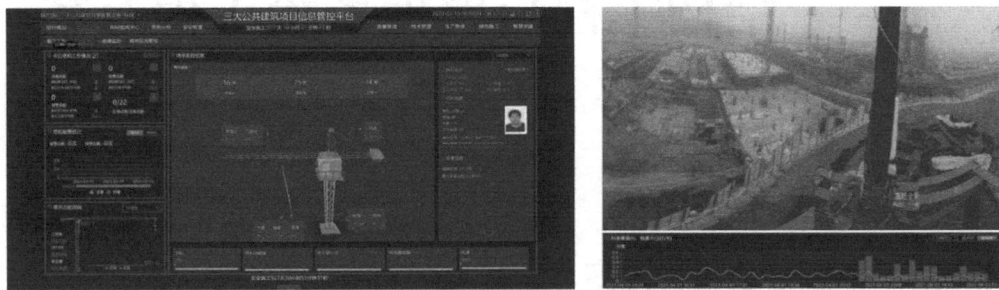

图 5-38　数字工地

第 6 章

结构工程与模板系统工程方案

6.1 圆弧模板专项设计方案

6.1.1 圆弧模板总体概况

本工程采用大模板施工部位为中庭部位，如图 6-1 所示。

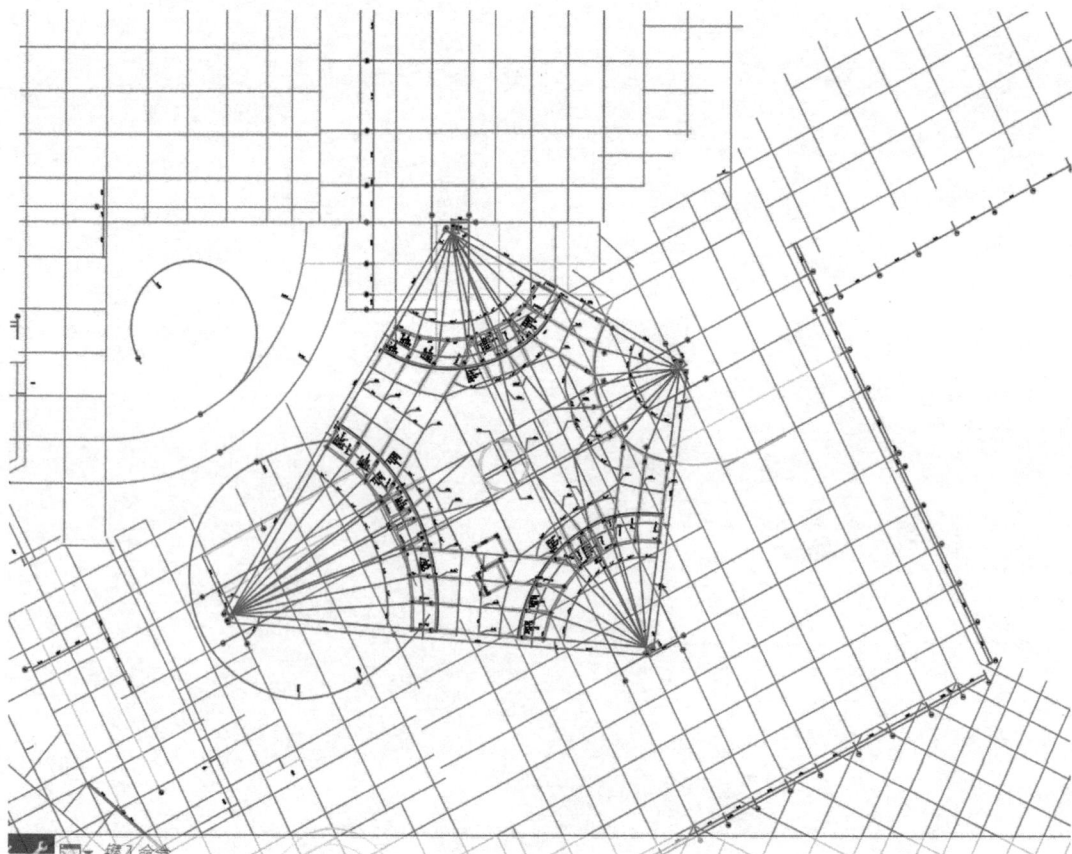

图 6-1 模板配置区域

6.1.2　模板设计方案

针对本工程的特点选用刚度大、重量轻的木模板体系。

木模板的胶合板与竖肋（方木）采用自攻螺钉连接，竖肋与横肋（双槽钢背楞）采用连接爪连接，在竖肋上两侧对称设置两个吊钩。两块模板之间采用法兰连接，用螺栓固定。

木模板体系的主要特点为：

（1）背楞和方木连接，操作简单、方便、迅速。

（2）模板重量轻，刚度大，可一次组拼至 10m 高。

（3）模板修复方便，模板面板损坏时，只需更换面板。

1. 模板技术参数设计

本项目圆弧段梁内外侧模板均采用木模板。

面板厚度 18mm，次肋为 40mm×90mm 高方木，间距不大于 150mm，横肋为 10 号双槽钢，面板与方木之间用自攻钉连接，方木与槽钢之间用连接爪连接。每块模板编号，编号应方便现场模板查找和拼装，模板周转使用。对拉丝杆选用的 D20 高强拉杆，材质采用45 号钢，最大布置间距不大于 1200mm。吊装模板所用钢丝绳，根据模板最大重量，8 倍的安全系数设计选用。

2. 模板立面设计

模板立面图如图 6-2 所示。

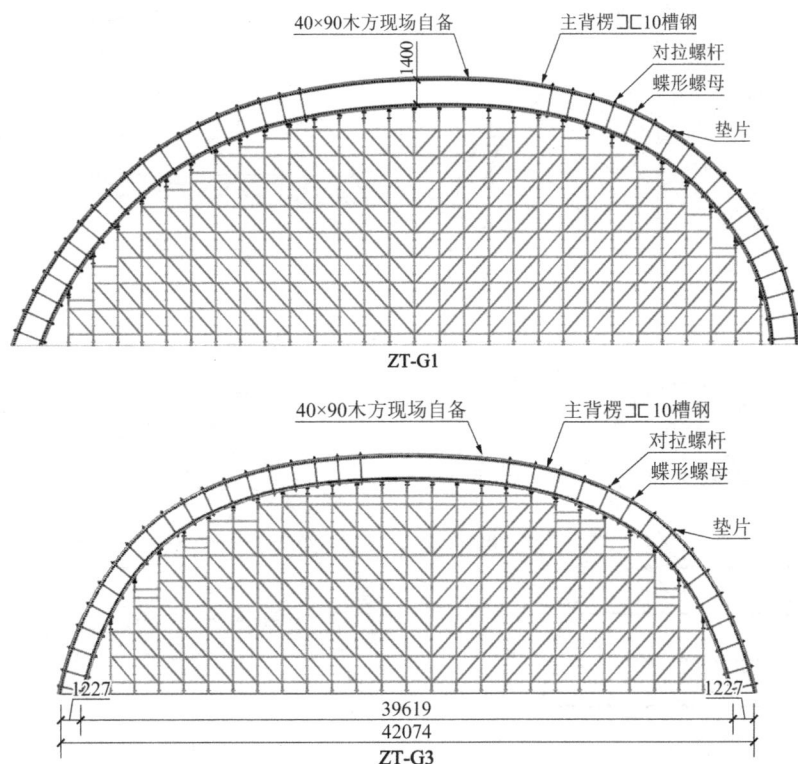

ZT-G1

ZT-G3

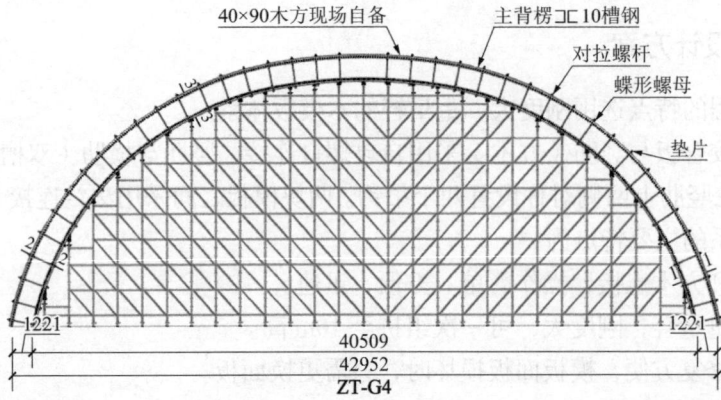

ZT-G4

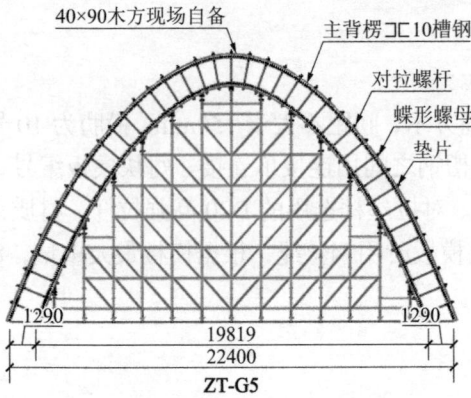

ZT-G5

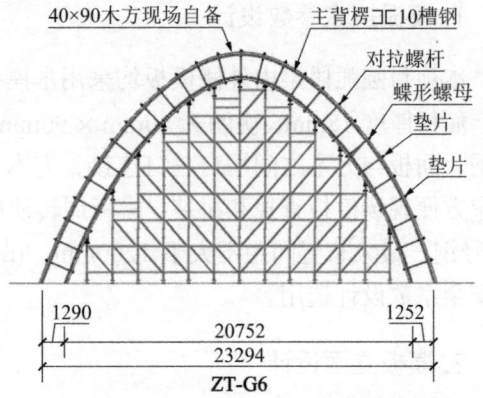

ZT-G6

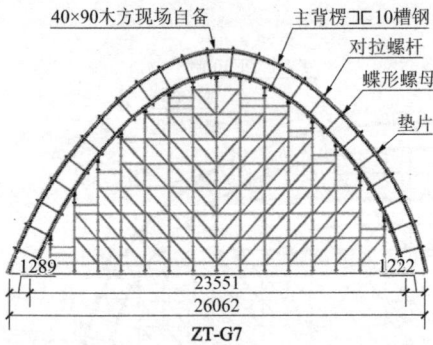

ZT-G7

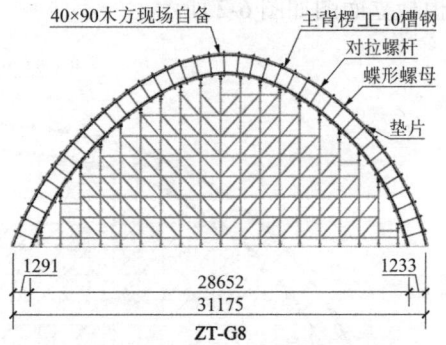

ZT-G8

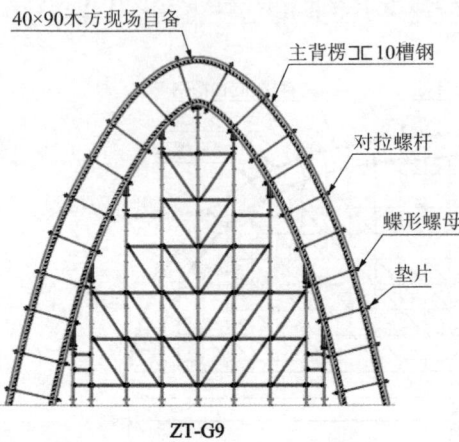

ZT-G9

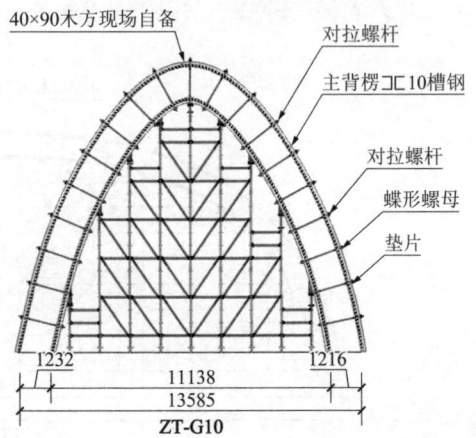

ZT-G10

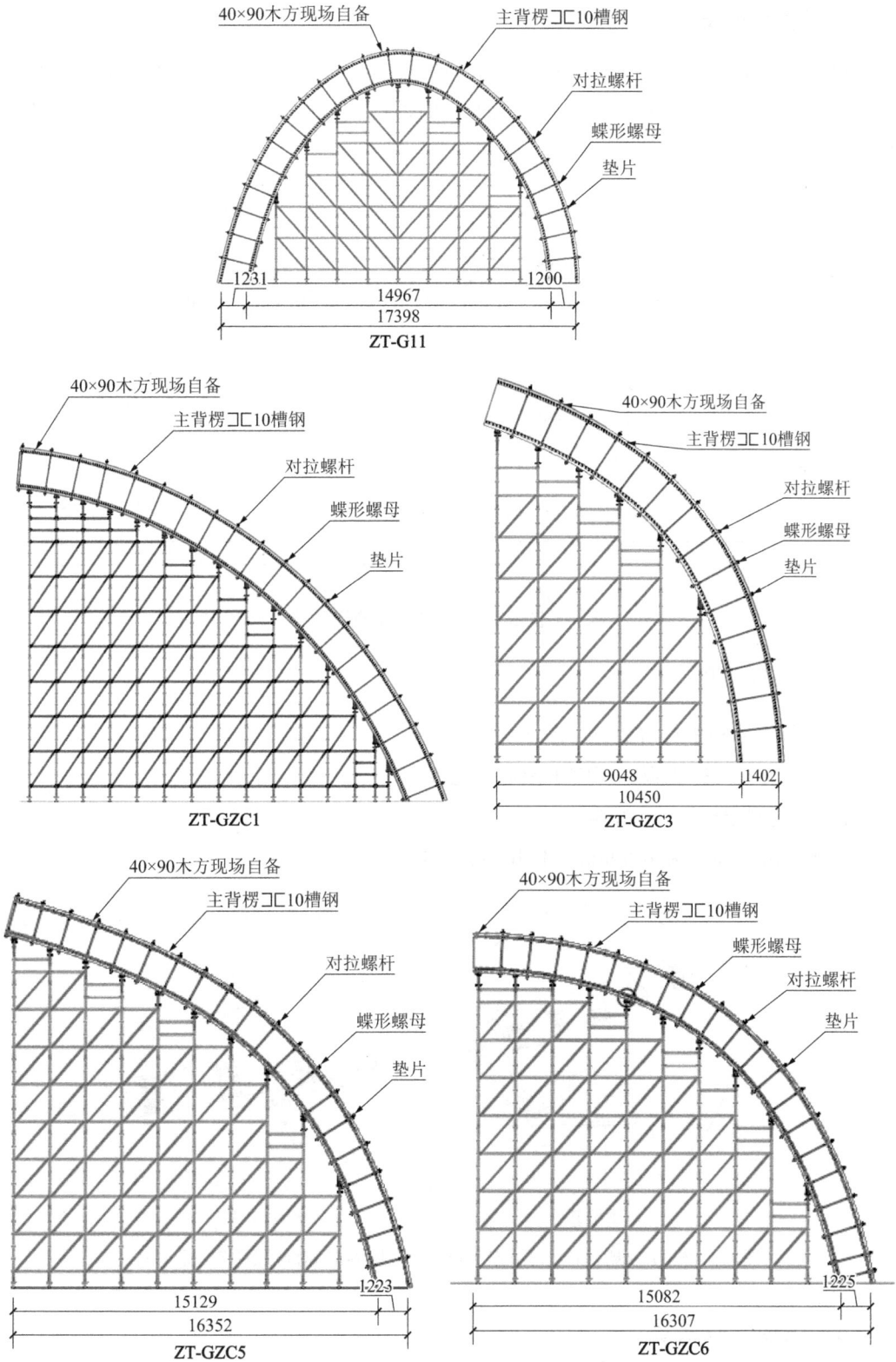

图 6-2 模板立面图

3. 模板支撑设计

模板入模前，先起满堂架，模板通过满堂架支撑，再沿横龙骨方向每1200mm设置一道斜撑，斜撑与立杆锁定，第二次浇筑时模板底部需要脚手架顶托作为支撑措施，模板支撑示意图如图6-3所示。

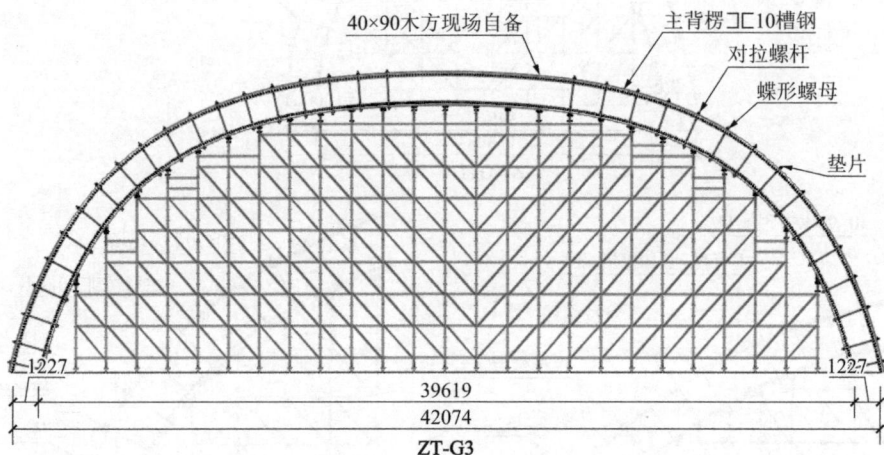

图6-3　模板支撑示意图

4. 模板节点设计

（1）脚手架和主背楞节点（图6-4）。

采用主龙骨焊接钢板，与脚手架进行连接。

（2）对拉螺栓节点（图6-5）。

本工程墙体厚度为1400mm，使用拉杆对拉。

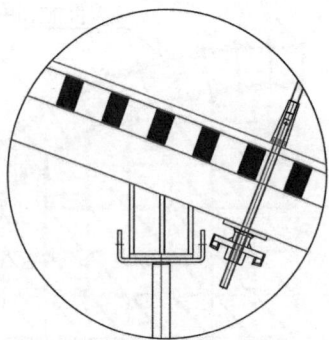
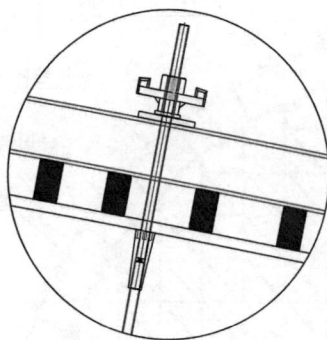

图6-4　模板—脚手架连接节点示意图　　图6-5　对拉螺杆节点示意图

6.1.3　模板安装质量标准

模板安装质量标准如表6-1所示。

模板安装质量标准　　　　　　　　　　　　　　表 6-1

项目	国家规范标准允许偏差（mm）	长城杯标准允许偏差（mm）	检验方法
轴线位置	5	3	钢尺检查
底模上表面标高	±5	±3	水准仪或拉线、钢尺检查
截面内部尺寸	+4，−5	±3	钢尺检查
层高垂直度	8	5	经纬仪或吊线、钢尺检查
相邻两板表面高低差	2	2	钢尺检查
表面平整度	5	2	2m 靠尺和塞尺检查
预埋管件	3	2	尺量

6.2　中庭拱结构支撑体系专项施工方案

6.2.1　工程概况

工程概况如表 6-2 所示。

工程概况　　　　　　　　　　　　　　　　　表 6-2

序号	名称	内容
1	项目名称	城市绿心三大公共建筑共享配套设施 1 标段
2	建设地点	北京通州区永顺镇
3	建设规模	建筑面积 133880.69m²（其中：地上 2158.16m²，地下 131722.53m²），地上 1 层，地下 2 层，檐高 6m，结构形式框架剪力墙
4	建设单位	北京城市副中心投资建设集团有限公司
5	设计单位	中国建筑设计院有限公司
6	工期要求	定额工期：1316 日历天 要求工期：1316 日历天 计划开工日期：2020 年 8 月 30 日 计划竣工日期：2024 年 4 月 7 日 除上述总工期外，还要求以下区段工期：主体结构封顶工期节点要求为 2021 年 8 月底
7	施工范围	图纸范围内的地基与基础、主体结构、建筑装饰装修、建筑屋面、建筑给水排水及供暖、建筑电气、智能建筑、通风与空调、电梯、建筑节能工程、室外工程等
8	质量要求	一般要求：合格 特殊要求：达到北京市长城杯金奖标准
9	安全文明	施工现场安全生产标准化管理目标等级：样板
10	效果图	

1. 危大工程概况和特点

根据《住房城乡建设部办公厅关于实施〈危险性较大的分部分项工程安全管理规定〉有关问题的通知》（建办质〔2018〕31 号）、《危险性较大的分部分项工程安全管理规定》（住房和城乡建设部令第 37 号）的规定，以下模板工程及支撑体系为超过一定规模的危险性较大的分部分项工程，需组织专家论证：

（1）各类工具式模板工程：包括滑模、爬模、飞模、隧道模等工程。

（2）混凝土模板支撑工程：搭设高度 8m 及以上，或搭设跨度 18m 及以上，或施工总荷载（设计值）15kN/m² 及以上，或集中线荷载（设计值）20kN/m 及以上。

根据以上要求，需要专家论证的施工载荷计算方法如下：

1）施工总载荷的组成

（1）施工总载荷 = 永久载荷（钢筋混凝土自重 + 模板木方的自重）× 分项系数 + 施工均布活载荷 × 分项系数。

（2）钢筋混凝土自重 = 板厚（m）× 25kN/m³。

（3）模板木方的自重取值为 0.3kN/m²。

（4）施工均布活载荷 3kN/m²。

（5）分项系数。

永久载荷分项系数取 1.2，施工均布活载荷分项系数取 1.4。根据 $1.2 \times (25h + 0.3) + 1.4 \times 3 = 15$kN/m²，解得 $h = 0.348$m，即板厚达到或者超过 350mm 时属于超过一定规模的危大工程。

2）集中线载荷

（1）集中线载荷 = 永久载荷（钢筋混凝土自重 + 模板木方的自重）× 分项系数 + 施工均布活载荷 × 分项系数。

（2）钢筋混凝土自重 = 梁的截面积（m²）×（22.5～26）kN/m³（配筋率大时取 26kN/m³）。

（3）模板木方的自重 = 梁截面模板的周长（m）× 0.5kN/m²。

（4）施工均布活载荷 = 梁宽（m）× 3kN/m²。

（5）分项系数：永久载荷取 1.2，施工均布活载荷分项系数取 1.4。

如梁 700mm × 700mm，支撑架高度 8m 以下，

$$[0.7 \times 0.7 \times 25 + (0.7 + 0.7 + 0.7) \times 0.5] \times 1.2 + 0.7 \times 3 \times 1.4 = 18.9 < 20$$

如梁 900mm × 600mm，支撑架高度在 8m 以下：

$$[0.6 \times 0.9 \times 26 + (0.9 + 0.9 + 0.6) \times 0.5] \times 1.2 + 0.6 \times 3 \times 1.4 = 20.808 > 20$$

3）结论

按载荷值分类时，当支撑架高度不超过 8m 时，楼板厚度大于或等于 350mm，其模板支撑系统属于超规模模板支撑；梁截面面积大于或等于 0.54m²，其模板支撑系统属于超规模模板支撑。

经过复核本工程施工图纸，本工程采用承插型盘扣式钢管脚手架模板支撑体系并通过计算得出以下部位需要编制模架专项施工方案并组织专家论证，见表 6-3。

中央大厅正交拱形结构梁截面有 800mm × 1400mm、600mm × 1400mm、600mm × 1200mm 等规格。在力学计算时按照最不利工况进行计算。共分为梁截面 800mm ×

1400mm，高 14.2m，跨度 44.6m；梁截面 600mm×1400mm，高 13.8m，跨度 17.3m；梁截面 600mm×1200mm，高 14.4m，跨度 28.7m。次梁包括两个截面规格 400mm×800mm、500mm×1000mm，计算 400mm×800mm 取高度 14.4m、跨度 9.5m；500mm×1000mm 取高度 14.4m、跨度 11.4m。楼板厚度 300mm，高度取 14.4m 计算。

超限范围统计表　　　　表 6-3

序号	部位	代号	构件截面 H（m）	构件尺寸（$B×H$）（m）	施工总荷载（kN/m²）施工线荷载（kN/m）	超限	备注
1	中庭拱结构	ZT-G1～G2	—	800×1400	39.12	≥20kN/m	按照最不利计算，详见计算书
2	中庭拱结构	ZT-G3～G4	—	800×1200	34.08	≥20kN/m	
3	中庭拱结构	ZT-GZC3～GZC4	—	600×1400	29.76	≥20kN/m	
4	中庭拱结构	ZT-G5～G13 ZT-GZC5～GZC12	—	600×1200	25.92	≥20kN/m²	按照最不利计算，详见计算书
5	中庭拱结构	LB	300	—	13.56	≥8m	
6	承插型盘扣式钢管脚手架模板支撑体系						

2. 施工平面布置

本工程结构施工期间共设 2 台塔式起重机，能完全覆盖建筑和场区的面积，模板工程所有使用的方钢、方木、模板、钢管等应堆放在指定的区域内（图 6-6）。

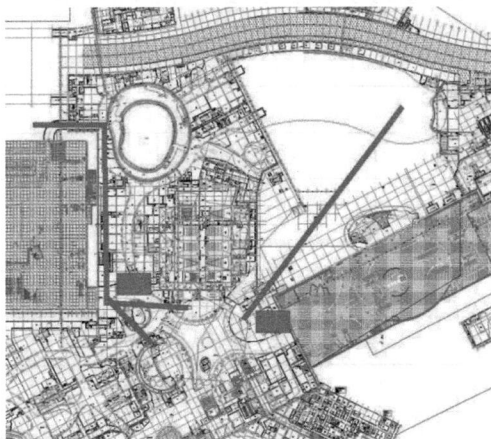

图 6-6　施工现场平面布置图

3. 施工要求（表 6-4）

操作要求　　　　表 6-4

序号	操作要求
1	保证混凝土结构和构件各部分形状尺寸以及相互位置的准确性

序号	操作要求
2	模板及其支架应具有足够的承载力、刚度和稳定性，能可靠地承受浇筑混凝土的重量和侧压力，以及施工荷载
3	模板及支架的构造简单、支拆方便并便于钢筋安装、绑扎和混凝土的浇筑和养护
4	接缝严密，不得漏浆
5	使混凝土拆模后能达到预期的混凝土质量标准
6	保证模板结构安全，力求实用、经济、先进、合理、安全

构造要求（汇总于表6-5中）：

（1）脚手架的构造体系应完整，脚手架应具有整体稳定性。

（2）应根据施工方案计算得出的立杆纵横向间距，并选用定长的水平杆和斜杆；应根据搭设高度组合使用立杆、基座、可调托撑和可调底座。

（3）脚手架搭设步距不应超过 2m。

（4）脚手架的竖向斜杆不应采用钢管扣件。

（5）当标准型（B型）立杆荷载设计值大于 40kN，或标准型（Z型）立杆荷载设计值大于 65kN 时，脚手架顶层步距应比标准步距缩小 0.5m。

构造要求　　　　　　　　　　　　　　　　　　　　　　　表 6-5

序号	构造要求
1	支撑架的高宽比宜控制在 3 以内，高宽比大于 3 的支撑架应与既有结构进行刚性连接或采取增加抗倾覆措施
2	对标准步距为 1.5m 的支撑架，应根据支撑架搭设高度、支撑架型号及立杆轴向力设计值进行竖向斜杆布置，竖向斜杆布置型式选用应符合下表要求：

标准型（B型）支撑架竖向斜杆布置型式

立杆轴力设计值 N（kN）	搭设高度 H（m）			
	$H \leqslant 8$	$8 < H \leqslant 16$	$16 < H \leqslant 24$	$H > 24$
$N \leqslant 25$	间隔 3 跨	间隔 3 跨	间隔 2 跨	间隔 1 跨
$25 < N \leqslant 40$	间隔 2 跨	间隔 1 跨	间隔 1 跨	间隔 1 跨
$N > 40$	间隔 1 跨	间隔 1 跨	间隔 1 跨	每跨

标准型（Z型）支撑架竖向斜杆布置型式

立杆轴力设计值 N（kN）	搭设高度 H（m）			
	$H \leqslant 8$	$8 < H \leqslant 16$	$16 < H \leqslant 24$	$H > 24$
$N \leqslant 40$	间隔 3 跨	间隔 3 跨	间隔 2 跨	间隔 1 跨
$40 < N \leqslant 65$	间隔 2 跨	间隔 1 跨	间隔 1 跨	间隔 1 跨
$N > 65$	间隔 1 跨	间隔 1 跨	间隔 1 跨	每跨

注：（1）立杆轴力设计值和脚手架搭设高度为同一独立架体内的最大值。

（2）每跨表示竖向斜杆沿纵横向每跨搭设；间隔 1 跨表示竖向斜杆沿纵横向每间隔 1 跨搭设；间隔 2 跨表示竖向斜杆沿纵横向每间隔 2 跨搭设；间隔 3 跨表示竖向斜杆沿纵横向每间隔 3 跨搭设。见下图：

序号	构造要求
2	 (a) 立面图　　　　(b) 平面图 1—立杆；2—水平杆；3—竖向斜杆 每跨型式支撑架斜杆设置图 (a) 立面图　　　　(b) 平面图 1—立杆；2—水平杆；3—竖向斜杆 间隔 1 跨型式支撑架斜杆设置图 (a) 立面图　　　　(b) 平面图 1—立杆；2—水平杆；3—竖向斜杆 间隔 2 跨型式支撑架斜杆设置图

序号	构造要求
2	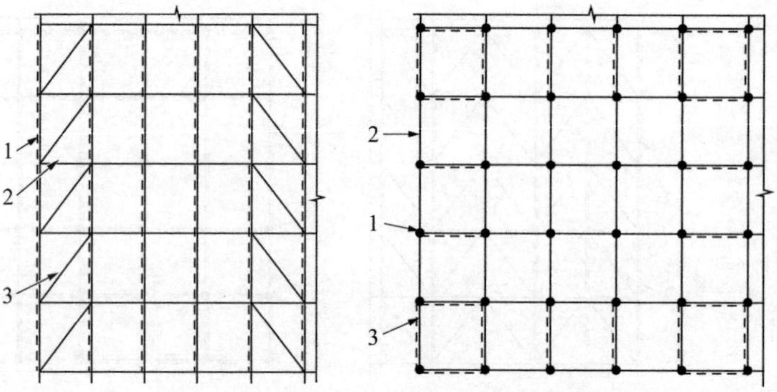 (a) 立面图　　　　　(b) 平面图 1—立杆；2—水平杆；3—竖向斜杆 间隔 3 跨型式支撑架斜杆设置图
3	支撑架可调托撑伸出顶层水平杆或双槽托梁中心线的悬臂长度不应超过 650mm，且丝杆外露长度不应超过 400mm，可调托撑插入立杆或双槽托梁长度不得小于 150mm。见下图： 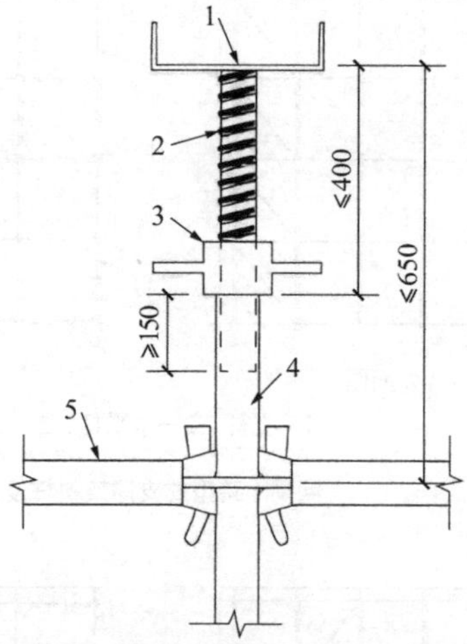 1—可调托撑；2—螺杆；3—调节螺母；4—立杆；5—水平杆 可调托撑伸出顶层水平杆的悬臂长度
4	当支撑架搭设高度大于 16m 时，顶层步距内应每跨布置竖向斜杆
5	支撑架可调底座丝杆插入立杆长度不得小于 150mm，丝杆外露长度不宜大于 300mm，作为扫地杆的最底层水平杆中心线高度离可调底座的底板高度不应大于 550mm
6	支撑架应沿高度每间隔 4～6 个标准步距应设置水平剪刀撑，并应符合现行行业标准《建筑施工扣件式钢管脚手架安全技术规范》JGJ 130 中钢管水平剪刀撑的相关规定 当架体搭设高度在 8m 及以上时，应在架体底部、顶部及竖向间隔不超过 8m 分别设置连续水平剪刀撑。水平剪刀撑宜在竖向剪刀撑斜杆相交平面设置。剪刀撑宽度应为 6～8m
7	当支撑架搭设高度超过 8m、存在既有建筑结构时，应沿高度每间隔 4～6 个步距与周围已建成的结构进行可靠拉结

4. 技术保证措施（表6-6）

技术保证措施 表6-6

1	项目总工组织施工员、班组长熟悉图纸、会审纪要、设计变更、规范、标准、图集等技术资料，所有相关会审纪要、设计变更必须按公司要求标注在施工图上
2	编制施工方案，按规定进行论证、审批；对管理人员进行模板技术交底，施工员对劳务班组进行技术、质量、安全交底
3	计量器具的送检和校正
4	轴线及墙柱定位线、支模架控制标高的复核
5	施工前提前熟悉图纸以及相关工作方案
6	钢管、扣件、木方、模板等材料的合格验收
7	模板加工前班组长应进行模板放样，经专业工长审核无误后方可进行加工。对各段墙柱模板尺寸，应按模板规格配备一定数量的标准长度模板，再根据墙柱长度确定剩余长度模板，半成品加工完成后清点数量核对模板尺寸。拼装前要对模板进行背面编号，以便周转使用安装时能对号入座
8	脚手架安装基础必须要夯实平整并采取混凝土硬化措施
9	对本工程大截面梁等较危险区域全部利用软件进行验算

6.2.2 编制依据

1. 施工图（表6-7）

施工图 表6-7

序号	图纸类别	编号	出图日期
1	结构	结施-154	2021.10.14
2	结构	结施-155	2021.10.14

2. 相关规范、标准、图集（表6-8）

相关规范、标准、图集 表6-8

序号	类别	名称	编号
1		混凝土结构工程施工质量验收规范	GB 50204—2015
2		混凝土结构工程施工规范	GB 50666—2011
3		建筑施工脚手架安全技术统一标准	GB 51210—2016
4	国家	建筑工程施工质量验收统一标准	GB 50300—2013
5		建筑结构荷载规范	GB 50009—2012
6		碗扣式钢管脚手架构件	GB 24911—2010
7		钢管脚手架扣件	GB 15831—2006
8		安全网	GB 5725—2009

序号	类别	名称	编号
9	国家	混凝土模板用胶合板	GB/T 17656—2018
10		建设工程施工现场消防安全技术规程	GB 50720—2011
11		建筑结构可靠性设计统一标准	GB 50068—2018
12	行业	建筑施工模板安全技术规范	JGJ 162—2008
13		建筑施工临时支撑结构技术规范	JGJ 300—2013
14		建筑施工扣件式钢管脚手架安全技术规范	JGJ 130—2011
15		建筑施工承插型盘扣式钢管支架安全技术规程	JGJ 231—2010
16		建筑机械使用安全技术规程	JGJ 33—2012
17		建筑施工高处作业安全技术规范	JGJ 80—2016
18		建筑施工安全检查标准	JGJ 59—2011
19		建筑工程大模板技术标准	JGJ/T 74—2017
20	地方	建筑结构长城杯工程质量评审标准	DB11/T 1074—2014
21		建筑长城杯工程质量评审标准	DB11/T 1075—2014
22		钢管脚手架、模板支架安全选用技术规程	DB11/T 583—2015
23		建设工程施工现场安全防护、场容卫生及消防保卫标准	DB 11/945—2012
24		建设工程施工现场安全资料管理规程	DB 11/383—2017
25		北京市建筑工程施工安全操作规程	DBJ 01—62—2002
26		轮扣式钢管脚手架安全技术规程	DB44/T 1876—2016
27	其他	建筑施工承插型轮扣式模板支架安全技术规程	T/CCIAT 0003—2019

3. 相关法律法规及规范性文件（表6-9）

相关法律法规及规范性文件　　　　　　　　　　　　　　　　表6-9

序号	名称	编号
1	建设工程安全生产管理条例	国务院393号令
2	特种作业人员安全技术培训考核管理规定	国家安全生产监督管理总局令第30号
3	生产安全事故应急预案管理办法	国家安全生产监督管理总局令第88号
4	危险性较大的分部分项工程安全管理规定	住房和城乡建设部令第37号
5	住房城乡建设部办公厅关于实施《危险性较大的分部分项工程安全管理规定》有关问题的通知	建办质〔2018〕31号
6	北京市建设工程施工现场消防安全管理规定	北京市人民政府令第84条
7	关于加强施工用钢管、扣件使用管理的通知	京建材〔2006〕72号
8	建设工程高大模板支撑系统施工安全监督管理导则	建质〔2009〕254号
9	北京市建设工程安全生产管理标准化手册	京建发〔2010〕443号
10	北京市建筑施工混凝土布料机安全使用管理暂行办法	京建法〔2014〕14号

续表

序号	名称	编号
11	《北京市危险性较大分部分项工程安全专项施工方案专家论证细则》（2015 版）（模架工程）	—
12	北京市房屋建筑和市政基础设施工程危险性较大的分部分项工程安全管理实施细则	京建法〔2019〕11 号

4. 其他（表 6-10）

其他　　　　　表 6-10

序号	名称	编制时间
1	城市绿心三大公共建筑共享配套设施 1 标段施工组织设计	2020.10.15

6.2.3　施工计划

1. 施工进度计划（表 6-11）

施工进度计划　　　　　表 6-11

单位名称	部位	搭设时间	混凝土浇筑时间	混凝土养护时间	拆模时间
三大建筑项目	中庭	2022.4.20	2022.5.24	2022.5.27	2022.6.11

2. 材料计划与机械设备（表 6-12、表 6-13）

材料计划　　　　　表 6-12

机械名称	型号	数量	进场说明
模板	15mm 覆面木胶合板	拱形梁模板用量：2470 块 非拱形次梁模板用量：1720 块	随现场施工进度陆续进场
支架钢管	立杆采用 $\phi 60 \times 3.25$ 钢管 Q355，水平杆采用 SG 系列，竖向斜杆采用 XG 系列	待计算	
方钢管	双方钢管钢 50mm × 50mm × 2.5mm	13860 根 1.2m，13860 根 1.8m	
木枋	50mm × 100mm 方木	拱形梁木方用量：23560m 非拱形次梁木方用量：13160m	
上下托撑	可调托撑：KTC-600，托板 170mm × 150mm 可调底座：KTZ-500，底座板 140mm × 140mm	5100 套、5100 套	
对拉螺栓	M14	13860 根	
加固剪刀撑	普通型 $\phi 48.3 \times 3.6$ 钢管、旋转扣件	待计算	

机械设备　　　　　表 6-13

序号	材料名称	型号/规格	单位	数量	进场日期
1	圆盘锯	MJ-106	台	2	2020.6.10
2	平刨	MB-503	台	2	2020.6.10

续表

序号	材料名称	型号/规格	单位	数量	进场日期
3	台钻	VV508S	台	2	2020.6.10
4	手提电锯	M-651A	台	10	2020.6.10
5	压刨	MB1065	台	5	2020.6.10
6	锤子	重量0.25、0.5kg	把	30	2020.6.10
7	扳手	17～19、22～24开口	把	30	2020.6.10
8	线垂	0.5kg	个	30	2020.6.10
9	工程检测尺	2m	个	30	2020.6.10
10	钢卷尺	5m	个	20	2020.6.10
11	塔式起重机	TC6015	台	6	2020.4.25
12	塔式起重机	TC5613	台	4	2020.4.25

6.2.4 施工工艺技术

1. 技术参数

中央大厅正交拱形结构区域内，包含正交拱形结构，梁截面有800mm×1400mm、800mm×1200mm、600mm×1400mm、600mm×1200mm。次梁包括两个截面规格400mm×800mm、500mm×1000mm。楼板厚度300mm。混凝土采用C40细石混凝土。将各个拱形梁按照投影面积进行受力计算模型简化，简化后的截面尺寸如表6-14所示。

技术参数   表6-14

序号	梁编号	梁截面（mm）	简化过程	简化后截面尺寸（mm）	架体计算 最大跨度/最大高度	受力计算取值
1	ZT-G1	800×1400	曲线长度59.828m；跨度44.532m	800×1900	44.532m/14.180m	截面尺寸 800mm×1900mm 最大高度取15.0m
2	ZT-G2	800×1400	曲线长度59.860m；跨度44.532m	800×1900	44.532m/14.180m	
3	ZT-G3	800×1200	曲线长度54.000m；跨度39.619m	800×1650	39.619m/12.758m	
4	ZT-G4	800×1200	曲线长度59.191m；跨度40.509m	800×1700	40.509m/14.693m	
5	ZT-G5	600×1200	曲线长度33.515m；跨度19.819m	600×2050	19.819m/11.640m	截面尺寸 600mm×2650mm 最大高度取14.5m
6	ZT-G6	600×1200	曲线长度34.603m；跨度20.752m	600×2050	20.752m/11.943m	
7	ZT-G7	600×1200	曲线长度37.378m；跨度23.551m	600×1950	23.551m/12.231m	

续表

序号	梁编号	梁截面（mm）	简化过程	简化后截面尺寸（mm）	架体计算最大跨度/最大高度	受力计算取值
8	ZT-G8	600×1200	曲线长度 42.155m；跨度 28.652m	600×1800	28.652m/12.753m	
9	ZT-G15	600×1200	曲线长度 33.516m；跨度 20.935m	600×1900	19.819m/11.700m	
10	ZT-G16	600×1200	曲线长度 34.603m；跨度 21.884m	600×1900	20.752m/12.054m	
11	ZT-G11、ZT-G14	600×1200	曲线长度 28.165m；跨度 16.151m	600×2100	14.967m/9.706m	
12	ZT-GZC1、ZT-GZC2	600×1400	曲线长度 24.017m；跨度 17.910m	600×1900	17.257m/13.627m	
13	ZT-GZC5、ZT-GZC7	600×1200	曲线长度 23.154m；跨度 15.740m	600×1800	15.129m/14.347m	
14	ZT-GZC6、ZT-GZC8	600×1200	曲线长度 22.364m；跨度 15.694m	600×1800	15.082m/12.521m	截面尺寸 600mm×2650mm 最大高度取 14.5m
15	ZT-GZC11	600×1200	曲线长度 15.040m；跨度 9.256 m	600×1950	8.610m/11.064m	
16	ZT-GZC12	600×1200	曲线长度 15.215 m；跨度 8.802 m	600×2100	8.815m/11.312m	
17	ZT-G9、ZT-G12	600×1200	曲线长度 24.489m；跨度 11.103m	600×2650	9.934m/9.900m	
18	ZT-G10、ZT-G13	600×1200	曲线长度 25.238m；跨度 12.314m	600×2500	11.138m/9.877m	
19	ZT-GZC3、ZT-GZC4	600×1400	曲线长度 17.657m；跨度 9.747m	600×2600	9.408m/12.391m	
20	ZT-GZC9	600×1200	曲线长度 13.435m；跨度 7.508m	600×2200	6.863m/10.479m	
21	ZT-GZC10	600×1200	曲线长度 13.902m；跨度 7.340m	600×2300	6.729m/10.810m	

1）顶板模板及支撑体系参数（表 6-15）

顶板模板及支撑体系参数 表 6-15

300mm 板模板支架（盘扣式），简易计算按斜板折算，板厚 424mm			
计算依据	《建筑施工承插型盘扣式钢管支架安全技术规程》JGJ 231—2010	模板支架高度 H（m）	15
楼板厚度（mm）	300（斜板）	立杆纵向间距（mm）	900
立杆横向间距（mm）	900	步距（mm）	1500
小梁间距（mm）	200	可调托座主梁根数	2 根
板底左右侧立杆距离梁中心线距离（mm）	600，600	梁底支撑小梁间距（mm）	120

续表

300mm 板模板支架（盘扣式），简易计算按斜板折算，板厚 424mm	
主要材料规格	面板：15mm 厚覆面木胶合板 小梁：50mm × 100mm 方木（计算取值 40mm × 70mm） 主梁：双方钢管钢 50mm × 50mm × 2.5mm 立杆：立杆采用 φ60 × 3.25 盘扣架
水平剪刀撑间距	6~8m

2）梁模板及支撑体系参数（表 6-16）

梁模板及支撑体系参数　　　　　　　　　　　　　　表 6-16

800mm × 1400mm、800mm × 1200mm 拱形梁

800mm × 1900mm（简化模型）拱形梁底模板支架（盘扣式，梁板立柱不共用）			
计算依据	《建筑施工承插型盘扣式钢管支架安全技术规程》JGJ 231—2010	模板支架高度 H（m）	15
混凝土梁截面尺寸（mm）	800 × 1900	梁侧楼板厚度（mm）	300
梁跨度方向立柱间距（mm）	600	梁两侧立柱间距（mm）	600
步距（mm）	1500	可调托座主梁根数	2 根
板底左右侧立杆距离梁中心线距离（mm）	600,600	梁底支撑小梁间距（mm）	120
主要材料规格	面板：15mm 厚覆面木胶合板 小梁：50mm × 100mm 方木（计算取值 40mm × 70mm） 主梁：双方钢管钢 50mm × 50mm × 2.5mm 立杆：立杆采用 φ60 × 3.25 盘扣架		
备注	由于梁为拱形结构，为保证梁底及梁顶弧度，小梁木方垂直于梁跨方向，采用 14 根直径 22mm 的钢筋沿着梁跨方向平行布置，钢筋外侧为主梁，大梁采用 50mm × 50mm × 2.5mm 的双方钢管钢，大梁垂直于梁跨方向		

600mm × 1200mm、600 × 1400mm 拱形梁

600mm × 2650mm（简化模型）拱形梁底模板支架（盘扣式，设置搁置横梁）			
计算依据	《建筑施工承插型盘扣式钢管支架安全技术规程》JGJ 231—2010	模板支架高度 H（m）	14.5
混凝土梁截面尺寸（mm）	600 × 2650	梁侧楼板厚度（mm）	300
梁跨度方向立柱间距（mm）	600	梁两侧立柱间距（mm）	900
步距（mm）	1500	可调托座主梁根数	2 根
梁底可调托撑间距（mm）	400	梁底左侧可调托撑距梁中心线的距离（mm）	200
梁底支撑小梁间距（mm）	120		
主要材料规格	面板：15mm 厚覆面木胶合板 小梁：50mm × 100mm 方木（计算取值 40mm × 70mm） 主梁：双方钢管钢 50mm × 50mm × 2.5mm 搁置横梁：10 号双槽钢 立杆：立杆采用 φ60 × 3.25 盘扣架		

续表

600mm × 2650mm（简化模型）拱形梁底模板支架（盘扣式，设置搁置横梁）	
备注	由于梁为拱形结构，为保证梁底及梁顶弧度，小梁木方垂直于梁跨方向，采用 12 根直径 22mm 的钢筋沿着梁跨方向平行布置，钢筋外侧为大梁，大梁采用 50mm × 50mm × 2.5mm 的双方钢管钢，大梁垂直于梁跨方向

3）模架系统构造设计

根据计算明确梁、板模架的背楞间距、背楞位置、对拉螺栓间距、立杆间距等构造参数。

（1）梁模架构造（表 6-17）。

梁模架构造　　　　　　　　　　　　　　　　　　表 6-17

构件编号	主要构造参数	同类构件尺寸
ZT-G1 ZT-G2 ZT-G3 ZT-G4	面板：15mm 厚覆面木胶合板 小梁：底模 50mm × 100mm 方木@120mm，侧模 50mm × 100mm 方木@100；由于梁为拱形结构，为保证梁底及梁顶弧度采用 14 根直径 22mm 的钢筋沿着梁跨方向平行布置，钢筋外侧为主梁 主梁：底模双方钢管钢 50mm × 50mm × 2.5mm@600mm，侧模双方钢管钢 50mm × 50mm × 2.5mm@450mm 立杆：立杆采用 ϕ60 × 3.25 盘扣架 梁侧对拉螺杆距梁底间距 0mm、450mm、900mm	800mm × 1200mm 800mm × 1400mm

构造详图（根据具体构造参数进行调整，补充详图）：

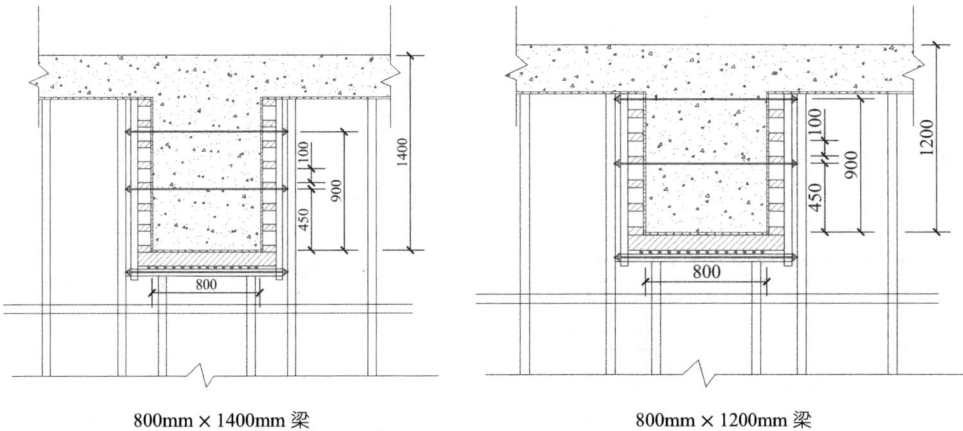

800mm × 1400mm 梁　　　　　　　　　800mm × 1200mm 梁

构件编号	主要构造参数	同类构件尺寸
ZT-GZC3～GZC4 ZT-G5～G13 ZT-GZC5～GZC12	面板：15mm 厚覆面木胶合板 小梁：底模 50mm × 100mm 方木@120mm，侧模 50mm × 100mm 方木@120；由于梁为拱形结构，为保证梁底及梁顶弧度采用 12 根直径 22mm 的钢筋沿着梁跨方向平行布置，钢筋外侧为主梁 主梁：底模双方钢管钢 50mm × 50mm × 2.5mm@600mm，侧模双方钢管钢 50mm × 50mm × 2.5mm@450mm 搁置横梁：10 号双槽钢，间距 600mm；梁底可调托撑间距 400mm，梁底左侧可调托撑距梁中心线的距离 200mm 立杆：立杆采用 ϕ60 × 3.25 盘扣架 梁侧对拉螺杆距梁底间距 0mm、450mm、900mm	600mm × 1200mm 600mm × 1400mm

构件编号	主要构造参数	同类构件尺寸

构造详图（根据具体构造参数进行调整，补充详图）：

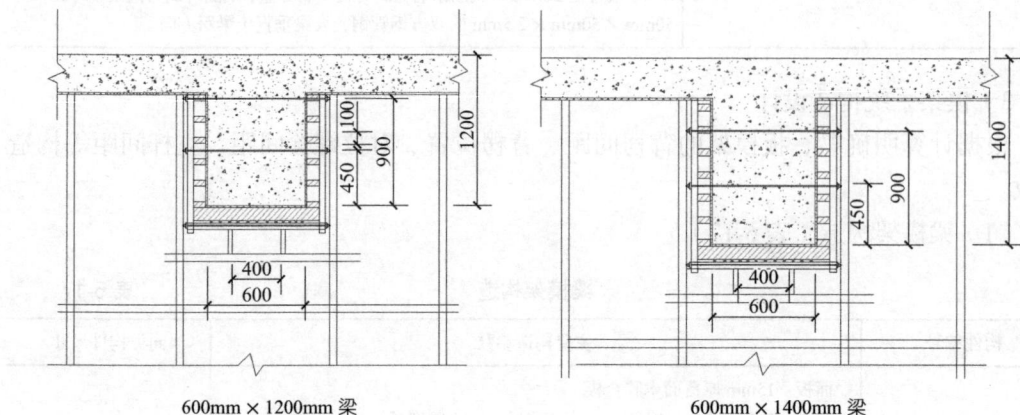

600mm×1200mm 梁　　　　　600mm×1400mm 梁

（2）板模架构造（表6-18）。

板模架构造　　　　　　　　　表 6-18

构件编号	主要构造参数	同类构件尺寸
斜板（300mm）	板底模：15mm 厚覆面木胶合板 板底次龙骨：50mm×100mm 方木@200mm 板底主龙骨：双方钢管钢 50mm×50mm×2.5mm，间距 900mm 支模架：立杆采用 $\phi60\times3.25$ 盘扣架，立杆纵距 900mm，横距 900mm，步距 1500mm	300mm

构造详图（根据具体构造参数进行调整，补充详图）：

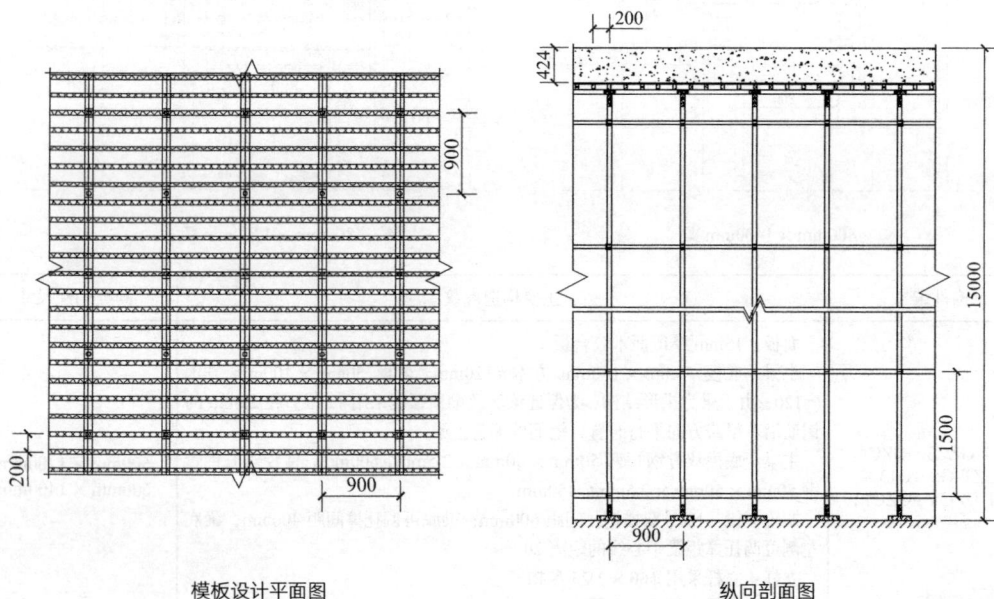

模板设计平面图　　　　　　　　纵向剖面图

构件编号	主要构造参数	同类构件尺寸
	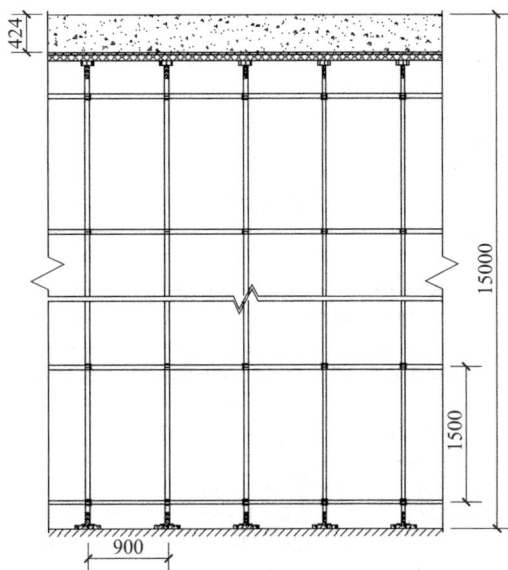横向剖面图	

2. 工艺流程（表6-19）

工艺流程 表 6-19

序号	部位	施工流程
1	梁模板	弹出梁轴线及水平线并进行复核→搭设梁模板支架→安装梁底楞→安装梁底模板→梁底起拱→绑扎钢筋→安装梁侧模板→安装另一侧模板→安装上下锁品楞、斜撑楞、腰楞和对拉螺栓→复核梁模尺寸、位置→与相邻模板连接牢固
2	板模架	设置立杆控制线→根据控制线布置立杆→横杆与相邻立杆形成稳定的结构→立杆顶部插入可调顶托，调整复核标高→主次龙骨安装→搭设梁板底模→设置架体剪刀撑→安装横纵木方→调整板下皮标高及起拱（按设计及国家规范）→铺设顶板模板→检查模板标高、平整度→检查→梁板钢筋施工→监测、检查→混凝土浇筑→养护

3. 施工工法

（1）板模板施工（表 6-20）。

板模板施工 表 6-20

序号	步骤	内容
1	校核控制线	复核板底标高与轴线位置，并通过基准线做好轴线、标高调整；检查板底模板支架的稳定性
2	支模架搭设	根据立杆定位线搭设支模架，并按要求随同搭设剪刀撑
3	铺设方木	沿梁宽度方向排布方木，间距200mm

序号	步骤	内容
4	模板安装	整张铺设、局部小块拼补,模板接缝设置在木枋上
5	校核标高平整度	采用水准仪校核模板底模板标高、平整度

（2）梁模板施工（表6-21）。

梁模板施工   表 6-21

序号	步骤	内容
1	校核控制线	复核板梁标高与轴线位置,并通过基准线做好轴线、标高调整,检查梁模板支架的稳定性
2	支模架搭设	根据立杆定位线搭设支模架,并按要求在大跨度梁两侧搭设竖向剪刀撑
3	铺设方木	沿梁宽度方向排布方木,间距按计算布置
4	模板安装	在稳定的支架上先根据楼面上的轴线位置和梁控制线以及标高位置安置梁、板的底模。待钢筋绑扎校正完毕,且隐蔽工程验收完毕后,再支设梁的侧模或板的周边模板。并在板或梁的适当位置预留方孔,以便在混凝土浇筑之前清理模板内的杂物
5	校核标高平整度	采用水准仪校核模板底模板标高、平整度

（3）混凝土施工（表6-22）。

混凝土施工   表 6-22

序号	部位	施工方法
1	墙体浇筑	本工程现浇墙较少,仅为素混凝土挡墙及墙体长度≤300时厚度200mm的素混凝土墙。墙体应分层浇筑,第一层浇筑高度不应超过500mm,以后每次浇筑高度不应超过1m,必须保证在混凝土初凝前进行下次浇筑,防止形成冷缝
2	柱子	因部分区域高度大于12m,结合振捣棒的有效长度,该区域框架柱模板支设及混凝土浇筑分为2~3次(最后一次与顶板一起浇筑),且每次均分层浇筑,前几次浇筑后,用水平杆将周围架体与已浇筑的框架柱进行抱柱拉结
3	顶板	楼板厚度为100mm,平屋顶浇筑与板浇筑相同 浇筑斜屋面时,应两面同时顺向浇筑混凝土,以减少侧压力,使钢筋两侧同时受力,防止混凝土单侧浇筑使支架发生位移而一边倒,甚至发生坍塌。浇筑宜利用大流动性的高性能混凝土或免振自密实混凝土,便于施工。另外由于斜屋面受高处作业、坡度等影响,支模和浇筑比较困难,混凝土板表面积大,失水快不便洒水养护,故需特别做好养护工作
4	梁	柱分为2~3次支模及浇筑,每段柱浇筑时分层浇筑,每层浇筑高度不超过1m,每段浇筑最后一层时浇筑梁及局部夹层板。浇筑顶部屋面梁及板时,与柱顶部最后一层一起浇筑

（4）模板拆除（表6-23）。

模板拆除   表 6-23

序号	步骤	内容
1	结构强度检测	拆模试件强度检测,强度需大于设计或规范要求,超限部位拆模强度需达到100%

续表

序号	步骤	内容
2	办理拆模审批	填写拆模申请表，经项目技术负责人和监理单位审批
3	模板拆除	模板拆除时，先拆除侧面模板，再拆除承重模板，保留支撑体系
4	拆除梁底模	底模拆除时，应从跨中开始下调承重架，高度 300~500mm，然后向两端逐步下调，拆除梁底模支柱时，也应从跨中向两端作业。用钢镙轻轻撬动模板，或用木锤轻击，切不可用钢棍猛击乱撬。每块模板拆下时，应用人工托扶放在地上。板模拆除时先拆支撑，然后用小撬棍相对两侧面中点将模壳撬起拆除。严禁使拆下的模板自由坠落地面，应堆码整齐，高度不超过 2m
5	满堂架拆除	严禁拆除满堂架时整体落架，操作面距模板高度不超过 2m
6	墙模拆除	单块就位组拼墙模先拆墙两边的接缝窄条模板，再拆除背楞和穿墙螺栓，然后逐次向墙中心方向逐块拆除
7	整体拼装模板拆除	整体拼装模板拆除时，先拆除穿墙螺栓，解除水平、斜撑扣件，再拆除组拼大模板端部接缝处的窄条模板，然后敲击大模板上部，使之脱离墙体，用撬棍撬组拼大模板边肋，使之全部脱离墙体，最后用塔式起重机吊运拆离后的模板
8	拆除后要求	模板拆除后，及时清理干净，并做好"四口"防护
9	过程问题处理	在拆除模板过程中，如发现混凝土出现异常现象，可能影响混凝土结构的安全和质量等问题时，应立即停止拆模，并经处理认证后，方可继续拆模

4. 操作要求（表 6-24）

操作要求 表 6-24

序号	常见质量问题	操作要求
1	墙体厚度不一、平整度差	模板设计应有足够的强度和刚度，横、竖楞的尺寸和间距，穿墙螺栓间距，墙体的支撑方法等在施工过程中严格按照设计的要求实施
2	墙体烂根，模板接缝处跑浆	模板根部用砂浆找平塞严，模板间连接牢固可靠。定型模板在拼装时在两模板接缝处背部设置一根 50mm×100mm 木方，再用 12 号铁丝穿孔与木方绞紧
3	混凝土墙体上预留洞口变形	将门窗洞口模板与墙体模板连接牢固，加强洞口内的支撑
4	柱、墙角漏浆	混凝土施工时，用铝合金条将柱、墙角反复搓平，柱墙模加固校正后，底口粘贴双面胶，沿柱脚模外侧设条形层板与地面钉牢，定位及防止漏浆
5	梁柱接头跑模	接头模板尺寸同柱身模板，接头模板与已浇混凝土柱身模板的接头长度为 200mm，接头部位粘贴双面胶
6	模板垂直度控制不到位	对模板垂直度严格控制，在模板安装就位前，必须对每一块模板线进行复测，无误后，方可模板安装 模板拼装配合，木工工长及质检员逐一检查模板垂直度，确保垂直度不超过 3mm，平整度不超过 5mm 模板就位前，检查顶模棍位置、间距是否满足要求
7	顶板模板标高控制不到位	每层顶板抄测标高控制点，测量抄出混凝土墙上的 500mm 线，根据层高及板厚，沿墙周边弹出顶板模板的底标高线，施工员和质检员负责全程跟踪并及时进行复核，尽最大可能杜绝返工现象

序号	常见质量问题	操作要求
8	模板的变形控制不到位	在墙模板支设前，于竖向梯子筋上安装塑料卡，以此保证墙体保护层厚度 浇筑混凝土时，实行分层浇筑，每层浇筑高度控制在 500mm 以内，严防振捣不实或过振，使模板变形 浇筑前认真检查对拉螺杆、顶撑及斜撑是否松动，检查现场是否与方案相符，如有出入，按照方案整改，经检验合格后方能进行混凝土浇筑 禁止与外脚手架、爬架相拉结
9	模板的拼缝、接头处理不到位	模板拼缝、接头不密实时，用小木条塞缝隙并用胶带粘缝处理
10	未留置清扫口	楼梯模板清扫口留在平台梁下口，清扫口 50mm×100mm 洞，清理干净后，用双面覆膜模板背钉木方固定
11	安装配合不到位	合模前与钢筋、水、电安装等工种协调配合，经各方复核准确无误后才合模

5. 检查要求

（1）搭设前，对模板支撑架和脚手架的地基与基础应进行检查，经验收合格后方可搭设。

（2）超过 8m 的高支模每搭设完成 6m 高度后，应对搭设质量及安全进行检查，经检验合格后方可交付使用或继续搭设。

（3）模板支撑架和脚手架分项工程的验收，除应满足验收文件要求外，还应对搭设质量进行现场核验，在对搭设质量进行全面检查的基础上，对下列项目应进行重点检验：

①基础应符合设计要求，并应平整坚实，立杆与基础间应无松动、悬空现象，底座、支垫应符合规定。

②搭设的架体三维尺寸应符合设计要求，搭设方法和钢管剪刀撑等设置应符合规定。

③可调托撑和可调底座伸出横杆的悬臂长度应符合设计限定要求。

④杆件的设置和连接，连墙杆、支撑、门洞桁架等的构造应符合相关规程和专项施工方案要求。

⑤横杆端插头与立杆轮扣盘应击紧至所需插入深度。

⑥连墙件设置应符合设计要求，应与主体结构、架体可靠连接。

⑦外侧安全立网、内侧层间水平网的张挂及防护栏杆的设置应齐全、牢固。

⑧周转使用的架体构配件使用前应进行外观检查，并应做好记录。

⑨搭设的施工记录和质量检查记录应及时、齐全。

6.2.5　施工安全保证措施

1. 组织保障措施

（1）以项目经理为首的分级负责的安全生产保证体系。项目经理是安全生产的第一责任人，统筹协调、指挥、全面负责安全管理。

（2）施工负责人是安全生产管理的第一直接责任人，代表项目经理部行使安全管理的权力，负责本工程安全标准的制定，执行情况的监督与检查。

（3）技术负责人是安全技术的第一责任人，负责安全技术措施的审核批准。

（4）施工员、专职安全员在指挥部的统一领导下，具体负责安全技术、措施的执行，领导劳务作业班组作业队伍开展安全建设，是安全生产有力保证层。

（5）项目部安全管理组织机构如图6-7所示。

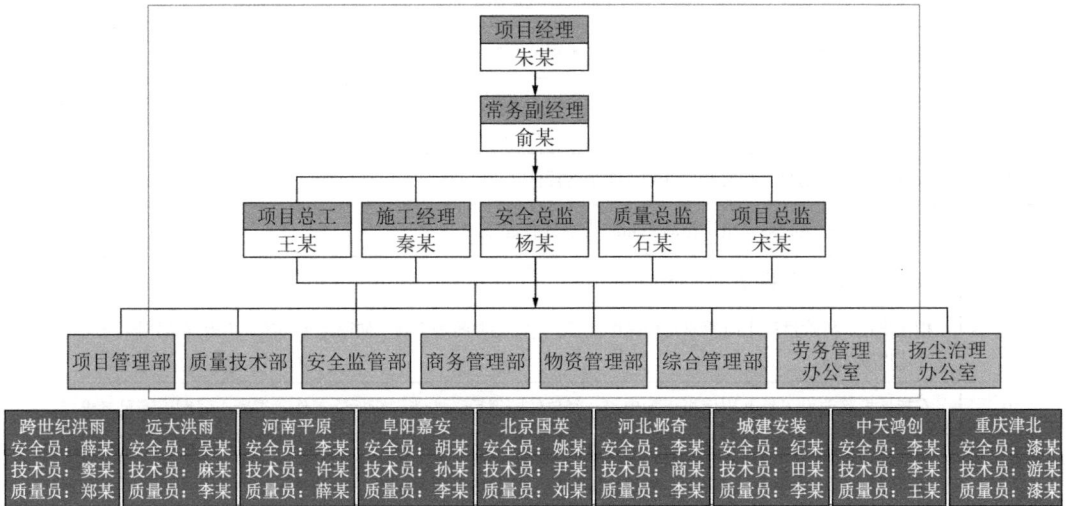

图6-7　项目部安全管理组织机构

2. 安全施工技术措施（表6-25～表6-28）

安全施工技术措施　　　　　　　　　　　　　　　　　　　表 6-25

序号	内容
1	模板工程专项方案需经施工企业技术负责人和总监理工程师审核签字
2	设计模板及支撑体系方案时按规范有关要求进行验算，保证其具有足够的强度、刚度和稳定性，能可靠地承受施工中可能产生的各项荷载。验算模板及支架的刚度时，其最大变形不得超过《混凝土结构工程施工质量验收规范》的允许值
3	所有钢管、连接件、木方等支撑材料使用前均应进行全面检查，不得使用不合格的材料
4	模板支架搭设场地必须平整坚实，排水良好，具有足够承载力，当立杆立于非混凝土筏板上时，立杆底部浇筑100mm厚C20混凝土垫层
5	现场搭设模板支架时，必须按要求在立杆底部设置垫板。每搭完一步架后，应立即检查并调整支架的垂直度，确保立杆的垂直度符合要求，防止因支架立杆过大造成支架系统的不稳
6	支架系统安装时，必须严格按照相关要求设置纵横向水平拉杆、扫地杆、剪刀撑，防止由于整体刚度不足和失稳造成坍塌事故
7	大梁模板支架立杆的纵向水平杆应顶贴到已浇筑好的混凝土柱上，主梁模板下两侧支架立杆的纵向水平杆在与混凝土柱交接处呈井字形箍牢"抱柱"，以增强支架系统的整体稳定性
8	安装完毕经验收确认符合要求后才能进行混凝土浇筑
9	作业层上的施工荷载应符合设计要求，不得超载。不得在支架上集中堆放模板、钢筋等物件。施工期间不得拆除剪刀撑、纵横向水平杆、纵横向扫地杆等杆件
10	现场搭设模板支架时，对模板支撑体系的强度、刚度和稳定性等有显著影响的承载构件、连接件的尺寸、间距必须进行严格控制

续表

序号	内容
11	模板及其支架安装、拆除前，组织管理人员及作业人员进行施工操作安全技术交底和安全教育，签署交底记录，并通过考核后方能上岗工作，作业前必须对作业环境进行安全检查
12	模板及其支架安装完成后，项目技术负责人按规定组织验收，并经责任人签字确认
13	高处作业符合《建筑施工高处作业安全技术规范》的有关规定
14	安装墙、柱模板时，至少要两人一组进行安装，严禁模板非顺序安装，防止模板偏倒伤人，及时固定支撑，防止倾覆
15	模板支架使用期间，不得擅自拆除支架结构杆件
16	临边防护中外架必须高出操作面 1.5m，防止操作层坠物
17	模板吊装必须严格执行"十不吊"
18	模板支设、拆除过程中应遵守安全操作规程，搭设必要的脚手板。如遇途中停歇，不得空架浮搁。严禁野蛮作业方式拆除模板
19	在架体拆除前由工长办理模板拆除申请，经单位同意后，才能进行拆除工作。混凝土强度应满足要求
20	梁板模板应先拆梁侧模，再拆板底模，最后拆除梁底模，并应分段分片拆除，严禁成片撬落或成片拉拆。同时严禁将梁顶撑与梁模板一起拆除，模板拆除时应分片，分区拆除，从一端往另一端拆除，严禁整片一起拆除

雨期施工安全技术措施　　　　　　　　　　　　　　表 6-26

序号	内容
1	各工程队雨期施工用的脚手架等定期进行安全检查，在外围设置排水沟，并对施工脚手架周围的排水设施进行认真的清理，确保排水有效、不冲不淹、不陷不沉，发现问题及时处理
2	
3	脚手架地基设置混凝土垫层，立杆下设垫木或垫块，并注意排水，架子应设扫地杆、斜撑、剪刀撑，并与建筑物拉结牢固
4	在每次大风或雨后，必须组织人员对脚手架及基础进行复查，应特别注意架子的搭设质量和安全要求，发现问题及时整改
5	雨期施工期间对架子工程安排专人巡查维修，特别是雨后地面容易下沉，防止架子悬空及下沉，确保使用安全
6	对架体进行检测监控，检查是否存在位移、沉降
7	外防护的脚手架高于建筑物应做好防雷接地
8	雷雨天气应注意安排工作，避免作业人员直接暴露在建筑物最高处，防止雷电直接伤人
9	施工场地内模板堆放要下设垫木，上部采取防雨措施，周围不得有积水
10	模板支撑处地基应坚实或加好垫板，雨后及时检查支撑是否牢固

续表

序号	内容
11	如搭设架子在雨期进行，应组织有关部门进行检查，上人马道铺好木脚手板，钉好防滑条，防滑条间距不大于300mm，并定期派人清扫马道上的积泥
12	雨后高空作业人员应穿防滑鞋，注意防滑

冬期施工技术措施　　　　　　　　　　　　　　　　　　　表 6-27

序号	内容
1	梁板水平构件的钢筋绑完后，及时注意天气变化，遇下雪天立即用防火布覆盖，便于清理积雪，防止模板、钢筋表面结冰
2	地下梁板，初冬、冬末阶段待混凝土浇筑完后立即找平，覆盖一层塑料薄膜后再覆盖一层阻燃棉毡。严冬阶段覆盖一层塑料薄膜后再覆盖两层阻燃棉毡，寒流阶段无施工
3	模板保温措施初冬冬末阶段，墙体模板合模后挂一层阻燃棉毡保温。严冬阶段理论上无施工，如有施工，墙体模板合模后挂两层阻燃棉毡保温，阻燃保温被用钢丝与模板勒紧
4	合模前，必须认真清扫钢筋、模板上的雪渣及冻结物。严禁用水冲刷成型模板，模板上的积水应及时用棉纱蘸干，防止结冰。下雪前应将支设好的梁、柱模板用防火布覆盖密实，以防止雪落入模内；雪停止后，应将积雪及时清除干净，以防止积雪结冰，若有少量积雪进入待浇筑面采用融雪剂进行融雪
5	模板的拆除： （1）非顶板、梁等水平结构模板和保温层在混凝土达到要求（临界强度，以同条件试块临界强度报告为准）并冷却到 5℃后方可拆除，拆模时混凝土温度与环境温度差应小于 20℃，特殊情况大于 20℃时，混凝土表面应及时覆盖阻燃保温被使其缓慢冷却 （2）顶板、梁等水平结构模板的拆除还必须等其混凝土同条件试块的强度达到规范规定并填写拆模申请并经批准后才能拆除 （3）墙、柱等竖向结构模板的拆除必须根据混凝土的养护测温记录并计算混凝土的成熟度，并经同条件临界强度试块试压大于混凝土临界强度后方可进行拆除 （4）混凝土未达到受冻临界强度之前严禁拆除侧模和取消保温措施，也不得进行测量放线作业 （5）冬施期间拆除侧模或取消混凝土保温措施，执行拆模（拆除保温）申请制度，经项目总工程师审批同意方可拆除 （6）结构侧模拆模后需继续保温养护的，保温措施必须在模板拆除后 2h 内恢复，各工区工长负责落实，质检员监督检查

应急防控措施　　　　　　　　　　　　　　　　　　　　表 6-28

序号	内容
1	加强项目各区域人员、车辆管控，外来车辆和人员严禁随意进入，因工作需要入场的，要提前一天报备出发地和车辆、人员相关信息；紧急情况临时入场的，需做好信息登记和检查
2	加强人员宣传教育，提高个人防控意识，对自身身体情况进行关注，有异常及时上报。并提醒员工注意做好个人防护和个人卫生，合理安排作息时间，加强休息和锻炼，增强抗病能力
3	现场实行封闭式管理，且严禁出入人员密集场所，严禁参加集会和聚餐；留守人员和医学观察满 14d 的人员必要办事外出必须进行登记报备，说明去向和接触人员；外出戴好口罩，做好防护措施，返回项目进行消毒
4	每日对办公区、食堂、厕所、宿舍等重点区域进行通风换气，人均宿舍面积不少于 4m²，每个宿舍居住人数不得超过 6 人；确需安排在地下空间居住的，人均宿舍面积不得小于 5m²，并定时消毒，做好记录。对公车外出返回后，进行消毒
5	排查进出场人员近期与疫情相关的基本情况和身体状况，如发现发热、乏力、干咳、胸闷、呕吐、腹泻等症状者或其他可疑情况，采取临时处理措施，调查接触到的人、去过的地方、近期身体状况等相关情况，并立即向有关部门上报。如无法排除可疑情况，采取单独隔离观察，或送医检查治疗

序号	内容
6	对疫区返回人员提前计划，进行信息登记和报备。对疫区返回人员进行体温和身体情况检查，并根据报备信息和票据凭证排查返回途径、路线；现场生活区单独设立隔离区，原则上隔离观察14d无异常后上岗，隔离期间对人员进行每日测温和检查；如进场检查或隔离期间发现发热、乏力、干咳、胸闷、呕吐、腹泻等症状者，及时逐级上报上级相关部门，并请求援助。参与检查人员做好全面防疫防护措施
7	对同时返回的作业人员和管理人员统一安排宿舍，保持宿舍内通风至少两次，每次30min，每天对公共区域和宿舍区域消毒且不少于两次，并做好相关记录
8	施工现场人员如若发现自身存在从发热、干咳等症状，应立即向疫情防控指挥部报告并请假，指挥部要第一时间主动向单位报告，并立即要求其离岗就医，尽快查明原因，加强源头管控，堵塞漏洞，坚决防止在施工现场出现聚集性感染
9	食堂实施"1m线"安全措施，排队取餐人员的间距不小于1m，食堂就餐人员的间距不小于1m，杜绝"面对面"就餐和围桌就餐，就餐人员直至在餐位就座后再摘下口罩，就餐完毕离开前应及时佩戴好口罩
10	防疫期间张贴宣传条幅、画报、各级政府部门、疾控中心、医疗机构相关防疫工作文件，加强防控宣传工作

3. 监测监控措施（仅介绍变形监测）

（1）监测项目：

支架沉降、位移和变形。

（2）测点布设：

在每次所浇模架周边布设监测点，根据《建筑施工临时支撑结构技术规范》JGJ 300—2013中的要求，进行位移监测时，须按照如下要求设置监测点：

①监测基准点：监测基准点应设置在附近已施工完毕的竖向结构或支撑架上，涂红漆作为监测标记。

②每段混凝土顶板监测点布设在角部和四边的中部位置，每段监测点数量为8个。

③位移监测点应根据周边结构状况（封闭或开敞），设置在支撑架或支撑架模板上。在支撑结构的顶层、底层及中间水平剪刀撑加强层位置处设置位移监测点；支撑架顶部可采用在立杆上端挂钢丝垂球作为监测点。支撑架模板可采用在水平结构钢筋上焊接竖向钢筋作为监测点。

④监测点应稳固、明显，应设监测装置和监测点的保护措施（图6-8）。

（3）监测频率：

模板的沉降测量由专人专职负责。在开始浇筑前测量一次，记录此值并以此值为初始值；在浇筑时，每隔20～30min测量一次，并与初始值相对比，得出沉降、位移量；混凝土浇筑中过程中需连续监测，浇筑结束后可不再监测。

（4）监测方法：

支撑的变形监测采用仪器进行，具体为在施工层的柱侧面标出观测点，分别在支撑钢管上标观测点（一般为离地1.5m处），在整个浇筑混凝土过程中，安排专人在外围进行监测。

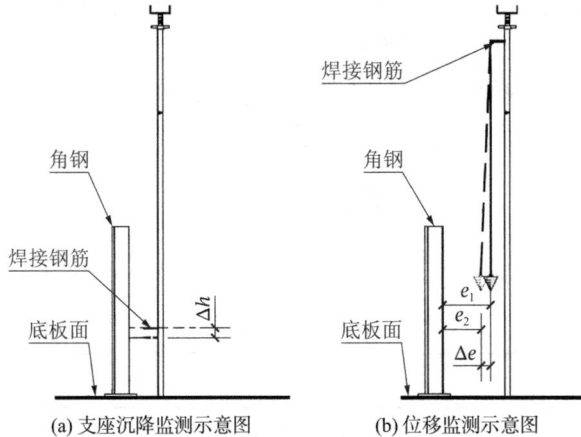

(a) 支座沉降监测示意图　　　(b) 位移监测示意图

图 6-8　监测示意图

（5）变形监测预警值

相关内容见表 6-29。

高大支模架搭设允许偏差及监测变形预警值　　　　表 6-29

序号	项目	搭设允许偏差（mm）	变形预警值（mm）	检查工具
1	立杆钢管弯曲 3m<L≤4m 4m<L≤6.5m	≤12 ≤20	—	吊线和卷尺
2	水平杆、斜杆的钢管弯曲 L≤6.5m	≤30	—	吊线和卷尺
3	立杆垂直度全高	≤20	10	经纬仪及钢板尺
4	立杆支撑架高度 H 内	≤12	10	吊线和卷尺
5	立杆顶水平位移	—	10	经纬仪及钢板尺
6	支架整体水平位移	—	10	经纬仪及钢板尺

（6）注意事项：

对焊接钢筋、线锤、标示角钢等应做好保护，并挂好警示牌，防止人为破坏。当监测数据接近或达到预警值时，立即通知作业人员进行疏散，并通知相关部门人员来处理。

（7）安全检查：

①工人在作业前要对自己使用的机具、劳动保护用品以及本班组作业区段的安全设施进行检查，发现问题应向工地有关人员汇报，待隐患消除后方可开始作业，并逐步完善记录工作。

②工地专职安全员要每日对作业班组区段进行检查。如发现事故隐患，应及时提出改进措施，督促实施并对改进后的设施进行检查验收，对不改进的，提出处理意见，报项目负责人处理。指导、督促工人认真执行安全制度、安全记录，执行操作规程和正确使用劳动保护用品。

③要认真执行定期检查制度。应有组织、有计划进行检查，对不合格的，要制定整改

计划，并做到"定人、定时间、定措施"的"三定"措施，在隐患没有消除前，必须采取可靠的防护措施，有危及人身安全的暂停作业。

④电工应对施工现场各种电气设施进行定期巡视检查，正常情况下，对低压配电装置、低压电器和变电器、配电盘等应每班巡视一次。

6.2.6　施工管理及作业人员配备和分工

1. 施工管理人员（表6-30）

管理人员岗位职责　　　　　　　　　　　　　　　　　表6-30

序号	项目职务	岗位职责
1	项目经理	全面负责管理工作和人员调配，高大模板支撑架专项方案的总体策划及决策，负责组织支撑架的验收
2	执行经理	全面负责管理工作和人员调配，高大模板支撑架专项方案的总体策划及决策，负责组织支撑架的验收
3	项目副经理	全面负责施工现场生产管理工作，高大模板支撑架工程总体施工安排，进度控制，现场总体施工组织协调，参与支撑架的检查验收
4	技术负责人	全面负责工程的技术管理工作，负责组织高大模板支撑架专项方案的编制、审核；组织支撑架基础验收，参与支撑架的检查验收；检查监督方案的落实及执行情况
5	安全总监	负责施工过程中的安全与文明施工管理，负责模板及支撑架施工过程中的安全控制及安全检查，并监督检查模板及支撑架是否按方案施工，参与支撑架的检查验收
6	物资负责人	负责模板、支撑体系材料的进场验收以及收料、发料工作
7	技术员	负责编制模板支撑架专项施工方案，模板支设技术交底、现场问题解决
8	质检员	负责模板及支撑架施工过程中的质量控制，并监督检查模板及支撑架是否按方案施工，加工及安装质量是否符合规范要求，参与支撑架材料及搭设质量的验收
9	施工员	按模板及支撑架方案组织施工，向作业班组详细技术交底，是现场模板支撑架工程质量及安全的执行和实施者，参与支撑架的检查验收
10	安全员	加强工人的安全生产教育，定期进行安全学习，纠正一切违章指挥、违章作业的行为和不安全状态，发现问题要及时汇报、及时处理

2. 专职安全管理人员

搭设过程，因处在施工高峰期，各施工班组在交叉作业时，应加强安全监控力度，现场设定若干名安全监控员。水平和垂直材料运输必须设置临时警戒区域，谨防非施工人员进入。

设置专职安全生产人员5人，进行日常安全督促检查、纠正工作；贯彻和宣传有关的安全法律法规，组织实施上级的各项安全施工管理规章制度，并监督检查落实情况。全面负责和管理自己施工区域内现场安全文明施工，并负责单位的监督管理工作（表6-31）。

安全岗位职责　　　　　　　　　　　　　　　　　　表6-31

序号	管理岗位	岗位职责
1	安全部长	负责监督全过程安全生产，排除安全隐患，全员安全教育工作

序号	管理岗位	岗位职责
2	安全员	具体负责工程安全交底和安全教育活动，负责工程施工安全的检查工作

3. 特种作业人员

（1）机电设备必须由专人操作，认真执行规程，杜绝人员、机械、生产安全事故，特种工必须持证上岗。

（2）临时用电要求一律用三相五线铜芯配线，每个临时配电板要按要求搭设，动力用电和照明用电须分开搭设，晚间施工要有足够的照明度，电焊机要有防雨盖和防潮垫，防止漏电击人。

（3）现场电缆必须安全布设，各种电控制箱必须安装二级漏电保护装置，电器、电路必须断电修理，并挂上警示牌，电工应定期检查电器、电路的安全性。

（4）机械设备应由机修人员修理，杜绝机械安全事故隐患。机修人员要定期检查各活动机械及机具的安全性。若有问题要及时维修、调换，不允许超负荷运行。

（5）搭拆脚手架必须由专业架子工担任，持证上岗。拆模时操作人员必须挂好、系好安全带。

（6）操作层上施工荷载应符合设计要求，不得超载。楼层上不得集中放模板、钢筋等物。

（7）交叉支撑、水平加固杆、剪力撑不得随意拆除，因施工需要临时局拆卸时，应征得技术负责人的批准，施工完毕后应立即恢复。

（8）应避免装卸物料对模板支撑和脚手架产生偏心、振动和冲击。

（9）在拆墙模前不准将脚手架拆除。拆除顶板模板前划定安全区域和安全通道，将非安全通道用钢管、安全网封闭，挂"禁止通行"安全标志，操作人员不得在此区域，必须在铺好跳板的操作架上操作。

（10）浇筑混凝土前必须检查支撑是否可靠、扣件是否松动。浇筑混凝土时必须由模板支设班组设专人看模，随时检查支撑是否变形、松动，并组织及时恢复。经常检查支设模板吊钩、斜支撑及平台连接处螺栓是否松动，发现问题及时组织处理。

（11）木工机械必须严格使用倒顺开关和专用开关箱，一次线不得超过 3m，外壳接保护零线，且绝缘良好。电锯和电刨必须接用漏电保护器，锯片不得有裂纹（使用前检查，使用中随时检查）；且电锯必须具备皮带防护罩、锯片防护罩、分料器和护手装置。使用木工多用机械时严禁电锯和电刨同时使用；使用木工机械严禁戴手套；长度小于 50cm 或厚度大于锯片半径的木料严禁使用电锯；两人操作时相互配合，不得硬拉硬拽；机械停用时断电加锁。

（12）用塔式起重机吊运模板时，必须由起重工指挥，严格遵守相关安全操作规程。模板安装就位前需有缆绳牵拉，防止模板旋转不善撞伤人；垂直吊运必须采取两个以上的吊点，且必须使用卡环吊运。

（13）大模板堆放场地要求硬化、平整、有围护，阴阳角模架设小围护架放置。安装就位后，要采取防止触电保护措施，将大模板加以串联，并同避雷网接通，防止漏电伤人。

4. 其他作业人员

（1）充足的劳动力投入是确保工期实现的一项必不可少的要素，对于专业施工工种和劳动力的选择，必须以素质高、技术好为条件进行选取，项目部将选派强有力的施工队伍进场施工，在技术上施工队伍完全有能力胜任本工程的施工。

（2）在劳动力的需求量上，项目部将根据各分部分项工程的特点以及工期控制的要求配备足够的劳动力，建立奖罚制度，开展劳动竞赛，做好班组工作、生活等的后勤保障，确保施工任务的顺利完成。

（3）在大批施工人员进场前，必须做好后勤工作安排，为职工的衣、食、住、行、医等应予全面考虑，应认真落实，以便充分调动职工的生产的积极性，以充足的劳动力资源为本工程按期完成提供坚实的保证。

（4）对项目部全体员工进行必要的技术、安全、思想和法治教育，教育全体员工树立"质量第一，安全第一"的正确思想，遵守有关施工和安全的技术法规，遵守地方治安法规。

（5）根据模板工程具体工程量及劳动强度等条件，施工人员进场前进行操作工艺、质量标准、安全卫生、消防、文明等项目的技术培和交底。

（6）劳动力安排如表 6-32 所示。

劳动力安排   表 6-32

劳动力安排			
作息时间（上午）	6:30—11:30	作息时间（下午）	1:00—5:30
木工	25	混凝土工（人）	20
钢筋工	30	测量工（人）	2
其他工种	20	—	—

6.2.7 验收要求

1. 验收标准

浇筑混凝土前，项目技术负责人组织相关人员对模板工程和支撑架体进行复核和验收，填写复核记录和质量验收记录表，主要质量标准如下：①结合项目设计情况，分别根据《混凝土结构工程施工质量验收规范》GB 50204—2015 "模板分项工程"和《建筑施工承插型盘扣式钢管支架安全技术规程》JGJ 231—2010 "检查与验收"要求，进行相关验收。②支撑架在搭设完毕后，应由项目经理组织有关人员进行验收，在使用过程中安全员应每天进行巡回检查，对于检查有安全隐患及不符合设计的部位应及时进行整改。

（1）当出现下列情况之一时，支撑架应进行检查和验收：

①基础完工后及支撑架搭设前。

②超过 8m 的高支模每搭设完成 6m 高度后。

③搭设高度达到设计高度后和混凝土浇筑前。

④停用一个月以上，恢复使用前。

⑤遇 6 级以上强风、大雨及冻结地区解冻后。

（2）支撑架检查和验收应符合下列规定：

①基础应符合设计要求，并应平整坚实，立杆与基础间应无松动、悬空现象，底座、支垫应符合规定。

②搭设的架体应符合设计要求，搭设方法和斜杆、剪刀撑等设置应符合规定。

③可调托撑和可调底座伸出水平杆的悬臂长度应符合相关规定。

④水平杆扣接头、斜杆扣接头与连接盘的插销应销紧（表 6-33）。

模板工程验收标准　　　　　　　　　　　　　　　　表 6-33

主控项目

1. 安装现浇结构的上层模板及其支架时，下层楼板应具有承受上层荷载的承载能力，或加设支架；上、下层支架的立柱应对准，并铺设垫板。

检查数量：全数检查。

检验方法：对照模板设计文件和施工技术方案观察。

2. 在涂刷模板隔离剂时，不得沾污钢筋和混凝土接槎处。

检查数量：全数检查。

检验方法：观察。

一般项目

1. 模板安装应满足下列要求：

（1）模板的接缝不应漏浆；在浇筑混凝土前，木模板应浇水湿润，但模板内不应有积水；

（2）模板与混凝土的接触面应清理干净并涂刷隔离剂，但不得采用影响结构性能或妨碍装饰工程施工的隔离剂；

（3）浇筑混凝土前，模板内的杂物应清理干净。

2. 用作模板的地坪、胎模等应平整光洁，不得产生影响构件质量的下沉、裂缝、起砂或起鼓。

检查数量：全数检查。

检验方法：观察。

3. 对跨度不小于 4m 的现浇钢筋混凝土梁、板，其模板应按设计要求起拱；当设计无具体要求时，起拱高度宜为跨度的 1/1000～3/1000。

检查数量：在同一检验批内，对梁，应抽查构件数量的 10%，且不少于 3 件；对板，应按有代表性的自然间抽查 10%，且不少于 3 间；对大空间结构，板可按纵、横轴线划分检查面，抽查 10%，且不少于 3 面。

检验方法：水准仪或拉线、钢尺检查。

4. 固定在模板上的预埋件、预留孔和预留洞均不得遗漏，且应安装牢固，其偏差应符合规定。

检查数量：在同一检验批内，对梁、柱和独立基础，应抽查构件数量的 10%，且不少于 3 件；对墙和板，应按有代表性的自然间抽查 10%，且不少于 3 间；对大空间结构，墙可按相邻轴线间高度 5m 左右划分检查面，板可按纵横轴线划分检查面，抽查 10%，且均不少于 3 面。

检验方法：钢尺检查。

5. 现浇结构模板安装的偏差应符合规范规定。

检查数量：在同一检验批内，对梁、柱和独立基础，应抽查构件数量的 10%，且不少于 3 件；对墙和板，应按有代表性的自然间抽查 10%，且不少于 3 间；对大空间结构，墙可按相邻轴线间高度 5m 左右划分检查面，板可按纵、横轴线划分检查面，抽查 10%，且均不少于 3 面。

现浇结构模板安装的允许偏差及检验方法

项目		允许偏差（mm）	检验方法
轴线位置		5	尺量检查
底模上表面标高		±5	水准仪或拉线、尺量
模板内部尺寸	基础	±10	尺量
	柱、墙、梁	±5	尺量
	楼梯相邻踏步高差	±5	尺量

续表

现浇结构模板安装的允许偏差及检验方法

项目		允许偏差（mm）	检验方法
垂直度	柱、墙层高≤6m	8	经纬仪或吊线、尺量
	柱、墙层高＞6m	10	经纬仪或吊线、尺量
相邻两块模板表面高差		2	尺量
表面平整度		5	2m靠尺和塞尺量测

2. 验收程序（图6-9）

（1）起底验收：高支模、特殊支模搭设前必须按照施工方案中立杆排距进行开线、起底，项目部自检，并经监理验收合格后才允许继续施工。

（2）模板安装前的支架验收：支架体系必须经监理验收后方可进行模板安装施工。

（3）全面验收：模板及钢筋安装完成后，浇筑混凝土前须经监理验收。

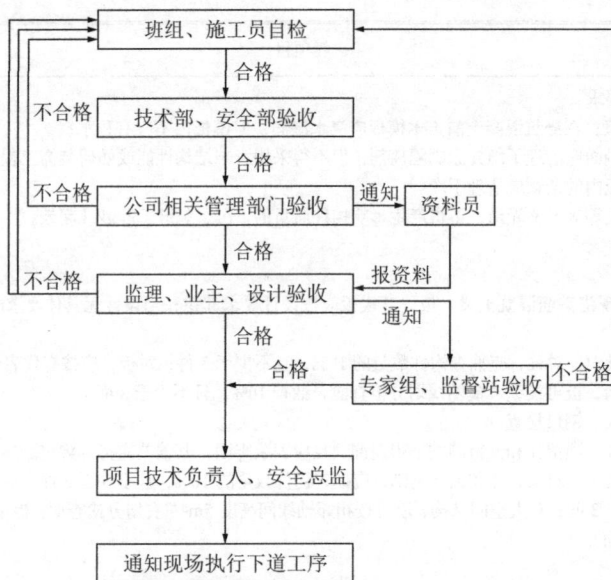

图6-9　模板及支撑系统验收程序流程图

3. 验收内容

1）进场材料要求

（1）外观质量检查标准（通过观察检验）：

任意部位不得有腐朽、霉斑、鼓泡。不得有板边缺损、起毛。每平方米单板脱胶不大于0.001m²，每平方米污染面积不大于0.005m²。

（2）规格尺寸标准：

厚度检测方法：用钢卷尺在距板边20mm处，长短边分别测3点、1点，取8点平均值；各测点与平均值差为偏差。

长、宽检测方法：用钢卷尺在距板边100mm处分别测量每张板长、宽各2点，取平均值。

对角线差检测方法：用钢卷尺测量两对角线之差。

翘曲度检测方法：用钢直尺量对角线长度，并用楔形塞尺（或钢卷尺）量钢直尺与板面间最大弦高，后者与前者的比值为翘曲度。

（3）材料的标准和进场验收要求：

模板支撑系统所需多层板、木方、钢管、钢管扣件、可调 U 托等材料按施工部位提前进场，堆放整齐备用。钢管、扣件、木方及可调 U 托等材料进场应有产品质量证明文件、质量检验报告，并由现场物资工程师、质量工程师对材料的尺寸、表面质量和外形进行检查验收。

①钢管：

a. 脚手架构件、材料及其制作质量应符合现行行业标准《承插型盘扣式钢管支架构件》JG/T 503 的规定（表 6-34）。

钢管外径和壁厚允许偏差（单位：mm）　　　　　表 6-34

序号	名称	型号	外径 D	壁厚 t	外径允许偏差	厚壁允许偏差
1	立杆	Z	60.3	3.2	±0.3	±0.15
		B	48.3	3.2	±0.3	±0.15
2	水平杆、水平斜杆	Z 或 B	48.3	2.5	±0.5	±0.2
3	竖向斜杆	Z 或 B	48.3	2.5	±0.5	±0.2
			48.3	2.5	±0.3	±0.15
			38	2.5	±0.3	±0.15
			33.7	2.5	±0.3	±0.15

b. 热锻或铸造连接盘的厚度应不小于 8mm，厚度允许偏差 ±0.3mm；钢板冲压的连接盘材质应为 Q345，厚度为 9mm，厚度公差不应为负偏差；若钢板冲压的连接盘材质为 Q235，厚度为 10mm，厚度允许偏差 ±0.3mm。

②多层板：

a. 多层板板材表面应平整光滑，具有防水、耐磨、耐酸碱的保护膜，并应有保温性良好、易脱模和可两面使用等特点。应符合现行国家标准《混凝土模板用胶合板》ZBB 70006 的规定。

b. 各层板的原材含水率不应大于 15%，且同一胶合模板各层原材间的含水率差别不应大于 5%。

c. 胶合模板应采用耐水胶，其胶合强度不应低于木材或竹材顺纹抗剪和横纹抗拉的强度，并应符合环境保护的要求。

d. 进场的胶合模板除应具有出厂质量合格证外，还应保证外观尺寸合格。

③木方：

a. 模板用龙骨方木，不得使用有腐朽、霉变、虫蛀、折裂、枯节等情况的木材。木方截面尺寸必须符合施工设计要求，使用前木方的使用面要加工平整。抗弯强度等数值达到施工及规范要求。

b. 方木规格采用 50mm × 100mm。

④安全网：

采用经国家指定监督检验部门鉴定许可生产的厂家产品，同时应具备监督部门批量验证和工厂检验合格证。安全网力学性能应符合《安全网》GB 5725—2009 的规定，阻燃安全网必须具有阻燃性，其续燃、阴燃时间均不得大于 4s。平网采用 P-3×6m 的锦纶编织安全网，网眼孔径不大于 100mm。

⑤脚手板：

a. 木脚手板材质应符合《木结构设计标准》GB 50005—2017 中 Ⅱa 级材质的规定。脚手板厚度不应小于 50mm，两端宜各设置直径不小于 4mm 的镀锌钢丝箍两道。

b. 木脚手板质量应符合《建筑施工扣件式钢管脚手架安全技术规范》JGJ 130—2011 第 3.3.3 条的规定，宽度、厚度允许偏差应符合《木结构工程施工质量验收规范》GB 50206—2012 第 4.3.1 条表 4.3.1 第一项的规定。

c. 不得使用扭曲变形、劈裂、腐朽的脚手板。

⑥可调底座底板和可调托撑托板应采用 5mm 厚 Q235 钢板制作，厚度允许偏差为 ±0.3mm，承力面钢板长度和宽度均应不小于 150mm；承力面钢板与丝杆应采用环焊，并应设置加劲片或加劲拱；可调托撑托板应设置开口挡板，挡板高度应不小于 40mm。

⑦材料的验收管理：材料进场后，单独存放，材料员、工长、质量员进行进场检查，安全员每天对材料进行抽查，防止不合格产品用在模架上，检查合格后，应按品种、规格分类堆放整齐平稳。构配件进场检查与验收按规范要求进行，构配件尺寸有抽检不合格时应对该全部构配件进行实测，不满足要求的严禁使用。

2）验收时注意事项

（1）模板安装是否符合该工程模板设计和技术措施的规定。

（2）模板的支承点及支撑系统是否可靠和稳定，连接件中的紧固螺栓及支撑扣件紧固情况是否满足要求。

（3）预留件的规格、数量、位置和固定情况是否正确可靠，应逐项检查验收。

（4）必须按《建筑安装工程质量检验评定标准》的规定，进行逐项评定模板工程施工验收。

（5）支架模板设计上施工荷载是否符合要求。

（6）在模板上运输混凝土或操作是否搭设符合要求的走道板。

（7）作业面孔洞及临边是否有防护措施。

（8）垂直作业是否有隔离防护措施。

（9）验收模架支模架体搭设要求如表 6-35 所示。

验收模架支模架体搭设要求　　　　　　　　　　　　　　　表 6-35

序号	验收项目	验收内容与要求
1	安全施工方案	模板支撑体系工程应有专项安全施工技术方案（或设计），审批手续完备、有效
		高度超过 8m，或跨度超过 18m，施工总荷载大于 10kN/m²，或集中线荷载大于 15kN/m 的支撑体系，其专项方案应经过专家论证，并根据专家意见进行修改
		支撑体系的材质应符合有关要求
		施工前应有技术交底，交底应有针对性

续表

序号	验收项目	验收内容与要求
2	构造要求	构造应符合现行《建筑施工承插型盘扣式钢管支架安全技术规程》JGJ 231—2010 的有关规定
		基础应符合设计要求，并应平整坚实，立杆与基础间应无松动、悬空现象，底座、支垫应符合规定
		立杆上端自由端长度不得大于 650mm
		高度不超过 8m 的满堂模板支架，步距不宜超过 1.5m；高度超过 8m 的模板支架，步距不得超过 1.5m
		可调托座和可调底座伸出水平杆的悬臂长度应符合设计限定要求；可调托座丝杆外露长度严禁超过 400mm，插入立杆或双槽钢托梁长度不得小于 150mm；可调底座调节丝杆外露长度不应大于 300mm
		插销应具有可靠防拔脱构造措施，且应设置便于目视检查楔入深度的刻痕或颜色标记；插销外表面应与水平杆和斜杆杆端扣接头内表面吻合，插销连接应保证捶击自锁后不拔脱；水平杆扣接头与立杆连接盘的插销击紧至所需插入深度的标志刻度
		扫地杆的最底层水平杆离地高度不应大于 550mm
3	剪刀撑斜杆	高度不超过 8m 的满堂模板支架，架体四周外立面向内的每一跨每层均应设置竖向斜杆，架体整体底层以及顶层均应设置竖向斜杆，并应在架体内部区域每隔 5 跨由底至顶纵、横向均设置竖向斜杆或采用扣件钢管打折的剪刀撑，当架体高度超过 4 个步距时，应设置顶层水平斜杆或扣件钢管水平剪刀撑
		高度超过 8m 的模板支架，竖向斜杆应满布设置，沿高度每隔 4～6 个标准步距应设置水平层斜杆或扣件钢管剪刀撑
		当模板支架搭设成无侧向拉结的独立塔状支架时，架体每个侧面每步距均应设竖向斜杆，当有防扭转要求时，在顶层及每隔 3～4 个步距应增设水平层斜杆或钢管水平剪刀撑

4. 验收人员

（1）施工单位：公司总工程师、安全技术管理部门负责人、项目经理、项目总工程师、方案编制人、生产经理、安全部长、专职安全员、质检员、施工员、分包单位主要负责人、分包单位专职安全员、班组长。

（2）监理单位：总监理工程师、专业监理工程师。

（3）建设单位：主管工程师。

施工班组自检合格后报总包质量部门进行验收，验收合格后报监理单位进行验收。模架支模区域需施工单位技术负责人及总监理工程师参加验收。

6.2.8　应急处置措施

1. 目的

本工程模板施工最重大的危险源为混凝土浇筑过程中模架坍塌，其将造成严重的后果和影响。

2. 应急组织机构及职责

1）应急组织机构

项目部针对模架坍塌事故成立应急小组，组长由项目经理担任，副组长由生产经理、项目总工程师、安全部长担任，成员由项目部管理人员与劳务分包单位负责人等组成（表6-36）。

机构职责表　　　　表 6-36

应急救援职务	职责内容
组长	全面负责应急小组领导工作，组织指挥应急小组扑救各类事故，向公司领导、工程部、公司有关主管部门汇报各类事故情况；参加公司、工程部、有关主管部门召集的抢险工作会，协助上级有关部门扑救各类事故；协助上级有关部门，公司有关部门调查事故原因
副组长	负责事故的预防措施和应急救援实施的准备工作，统一对人员、材料物资等资源的调配；协助组长指挥应急小组扑救各类事故，协助上级有关部门，公司有关部门调查各类事故原因
施工组、治安组	现场事故应急抢险工作，事故原因调查完毕后，组织有关人员对施工现场进行安全大检查，做好复工前准备工作
联络组	负责项目应急小组与上级有关部门、公司领导、工程部、公司有关主管部门的联系；协调应急小组成员之间应急工作

2）应急预案

（1）高处坠落事故应急响应预案（表6-37）。

高处坠落事故应急响应预案　　　　表 6-37

工程名称	城市绿心三大公共建筑共享配套设施 1 标段				
期限	全过程	责任人	杨某	编制人	张某
审核人	王某	审批人	朱某	日期	2022.2.21

1. 目的
确保项目部高处坠落事故发生以后，能迅速有效地开展抢救工作，最大限度降低员工及相关方生命安全风险。

2. 组织机构及职责
由项目部成立应急响应指挥及协调工作。
　组长：朱某
　副组长：俞某
成员：王某、秦某、杨某、周某、石某、史某、冯某、陈某、朴某、张某、王某、汪某、张某、高某等项目部其他职能人员。
具体分工如下：
（1）秦某负责现场，任务是掌握了解事故情况，组织现场抢救。
（2）杨某负责联络，任务是根据指挥小组命令，及时布置现场抢救，保持与当地建设行政主管部门及劳动部门等单位的沟通。
（3）周某负责维持现场秩序，做好当事人、周围人员的问讯记录。
（4）王某负责妥善处理善后工作，负责保持与当地相关部门的沟通联系。

3. 高处坠落事故应急措施
（1）迅速将伤员脱离危险场地，移至安全地带。
（2）保持呼吸畅通，若发现窒息者，应及时解除其呼吸道梗阻和呼吸机能障碍，应立即解开伤员衣领，消除伤员口鼻、咽、喉部的异物、血块、分泌物、呕吐等。
（3）有效止血，包扎伤口。
（4）视其伤情采取报警直接送往医院，或等待简单处理后去医院检查。
（5）伤员有骨折，关节伤、肢体挤压伤，大块软组织伤都要固定。
（6）若伤员有断肢情况发生应尽量用干净的干布（灭菌敷料）包裹装入塑料袋内，随伤员一起转送。
（7）预防感染、止痛，可以给伤员用抗生素和止痛剂。
（8）记录伤情，现场救护人员边抢救边记录伤员的受伤机制、受伤部位、受伤程度等第一手资料。
（9）立即拨打主管部门电话，应详细说明事故地点、严重程度、本单位联系电话，并派值班车将伤者送往医院，必要时可拨打 120 急救中心电话。
（10）项目指挥部接到报告后，应立即在第一时间赶赴现场，了解和掌握事故情况，开展抢救和维护现场秩序，保护事故现场。

续表

工程名称	城市绿心三大公共建筑共享配套设施 1 标段				
期限	全过程	责任人	杨某	编制人	张某
审核人	王某	审批人	朱某	日期	2022.2.21

4. 应急物资

常备药品：消毒用品、急救物品、急救箱、担架、小夹板。

5. 注意事项

（1）事故发生时应组织人员进行全力抢救，视情况拨打 120 急救电话并马上通知有关负责人。

（2）重伤者运送应用担架；腹部创伤及脊柱损伤者，应用卧位运送；胸部伤者一般取半卧位，颅脑损伤者一般取仰卧偏头或侧卧位，以免呕吐误吸。

（3）注意保护好事故现场，抢救工作确需移动现场时，必须做好标记，便于调查分析事故原因。

（2）脚手架事故应急响应预案（表6-38）。

脚手架事故应急响应预案 表 6-38

工程名称	城市绿心三大公共建筑共享配套设施 1 标段				
期限	全过程	责任人	杨某	编制人	张某
审核人	王某	审批人	朱某	日期	2022.2.21

1. 目的

确保项目部脚手架坍塌、人员从脚手架或作业面上坠落、落物伤人（物体打击）、不当操作事故（闪失、碰撞等）等事故发生以后，能迅速有效地开展抢救工作，最大限度降低员工及相关方生命安全风险。

2. 组织机构及职责

由项目部成立应急响应指挥及协调工作。

组长：朱某

副组长：俞某

成员：王某、秦某、杨某、周某、石某、史某、冯某、陈某、朴某、张某、王某、汪某、张某、高某等项目部其他职能人员。

具体分工如下：

（1）秦某负责现场，任务是掌握了解事故情况，组织现场抢救。

（2）杨某负责联络，任务是根据指挥小组命令，及时布置现场抢救，保持与当地建设行政主管部门及劳动部门等单位的沟通。

（3）周某负责维持现场秩序，做好当事人、周围人员的问讯记录。

（4）王某负责妥善处理善后工作，负责保持与当地相关部门的沟通联系。

3. 脚手架事故应急措施

（1）迅速将伤员脱离危险场地，移至安全地带。

（2）保持呼吸畅通，若发现窒息者，应及时解除其呼吸道梗阻和呼吸机能障碍，应立即解开伤员衣领，消除伤员口鼻、咽、喉部的异物、血块、分泌物、呕吐物等。

（3）有效止血，包扎伤口。

（4）视其伤情采取报警直接送往医院，或等待简单处理后去医院检查。

（5）伤员有骨折，关节伤，肢体挤压伤，大块软组织伤都要固定。

（6）若伤员有断肢情况发生应尽量用干净的干布（灭菌敷料）包裹装入塑料袋内，随伤员一起转送。

（7）预防感染、止痛，可以给伤员用抗生素和止痛剂。

（8）记录伤情，现场救护人员应边抢救边记录伤员的受伤机制、受伤部位、受伤程度等第一手资料。

（9）立即拨打主管部门电话，应详细说明事故地点、严重程度、本单位联系电话，并派值班车将伤者送往医院，必要时可拨打 120 急救中心电话。

（10）项目指挥部接到报告后，应立即在第一时间赶赴现场，了解和掌握事故情况，开展抢救和维护现场秩序，保护事故现场。

4. 应急物资

常备药品：消毒用品、急救物品、急救箱、担架、小夹板。

5. 注意事项

（1）事故发生时应组织人员进行全力抢救，视情况拨打 120 急救电话和马上通知有关负责人。

工程名称	城市绿心三大公共建筑共享配套设施 1 标段			
期限	全过程	责任人	杨某	编制人	张某
审核人	王某	审批人	朱某	日期	2022.2.21

（2）重伤员运送应用担架，腹部创伤及脊柱损伤者，应用卧位运送；胸部伤者一般取半卧位，颅脑损伤者一般取仰卧偏头或侧卧位，以免呕吐误吸。

（3）注意保护好事故现场，抢救工作确需移动现场时，必须做好标记，便于调查分析事故原因。

（3）机械伤害事故预防及应急救援措施（表 6-39）。

机械伤害事故预防及应急救援措施　　　　　表 6-39

工程名称	城市绿心三大公共建筑共享配套设施 1 标段			
期限	全过程	责任人	杨某	编制人	张某
审核人	王某	审批人	朱某	日期	2022.2.21

1. 目的

确保项目部机械伤害事故后，集现场的人力、物力、设备尽快把压在人上面的设备构件搬离和割开，将受伤者抬出来并能迅速有效地开展抢救工作，最大限度降低员工及相关方生命安全风险。

2. 组织机构及职责

由项目部成立应急响应指挥及协调工作。

组长：朱某

副组长：俞某

成员：王某、秦某、杨某、周某、石某、史某、冯某、陈某、朴某、张某、王某、汪某、张某、高某等项目部其他职能人员。

具体分工如下：

（1）秦某负责现场，任务是掌握了解事故情况，组织现场抢救。

（2）杨某负责联络，任务是根据指挥小组命令，及时布置现场抢救，保持与当地建设行政主管部门及劳动部门等单位的沟通。

（3）周某负责维持现场秩序，做好当事人、周围人员的问讯记录。

（4）王某负责妥善处理善后工作，负责保持与当地相关部门的沟通联系。

3. 机械伤害事故预防及应急救援措施

1）预防措施

（1）操作人员应体检合格，无妨碍作业的疾病和生理缺陷，并应经过专业培训、考核合格取得建设行政主管部门颁发的操作证或公安部门颁发的机动车驾驶执照后，方可持证上岗。学员应在专人指导下进行工作。

（2）在工作中操作人员和配合作业人员必须按规定穿戴劳动保护用品，长发应束紧不得外露，高处作业时必须系安全带。

（3）机械必须按照出厂使用说明书规定的技术性能、承载能力和使用条件，正确操作，合理使用，严禁超载作业或任意扩大使用范围。

（4）机械上的各种安全防护装置及监测、指示、仪表、报警等自动报警、信号装置应完好齐全，有缺损时应及时修复。安全防护装置不完整或已失效的机械不得使用。

（5）变配电所、乙炔站、氧气站、空气压缩机房、发电机房、锅炉房等易于发生危险的场所，应在危险区域界限处，设置围栏和警告标志，非工作人员未经批准不得入内。挖掘机、起重机、打桩机等重要作业区域，应设立警告标志及采取措施，使有害物体限制在规定的限度内。

（6）在机械产生对人体有害的气体、液体、尘埃、渣滓、放射线、振动、噪声等。场所，必须配置相应的安全保护设备和三废处理装置；在隧道、沉井、孔桩井基础施工中，应采取措施，使有害物限制在规定的限度内。

2）应急救援措施

（1）当发生机械伤害事故后，抢救重点是集现场的人力、物力、设备尽快把压在人上面的设备构件搬离和割开，将受伤者抬出来并立即抢救。

（2）发生机械伤害事故，抢救的重点放在对休克、骨折和出血上进行处理。发生机械伤害事故，应马上组织抢救伤者，首先观察伤者的受伤情况、部位、伤害性质，如伤员发生休克，应先处理休克。遇呼吸、心跳停止者，应立即进行人工呼吸，进行抢救。处于休克伤员要让其安静、保暖、平卧、少动，并将下肢抬高约 20° 左右，尽快送医院进行抢救治疗。

工程名称	城市绿心三大公共建筑共享配套设施 1 标段				
期限	全过程	责任人	杨某	编制人	张某
审核人	王某	审批人	朱某	日期	2022.2.21

（3）出现颅脑损伤，必须维持呼吸道通畅。昏迷者应平卧，面部转向一侧，以防舌根下坠或分泌物、呕吐物吸入，发生喉阻塞。有骨折者，应初步固定后再搬运。遇有凹陷骨折、严重的颅底骨折及严重的脑损伤症状出现，创伤处用消毒的纱布或清洁布等覆盖伤口，用绷带或布条包扎后，及时送往就近有条件的医院治疗。

（4）发现脊椎受伤者，创伤处用消毒的纱布或清洁布等覆盖伤口，用绷带或布条包扎后。搬运时，将伤者平卧放在帆布担架或硬板上，以免受伤的脊椎移位、断裂造成截瘫，招致死亡。抢救脊椎受伤者，搬运过程，严禁只抬伤者的两肩与两腿或单肩背运。

（5）发现伤者手足骨折，不要盲目搬运伤者。应在骨折部位用夹板把受伤位置临时固定，使断端不再移位或刺伤肌肉、神经或血管。固定方法：以固定骨折处上下关节为原则，可就地取材，用木板、竹头等，在无材料的情况下，上肢可固定在身侧，下肢与健侧下肢缚在一起。

4. 应急物资

常备药品：消毒用品、急救物品、急救箱、担架、小夹板。

5. 注意事项

（1）事故发生时应组织人员进行全力抢救，视情况拨打 120 急救电话和马上通知有关负责人。

（2）重伤员运送应用担架，腹部创伤及脊柱损伤者，应用卧位运送；胸部伤者一般取半卧位，颅脑损伤者一般取仰卧偏头或侧卧位，以免呕吐误吸。

（3）注意保护好事故现场，抢救工作确需移动现场时，必须做好标记，便于调查分析事故原因。

（4）触电事故应急响应预案（表 6-40）。

触电事故应急响应预案　　　　　　　　　　　　　　　　表 6-40

工程名称	城市绿心三大公共建筑共享配套设施 1 标段				
期限	全过程	责任人	杨某	编制人	张某
审核人	王某	审批人	朱某	日期	2022.2.21

1. 目的

确保项目部触电事故发生以后，能迅速有效地开展抢救工作，最大限度地降低员工及相关方生命安全风险。

2. 组织机构及职责

由项目部成立应急响应指挥小组，负责指挥及协调工作。

组长：朱某

副组长：俞某

成员：王某、秦某、杨某、周某、石某、史某、冯某、陈某、朴某、张某、王某、汪某、张某、高某等项目部其他职能人员。

具体分工如下：

（1）秦某负责现场，任务是掌握了解事故情况，组织现场抢救。

（2）杨某负责联络，任务是根据指挥小组命令，及时布置现场抢救，保持与当地建设行政主管部门及劳动部门等单位的沟通。

（3）周某负责维持现场秩序，做好当事人、周围人员的问讯记录。

（4）王某负责妥善处理善后工作，负责保持与当地相关部门的沟通联系。

3. 触电事故应急措施

（1）事故第一发现人应当机立断地尽可能地立即切断电源（关闭电路），也可用现场得到的绝缘材料等器材使触电人员脱离带电体，并大声呼救，报告责任人（或现场相关管理人员）。

（2）将伤员立即脱离危险地方，仰卧在平地或平板上进行简单诊断，应急小组组织人员抢救。

（3）若发现触电者"有心跳无呼吸"或"有呼吸无心跳"或"呼吸心跳均停止"，立即分别进行"口对口（鼻）人工呼吸""体外心脏按压""两者同时进行"心肺复苏。

（4）立即拨打 120 向当地急救中心取得联系（医院在附近的直接送往医院），应详细说明事故地点、严重程度、本部门的联系电话，并派人到路口接应。

工程名称	城市绿心三大公共建筑共享配套设施1标段				
期限	全过程	责任人	杨某	编制人	张某
审核人	王某	审批人	朱某	日期	2022.2.21

（5）立即向所属公司、集团公司应急抢险领导小组汇报事故发生情况并寻求支持。

（6）维护现场秩序，严密保护事故现场。

4. 应急物资

常备药物：消毒用品、急救物品（绷带、无菌敷料）及各种常用小夹板、担架。

（5）物体打击应急救援预案（表6-41）。

物体打击应急救援预案 　　　　　　　　　　　　　　　　　表6-41

工程名称	城市绿心三大公共建筑共享配套设施1标段				
期限	全过程	责任人	杨某	编制人	张某
审核人	王某	审批人	朱某	日期	2022.2.21

1. 目的

确保在发生物体打击意外事故时，应急工作高效、有序地进行，最大限度地减少物体打击意外事故带来的人员伤亡和财产损失。

2. 组织机构及职责

由项目部成立应急响应指挥及协调工作。

组长：朱某

副组长：俞某

成员：王某、秦某、杨某、周某、石某、史某、冯某、陈某、朴某、张某、王某、汪某、张某、高某等项目部其他职能人员。

具体分工如下：

（1）秦某负责现场，任务是掌握了解事故情况，组织现场抢救。

（2）杨某负责联络，任务是根据指挥小组命令，及时布置现场抢救，保持与当地建设行政主管部门及劳动部门等单位的沟通。

（3）周某负责维持现场秩序，做好当事人、周围人员的问讯记录。

（4）王某负责妥善处理善后工作，负责保持与当地相关部门的沟通联系。

3. 应急措施

（1）加强领导，健全组织，明确职责，强化工作责任心，完善物体打击意外事故应急预案的制定和各项措施的落实。

（2）充分利用各种渠道向员工进行安全知识的宣传教育，广泛开展防范各种物体打击意外事故的安全技能和灾害现场逃生训练，不断提高广大参建人员的防范意识和基本技能。

（3）认真做好各项物资保障，严格按要求配齐、配足应急设备和器材，强化管理，使之始终保持良好战备状态。

（4）紧急情况发生时，负责现场指挥，及时了解副组长、组员及相关人员的汇报，做出相应对策，指挥完成整个抢险、抢救工作。

（5）采取一切必要手段，组织各方面力量全面进行救护工作，把灾害造成的损失降到最低点。

（6）调动一切积极因素，迅速恢复现场秩序，全面保证和促进社会安全稳定。

4. 防止物体打击事故的基本安全要求

（1）人员进入施工现场必须按规定佩戴安全帽，应在规定的安全通道内出入和上下，不能在非规定通道位置行走。

（2）安全通道上方必须搭设防护栏，24m（含24m）搭设双层，防护挡板使用的材料要能防止高空坠落物穿透。

（3）施工用人货梯出入口位置必须搭设防护棚，防护棚长度应以出入口边沿两侧各超出不少于0.8m，宽度当建筑物高度在15～30m时，搭设4m。

（4）临时设施的盖顶不得使用石棉瓦作盖顶。

（5）边长小于或等于250mm的预留洞口必须用坚实的盖板封闭，用砂浆固定。所有物料应堆放平稳，不得放在临边或洞口附近，并且不可妨碍通行。

（6）作业过程一般常用工具必须放在工具袋内，物料传递不准往下或向上乱抛。所有物料应堆放平稳，不得放在临边或洞口附近，并且不可妨碍通行。

工程名称		城市绿心三大公共建筑共享配套设施 1 标段				
期限	全过程	责任人	杨某	编制人		张某
审核人	王某	审批人	朱某	日期		2022.2.21

（7）高空安装起重设备或垂直运输机具，要注意防止零部件落下伤人。

（8）吊运一切物料都必须由持有司索工上岗证人员进行绑码，砖块等散料应用吊篮装置好后才能吊运。

（9）拆除或拆卸作业要设置警戒区域，并且在有人监护的情况下进行。

（10）高处拆除作业时，对拆卸下的物料，建筑垃圾要及时清理和运走，不得在走道上任意乱放或向下丢弃。

5. 物体打击事故应急措施

当发生物体打击事故后，抢救重点放在对伤者颅脑损伤，胸部骨折和出血部位进行处理。首先观察伤者的受伤情况、部位、伤害性质，如伤员发生休克，应先处理休克，尽快送医院进行抢救治疗。

（1）事故发生后应立即向应急响应小组报告，组织现场抢救。

（2）迅速对受伤人员进行简易包扎、止血或简易骨折固定等处理。

（3）尽快与 120 急救中心取得联系，详细说明事故地点、严重程度，并派人到路口接应。

（4）事故发生后应立即停止施工，及时将事故情况报告公司应急准备和响应领导小组。

（5）现场安全员应对事故进行原因分析，制定相应的纠正措施，认真填写伤亡事故报告表、事故调查等有关处理报告，并上报公司应急准备和响应领导小组。

6. 应急物资

常备药品：消毒用品、急救物品、急救箱、担架、小夹板。

7. 注意事项

（1）本预案制定后，组织领导小组人员等相关人员进行培训，并做好培训记录。根据项目部的具体情况每年进行 1~2 次预案的演练，同时做好预案演练的记录，并对演练的结果进行评价。

（2）对相关单位、居民采取发通知、告示的形式进行宣传。

（3）在应急行动中，急救小组成员要密切配合，服从指挥，确保政令畅通和各项工作落实。

3. 应急措施（表 6-42）

应急措施表　　　　　　　　　　　　　　　　表 6-42

序号	应急措施	主要内容			
1	通信联络公示	在施工现场、办公区、生活区显要位置对应急通信联络方式竖牌公示：			
		应急小组电话			
		组长	朱某	副组长	俞某
		急救电话			
		急救	120	北京通州医院	010-××××
				首都医科大学附属北京潞河医院	010-××××
2	人员与工具安排	（1）应急小组根据事故具体情况组织救援人员，按照项目管理人员、劳务管理人员、外部单位人员、其他人员的顺序进行现场救援。 （2）主要救援工具及位置			
		工具名称	存放位置	工具名称	存放位置
		塔式起重机	施工现场	吊车	外部租赁
		照明灯具	施工现场/仓库	切割机	仓库
		钢管、扣件	材料堆场	钢丝绳	仓库
		灭火器	施工现场	急救包	综合办公室

3	医院救护线路规划	就近选择两个不同医院，规划出最近最快路线，并进行公示。 路线一：北京通州医院，全程约 6.9km，用时 13min。  医院救护线路图（一） 路线二：首都医科大学附属北京潞河医院，全程约 5.5km，用时 14min。  医院救护线路图（二）

6.3　模板工程施工方案

6.3.1　模板工程介绍

本项目建筑面积 111169.21m²（地上：1804.39m²，地下：109364.82m²），地上 1 层，地下 2 层，檐高 6m。模板用量约 420859.40m²。

主体结构形式为框架剪力墙。根据项目特点及质量创优目标，部分工程将采用铝合金模板，以更好地达到创奖目标。

6.3.2　模板选型

（1）底板模板选型（表 6-43）。

底板模板选型　　　　　　　　　　　　表 6-43

序号	施工部位	模板选型	支撑加固体系
1	垫层	15mm 厚黑漆九夹板和 50mm×80mm 方木	现场方木及九夹板拼装，采用钢筋固定
2	承台、底板和地梁	采用非黏土砖砖胎膜	墙体厚度保证浇筑混凝土要求
3	集水井、电梯井	采用木方、模板及钢管组成的箱式模板	$\phi48×3.6mm$ 钢管主龙骨、50mm×80mm 木方次龙骨，采用顶托对顶
4	后浇带	钢筋、模板、钢板网	钢筋支架＋钢板网
5	外围导墙	模板、木方、钢管	300mm 高，15mm 厚木模板，对拉螺栓连接
6	部分楼栋采用铝模		

（2）底板以上构件模板选型（表 6-44）。

底板以上构件模板选型　　　　　　　　表 6-44

序号	施工部位	模板体系	支撑体系
1	框架柱	采用 15mm 厚木模板	50mm×80mm 木方次龙骨及柱箍
2	混凝土内外墙	采用 15mm 厚木模板	50mm×80mm 木方次龙骨，$\phi48×3.6mm$ 双钢管主龙骨。$\phi14$ 对拉螺杆（外墙采用三段式止水螺栓）
3	梁、板	采用 15mm 厚木模板	50mm×80mm 木方次龙骨，$\phi48×3.6mm$ 钢管主龙骨，盘扣满堂脚手架。坡屋面采用盘扣及扣件钢管脚手架相结合
4	楼梯	采用 15mm 厚木模板	50mm×80mm 木方次龙骨，$\phi48×3.6mm$ 双钢管主龙骨，扣件钢管脚手架
5	电梯井	钢框木模定型模板	悬挑支撑架
6	门窗洞口模板	采用 15mm 厚木模板	50mm×80mm 木方次龙骨，$\phi48×3.6mm$ 钢管

6.3.3　材料规格与质量控制

材料规格与质量控制要点如表 6-45 所示。

材料规格与质量控制要点　　　　　　　表 6-45

序号	材料名称	材料规格	用途
1	木模板	优质木模板（2440mm×1220mm×15mm、1830mm×915mm×15mm）	用于混凝土接触面的模板
2	松木方	50mm×80mm 松木方（长度有 2000mm、2500mm、4000mm）	用于板底垫木、墙柱横竖背楞
3	钢管	$\phi48×3.6mm$ 管（长度有 1000mm、1500mm、2000mm、2500mm、3000mm、4500mm、6000mm）、扣件	用于模板支撑架、墙、柱主龙骨等
4	盘扣架立杆	$\phi48×3.2mm$（1.0m、1.5m、2.0m、2.5m、3.0m 等长度）	用于顶板支撑架体
5	盘扣架水平杆	盘扣架水平杆：$\phi48×2.5mm$（0.6m、0.9m、1.2m、1.5m、1.8m 五种长度）	

序号	材料名称	材料规格	用途
6	盘扣架斜拉杆	$\phi 33 \times 2.3$mm（0.6m × 1.0m、0.6m × 1.5m、0.9m × 1.0m、0.9m × 1.5m、1.5m × 1.0m、1.5m × 1.5m、1.8m × 1.0m、1.8m × 1.5m、2.4m × 1.5m 等）	
7	其他	$\phi 14$ 高强丝杆、螺母、垫片；墙体对拉夹具；胶杯、胶管；止水片、穿墙、柱套管、铁钉、铁线；三段式止水螺栓	模板加固，支撑辅助材料
8		顶托、法兰螺栓	模板加固，支撑辅助材料
9		胶带、泡沫板	用于梁、板、柱拼缝处、新旧接槎处

6.3.4　模板施工

1）整体施工工艺流程（图 6-10）

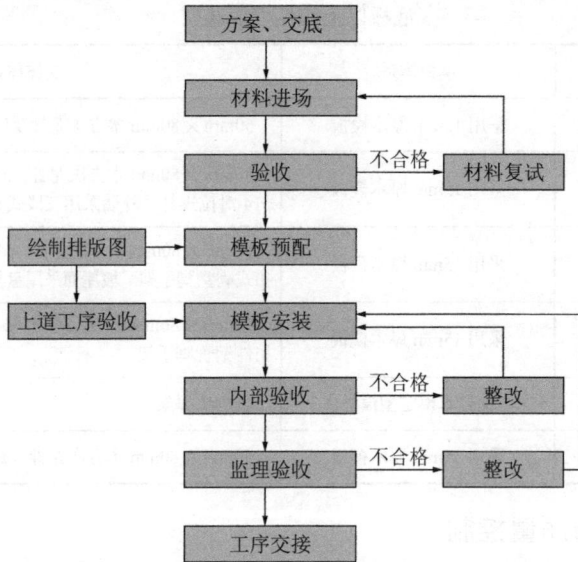

图 6-10　模板施工工艺流程

2）承台、底板周边和地梁侧模

基础承台与底板侧壁同时浇筑时，侧模采用非黏土砖胎膜，砖胎模采用标准砖砌筑，砖胎模砌筑完成后在迎混凝土面用 20mm 厚 1：2 水泥砂浆抹面，再按设计要求做防水层和保护层。

砖胎模施工工序如图 6-11、图 6-12 所示，其他支设要点及施工要点如表 6-46～表 6-48 所示。

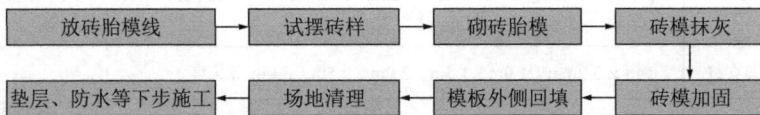

图 6-11　砖胎模施工工序

(a)　　　　　　　　　　　　　　　　(b)

图 6-12　砖胎模现场施工

电梯井、集水井支模　　　　　　　　　　　　　　　　表 6-46

序号	支设要点
1	井道模必须有足够的刚度和整体稳定性，以确保井道混凝土结构的垂直，并方便拆卸。另外在底板混凝土浇捣时为保证井底混凝土密实，须在井底模板上开设排气孔。系水坑、电梯井坑模采用优质木模板，为确保模板不上浮，在模板顶部设置压重，底部设置对拉螺栓与底板钢筋及桩锚筋拉结
2	

地下室外墙及下部导墙模板　　　　　　　　　　　　表 6-47

序号	支设要点
1	地下室外墙对拉螺栓采用三段式止水对拉螺栓，两侧螺栓头可以重复使用，并且成型效果好，避免传统对拉螺栓因钢筋接头处理不到位造成破坏外墙防水等现象
2	

墙模板施工　　　　　　　　　　　　　　　　　　　表 6-48

序号	施工要点
1	混凝土墙施工时，墙体模板采用 15mm 厚优质木模板，竖向次楞用木方 50mm×80mm@250mm，横向主楞用双钢管 $\phi48×3.6mm$ 采用 $\phi14mm$ 对拉螺栓加固。地下室外墙外侧设斜撑，每隔 3m 沿墙高设两道
2	内外墙模板采用胶合板支设，按照"对号立模→分块贴缝→拼装就位→加固校正"的顺序进行施工。模板配制时要求阴角部位制作定型模板，现场拼装时板块之间拼缝认真，模板缝粘贴海绵条，防止漏浆

序号	施工要点
3	满足外墙的防水要求,使用止水对拉螺栓加固。为了便于割除对拉螺栓,并保护剪力墙混凝土不受损坏,在两侧加塑料堵头或胶合板制成的堵头
4	内墙则可采用普通对拉螺栓穿塑料套管加固,以便于对拉螺栓再利用
5	 外墙止水对拉螺栓加固示意图　　　内墙对拉螺栓加固示意图
6	控制线及海绵条设置应符合规定
7	 墙体模板加固示意

3)柱模板施工

框架柱模板采用 15mm 厚黑漆九夹板(表 6-49)。

柱模板施工　　　　　　　　　　　　　　　　　　表 6-49

序号	柱模板安装方法
截面边长小于500mm	截面边长小于 500mm 的柱子,可使用 2 根 50mm×80mm 的木方作背楞,采用钢管箍固定

序号	柱模板安装方法
	使用 4 根 50mm × 80mm 的木方作背楞，双向方向各设 1 道对拉螺栓
截面边长在 500～1000mm	 φ48×3.6mm钢管 50mm×80mm木方 φ14对拉螺杆 15mm厚黑漆九夹板
	截面边长大于或等于 1000mm
截面边长大于或等于 1000mm	 φ48×3.6mm钢管 50mm×80mm木方 15mm厚黑漆九夹板 φ14对拉螺杆
柱角封堵处理	 20mm厚、50mm宽海绵条 海绵条内侧为结构柱边线 模板定位钢筋 18mm厚、200mm宽垫板 柱模板安装在垫板内侧
	柱根部采用海绵条及模板条封堵

4）梁板模板

（1）施工工艺流程（表6-50）。

梁板模板施工工艺流程　　　　　　　　　表 6-50

序号	施工工艺流程
1	弹线控制 → 搭设满堂脚手架 → 调整梁底钢管标高 → 安装梁底模板 → 安装顶撑并调平 安装梁侧模 ← 梁边木方就位 ← 摆设主次龙骨 ← 铺设楼板模板 ← 支撑加固

（2）施工步骤（表6-51）。

梁板模板施工步骤　　　　　　　　　表 6-51

序号	梁板模板施工步骤示意		
1	 第一步：测量放线	 第二步：脚手架搭设	 第三步：梁板底模板安装
2	 第四步：梁侧模安装	 第五步：墙、柱模板安装	 第六步：模板验收

5）楼梯模板施工

楼梯底模根据楼梯几何尺寸进行提前加工，现场组装，要求木工放大样，踏步模板用木板做成倒三角形，并实测实量，支架采用 $\phi48$ 钢管。楼梯支模示意图如图6-13所示。

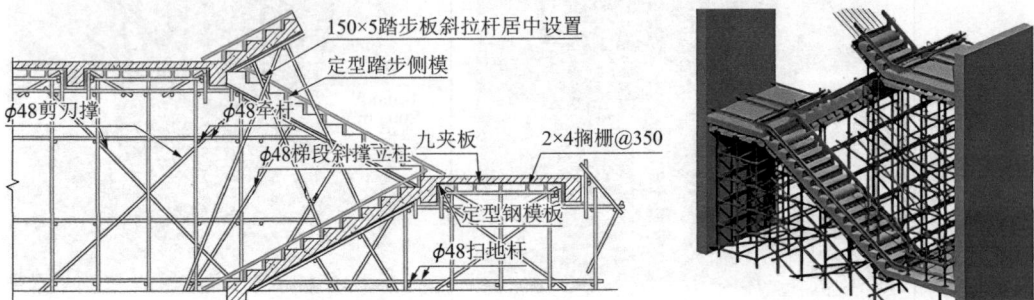

图6-13　楼梯支模示意图

6）预留洞口模板施工

混凝土墙门窗洞口模板、预留洞口模板采用木多层板及木板、角铁、螺栓制作而成的定型钢木模板。定型钢模尺寸，根据墙厚、洞口的高度和宽度来制作。利用洞边的钢筋控制洞口模板的位移。如果墙中间的预留洞口，洞模下口模要钻出气孔，保证混凝土的密实度（图 6-14）。

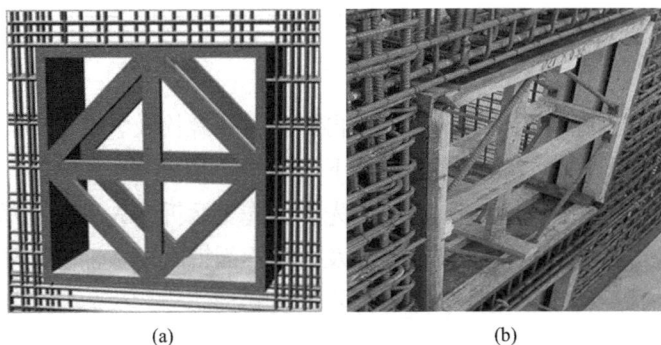

(a)　　　　　　　　　　　　(b)

图 6-14　洞口模板支模示意图

7）后浇带模板施工（表 6-52）

后浇带模板施工　　　　　　　　　　　　　　　表 6-52

序号	要点
1	基础筏板后浇带竖向采用快易收钢板网进行拦截混凝土，外部使用钢筋焊接固定，混凝土拦截效果好
2	基础筏板后浇带在混凝土浇筑前进行封闭，做好保护，防止混凝土浇筑过程中混凝土进入后浇带内
3	楼板后浇带采用独立支撑体系，在断开处增加短管将后浇带下支撑与大面积支撑连成一体，这样既便于先拆支撑的拆除，又不降低支撑的稳定性
4	
5	
6	后浇带处模板及支撑采用分离式设计，即在后浇带处模板及支撑均与其他部位模板及支撑分离开形成单独受力系统，为便于后浇带内垃圾及混凝土漏浆清理，后浇带内留设 300mm 宽不封模板

序号	要点	
7	混凝土浇筑完成且达到拆除所需强度后，拆除模板及支撑系统，后浇带部位模板及支撑系统保留	

6.3.5 模板拆除

柱模板拆除：先拆除斜拉杆或斜支撑，再拆除对拉螺栓及纵横龙骨，然后用撬棍轻轻撬动模板，使模板离开柱体，将模板逐块传下堆放。

顶板、梁模板拆除顺序一般应是后支的先拆，先支后拆，先拆除非承重部分，后拆除承重部分，侧模在混凝土强度能够保证表面及棱角不因拆除模板而受破坏，方可拆除，底模拆模须等混凝土强度符合规范要求方可拆除（表 6-53）。

模板拆除要求   表 6-53

结构类型	结构跨度（m）	按设计混凝土强度标准值的百分率（%）
板	≤2	50
	>2, ≤8	75
	>8	100
梁、拱、壳	≤8	75
	>8	100
悬臂构件	—	100

6.3.6 质量要点

质量要点如表 6-54 所示。

质量要点   表 6-54

序号	措施		
1	施工前由技术员翻样绘制模板图和节点图，经施工负责人复核后方可施工，安装完毕，经有关人员组织验收合格后，方能进行钢筋安装等下道工序的施工作业		
2	现浇结构模板安装要求	**项目**	**允许偏差（mm）**
		轴线位移	4
		底模上表面标高	±4
		截面内部尺寸 柱、梁	+3，-3

续表

序号	措施			
2	现浇结构模板安装要求	层高垂直度	不大于 5m	6
			小于 5m	4
		相邻两板表面高低差		2
		表面平整度		3
3	模板施工前，对班组进行书面技术交底，拆模要有项目技术负责人签发拆模通知书			
4	浇筑混凝土时，木工要有专人看模			

6.4　钢结构施工方案

6.4.1　钢构件加工工艺

1. 方钢柱加工工艺

1）加工工艺流程（图 6-15）

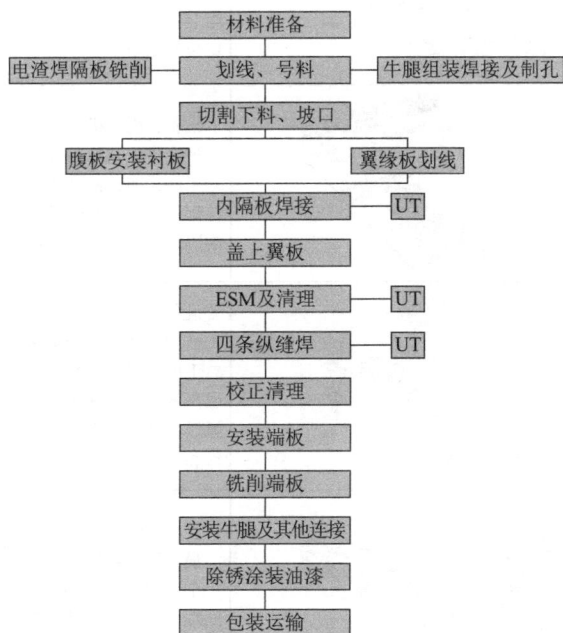

图 6-15　方钢柱加工工艺流程

2）加工流程及设备（表 6-55）

方钢柱加工流程及设备

表 6-55

关键工艺、设备	图示	内容说明
钢板矫平		设备：七辊校平机 钢板最大矫平厚度 ≤ 60mm，宽度 3200mm 工序说明：钢板下料前进行矫平，平面度控制在 1mm 之内，消除钢板内应力，提高切割质量和下料精度
钢板切割下料		设备：数控火焰切割机钢板 最大切割厚度 120mm 工序说明：H 型钢腹板和翼缘板采用多头火焰切割机同时切割下料，可使板材两侧均匀受热，避免产生马刀弯；下料时预留焊接收缩余量
腹板坡口开设		设备：半自动火焰切割机 钢板最大切割厚度 120mm 工序说明：腹板坡口采用小车式自动火焰切割机进行切割成型，切割后需对坡口及周边进行打磨及清理，保证焊接质量
翼缘板划线		设备：卷尺/直角尺 工序说明：在下翼缘板一端划出装配基准线，然后以此为基准，在下翼缘板上划出各个内隔板及工艺隔板的组装定位控制线；同时在腹板上也划出相应的隔板装配定位控制线
封板		设备：组立机 最大可组立箱形截面尺寸 1.2m × 1.2m 工序说明：装配上翼缘板，液压顶紧后点焊固定，定位焊长度 40～60mm，间距 300～600mm；上翼缘板的内隔板电渣焊孔应预先切割完成
主焊缝焊接		设备：门式箱体埋弧焊机 适用箱体尺寸 25m × 1.5m × 1.5m 工序说明：箱体主焊缝采用 CO_2 气保焊打底焊接，打底高度不大于焊缝坡口高度的 1/3，然后用门式双丝埋弧焊机进行填充和盖面焊接；采用对称施焊控制焊接变形和扭转变形
端铣		设备：端铣机 最大铣削箱体截面 3.0m × 2.0m 工序说明：以箱形构件的纵向中心线为基准，对构件的端面进行端铣机加工，确保构件的端面与中心线的垂直度误差 $< B/1500$

2. H 型钢构件加工工艺

1）加工工艺流程（图 6-16）

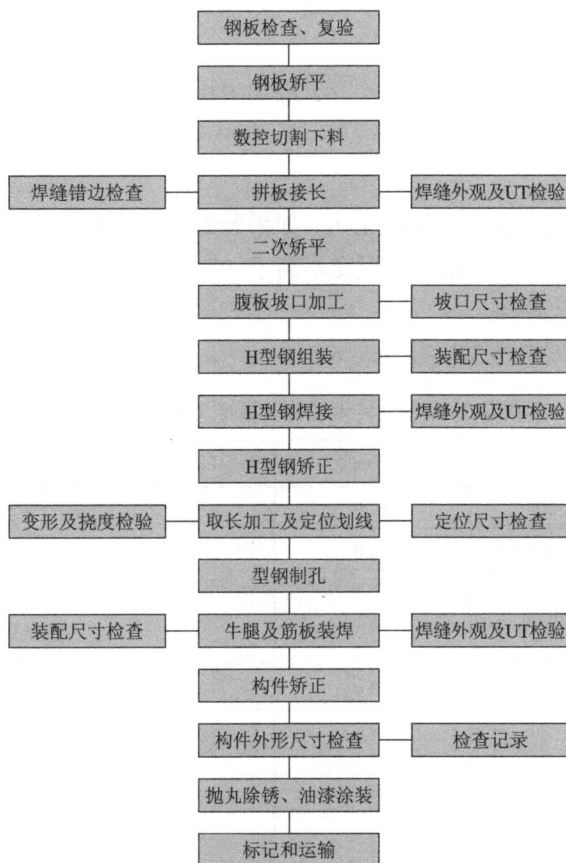

图 6-16　H 型钢构件加工工艺流程

2）加工制作要求

（1）所有需要拼接的构件采用全熔透对接焊缝等强拼接，上、下翼缘和腹板中的拼接位置应错开，并避免与加劲板重合，腹板拼接焊缝和与它平行的加劲板至少相距 200mm，与上、下翼缘拼接焊缝至少相距 200mm。

（2）要求端铣的柱脚需在构件主体加工完成后先进行长度方向余量的切割，切割时需再留余量 5mm 以供端铣，端铣后的平面不得刷油和打磨。

（3）H 型钢三大片下料采用多头或数控下料，并且下料长度需要留有 50mm 的余量。宽度方向：H 型钢高度小于 1000mm 时，腹板留 2mm 的余量；H 型钢高度大于 1000mm 小于 3000mm 时，腹板高度留 3mm 的下料余量；H 型钢高度大于 3000mm 时，腹板留 4mm 的下料余量。零件板用半自动切割机或剪板机下料，零件上的切割氧化渣组装之前务必清除干净。

（4）H 型钢组装前必须将待焊金属表面的轧制铁鳞用砂轮机打磨干净，且须去除施焊部位及其附近 30～50mm 范围内的氧化皮、渣皮、水分、油污、铁锈和毛刺等影响焊缝质量的杂质，显露出金属光泽。

（5）翼缘与腹板的定位焊应符合与正式焊缝一样的质量要求，焊后应彻底清除熔渣，定位焊焊缝如出现裂纹，应清除后重焊。定位焊的尺寸不能大于设计焊缝尺寸的2/3，且不小于4mm。

（6）由于H型钢长度、吨位较大，在定位焊后可全长满焊一道，经查合格后吊运，以确保安全。

（7）H型钢制作后一定要检查上、下翼缘和腹板的平直度，如平直度超标，应及时加以矫正。

3）H型钢的矫正

H型钢的矫正优先使用H型钢矫正机，如果截面过大或者吨位量过大不能上矫正机的构件，可以采用火焰矫正，火焰矫正温度不高于900℃。低合金结构钢在加热矫正后应自然冷却，不得用水浇至冷却。

焊接H型钢允许偏差检验标准见表6-56。

焊接 H 型钢允许偏差检验标准（单位：mm）　　　　　　　　　表 6-56

项目		允许偏差	图例
截面高度（h）	$h < 500$	±2.0	
	$500 \leqslant h \leqslant 1000$	±3.0	
	$h > 1000$	±4.0	
截面宽度（b）		±3.0	—
腹板中心偏移		2.0	
翼缘板垂直度（Δ）		$b/100$ 3.0	
弯曲矢高		$1/1000$ 5.0	—
扭曲		$h/250$ 5.0	—
腹板局部平面度（f）	$t < 14$	3.0	

6.4.2　工厂除锈和涂装方案

1. 本工程钢结构除锈和涂装要求

（1）钢构件的除锈和涂装应在质量检验合格后进行。

（2）钢构件表面应彻底清除脏物及油污，严格除锈喷砂或抛丸加除锈应达 Sa2.5级。符合《涂覆涂料前钢材表面处理表面清洁度的目视评定》的要求。处理后的钢材表面不应有焊渣、焊瘤、灰尘、油污、水和毛刺等。

（3）所有钢构件在出厂前均应完成除锈、喷涂底漆工序；喷砂除锈完成后至底漆喷涂的时间间隔不得大于 4h；若在车间内作业或湿度敏感环境下作业，该时间间隔不应超过 12h。防腐底层在工厂完成，经除锈后的钢材表面检查合格后，应在规定时限内进行涂装。

（4）除表面做镀锌或其他防腐处理外的所有钢构件外露面，除锈后表面涂装配套见表 6-57 要求。涂层与钢饼基层之间的附着力不宜低于 5MPa（图 6-17）。

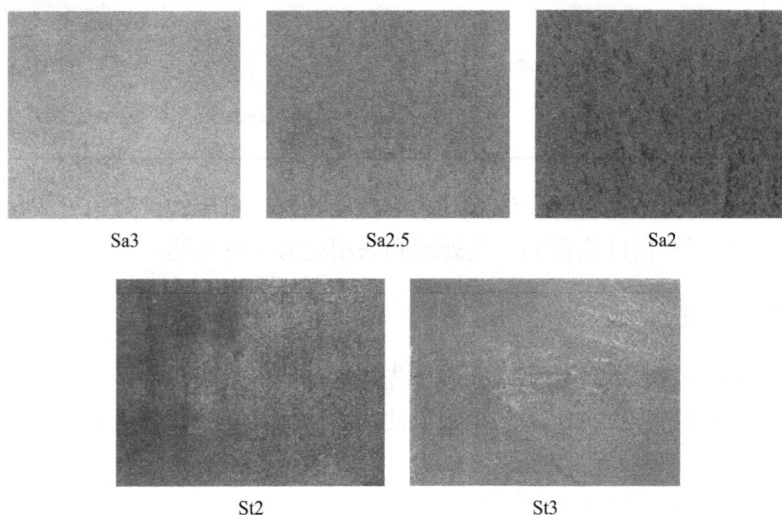

Sa3　　　　　　Sa2.5　　　　　　Sa2

St2　　　　　　St3

图 6-17　钢材表面的除锈等级示意图

2. 钢结构除锈工艺

工厂常见的除锈方式主要有：动力工具除锈、喷砂除锈、抛丸除锈，三种除锈方式的优缺点如表 6-57 所示。

不同除锈方式的优缺点　　　　　　　　　　表 6-57

方式参数	动力工具除锈	喷砂除锈	抛丸除锈
除锈工具			
除锈等级	St2，St3	Sa2，Sa2.5，Sa3（较难达到）	Sa2，Sa2.5，Sa3
表面粗糙度	10~30（不适用于底漆）	20~80（符合底漆对基底的要求）	40~150（可调节）底漆最理想的表面粗糙度要求是 70，抛丸除锈可得到一均匀的 65~75 的表面粗糙度

方式参数	动力工具除锈	喷砂除锈	自动抛丸除锈
表面光洁度	差	良（易有氧化皮残留）	优（均匀，金属光泽-亮白色）
除锈效率	$10m^2$（每人/每天）	2～30t（一台班）	50～60t（一台班）
环境污染	中度污染	中度污染	无尘操作
除锈效果对比	焊缝原始状态	焊缝抛丸除锈后状态	焊缝动力工具除锈状态

根据本工程的需要，钢构件主体部分采用抛丸除锈，对于构件死角处采用手工喷砂或动力工具除锈，对于钢构件表面的二次处理则采用动力工具除锈。

3. 钢结构涂装工艺

（1）涂装方法选择：工厂钢结构涂装优先选用高压无气喷涂。

（2）涂装设备选择：构件工厂涂装主要使用高压无气喷涂的加工方式，涂装加工机具主要包括高压无气喷涂机、除湿机、热风机、搅拌器等。

（3）涂装工艺流程如图 6-18 所示。

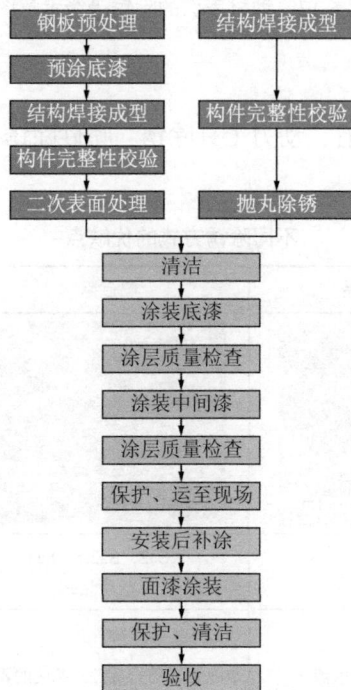

图 6-18　涂装工艺流程

4. 涂装环境要求

（1）环境温度的要求：

钢构件涂装时，环境温度应符合涂料产品说明书的要求，当产品说明书无要求时，一般适宜的涂装环境温度应控制在 5~38℃。当环境温度在 0℃ 以下时，漆膜容易冻结而不易固化；当环境温度高于 40℃ 时，漆膜容易产生气泡而局部鼓起，使附着力降低，从而导致涂层脱落、锈蚀。

（2）环境湿度的要求：

环境湿度应符合涂料产品说明书的要求。一般相对湿度不得超过 85%，否则构件表面会有露点凝结。一般最佳涂装时间是日出 3h 之后，这时附在钢材表面的结露基本干燥，日落 3h 之后停止（室内作业不限），此时空气中的相对湿度尚未回升，钢材表面尚存的温度不会形成结露。涂装后 4h 内不得遭受淋雨，因涂层在 4h 之内，漆膜表面尚未固化，容易被雨水冲坏。

（3）恶劣天气下不应涂装：

钢构件涂装现场应进行清理，做好排水措施，防止尘土飞扬和受潮气影响。在雨雾雪风和较大灰尘的条件下，不得进行户外涂装作业。雨雾雪渗入漆膜内会造成涂层脱皮、气孔、气泡、针孔等缺陷，同时会冲坏涂层；大风天尘土飞扬，尘土渗入漆膜内也会影响涂层质量，降低耐火性。

（4）腐蚀介质环境的影响：

当钢结构处于腐蚀介质环境下时，无法保证涂层附着力，会影响钢结构的使用寿命，所以必须进行涂层附着力测试。

5. 涂装前构件的表面处理

（1）钢构件的除锈要彻底，钢板边缘棱角及焊缝区，要研磨圆滑，质量达不到工艺要求不得涂装。

（2）除锈完成后，清除金属涂层表面的灰尘等杂物。

（3）钢构件应无严重的机械损伤及变形。

（4）焊接件的焊缝应平整，不允许有明显的焊瘤和焊接飞溅物。

（5）安装焊缝接口处，各留出 100mm，用胶带贴封，暂不涂装。

（6）构件边角处预涂：预涂装是涂装中必不可少的一部分，对施工难以获得规定厚度的部位，要首先进行预涂装（如自由边、焊缝、梯子、阴阳角等），以保证所有边角处均满足涂装要求。但对于预涂装部位的重涂性及间隔时间应严格按产品说明书进行。

6. 涂装施工要点

（1）涂装作业应在抛丸除锈后尽快进行，一般不应超过 4h。

（2）喷枪与被涂工件距离保持在 35~40cm（图 6-19）。

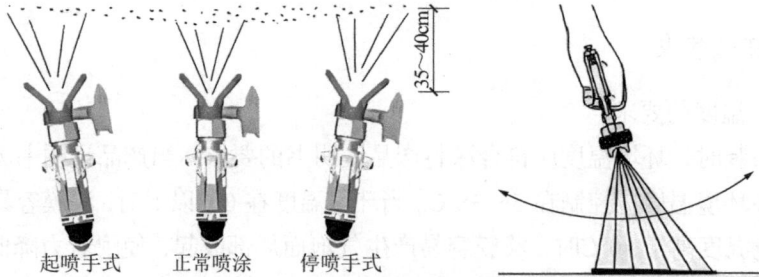

图 6-19　喷枪距离示意

（3）喷枪不能覆盖的部位应用刷涂；喷涂角焊缝时，枪嘴不宜直对角部喷涂，应让扇形喷雾掠过角落，避免涂料在角部堆积而产生龟裂现象。

（4）涂装时根据图纸要求选择涂装种类，涂料应有出厂质量证明书。施工前应对涂料名称、型号、颜色进行检查，确定是否与设计规定相符。同时检查生产日期，是否超过贮存期，如超过贮存期，应进行检验，质量合格仍可使用，否则禁止使用。

（5）防腐蚀涂料的配制，要根据配方严格按比例配制。

（6）一道漆涂装完毕后，在进行下道漆涂装之前，一定要确认是否已达到规定的涂装间隔时间，否则就不能进行涂装。如果在过了最长涂装间隔时间以后再进行涂装，则应该用细砂纸将前道漆打毛后再进行涂装。

（7）涂装下道油漆前，应彻底清除涂装件表面上的油、泥、灰尘等污物。一般可用水冲、布擦或溶剂清洗等方法。要保证构件清洁、干燥、底漆未经损坏。

（8）涂装时应全面均匀，不起泡、流淌。油漆涂装后，漆膜如发现有龟裂，起皱/起泡，凹陷洞孔，剥离生锈或针孔锈等现象时，应将漆膜刮除并经表面处理后，再按规定涂装时间隔层次予以补漆。

（9）构件在厂内倒运过程中及吊装过程中涂层若有碰损、脱落等现象，按涂装要求补涂。

（10）损坏部位，打磨至 St3 级，然后刷底漆；打磨时，应从中心逐渐向四周扩展，边缘形成一定坡度，增强修补层与原涂层之间的结合力；当涂层超过 60μm 时，应逐道修补，不可一次完成。

7. 涂装检验

构件涂装应严格按有关国家标准和公司质量保证体系文件进行半成品、产品检验，不合格品的处理，以及计量检测设备操作维护等工作，从施工准备、施工过程进行全面检测，及时预防不合格品的产生。

检测依据：《色漆和清漆漆膜的划格试验》。

质量标准：表面平整，无气泡、起皮、流挂、漏涂等缺陷。

外观检查：肉眼检查，所有工件 100%进行，并认真记录，监理抽查；油漆外观必须达到涂层、漆膜表面均匀，无起泡、流挂、龟裂和掺杂杂物等现象。

附着力检查：用划 X 法或划格法或拉拔试验进行检查。

厚度检查：凡是上漆的部件，应离自由边 15mm 左右的幅度起，在单位面积内选取一定数量的测量点进行测量，取其平均值作为该处的涂膜厚度。

6.4.3　钢构件运输

1. 运输思路（表6-58）

钢构件运输思路　　　　　　　　　　　　　　　　　　表 6-58

序号	总体施工思路
1	根据以往类似工程构件运输经验，从安全、快捷角度考虑，对本工程所有钢构件采用全程公路运输
2	本工程成立专门的运输工段负责钢构件装卸工作，选择运输经验丰富、大件运输车辆齐全的运输公司进行合作，该运输公司为企业长期合作伙伴，曾多次承办大型钢结构工程的构件运输，与公路管理部门有长期的良好合作基础，对于运输协调工作有丰富的经验。为了保证运输安全及钢构件不受损坏，所有运输车辆除严格执行装载、加固、捆绑方案外，并派专人随车押运，以保证运输途中构件不丢失，并且严格按业主提供的供料计划及时发运，按时送达指定地点，保证工地拼装需要

2. 构件包装（表6-59）

钢构件包装　　　　　　　　　　　　　　　　　　　　表 6-59

序号	构件包装要求
1	构件单根重量 ≥ 1t 时，采用单件裸装方式运输
2	构件单根重量 ≥ 1t 且为不规则构件时，采用单件裸装方式运输
3	构件较小但数量较多时，用装箱包装，如连接板、螺杆、螺栓等

构件包装形式

方管、角钢的运输包装形式

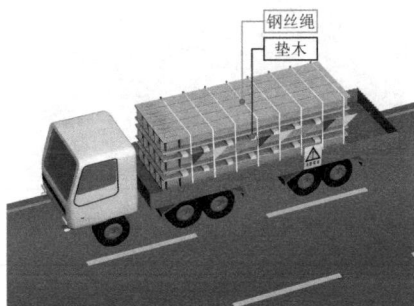

H 型钢的运输包装方式

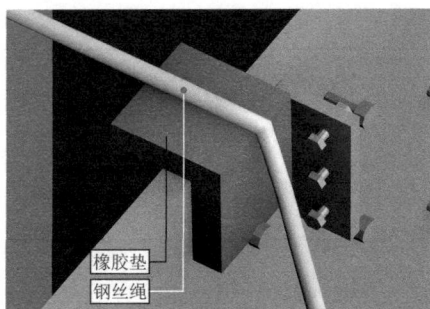

构件与钢丝绳连接处，用橡胶垫保护

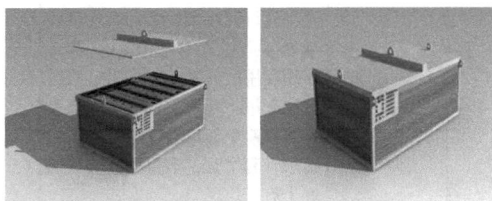

小型构件运输的包装形式

6.4.4　钢结构安装

1）钢柱安装

（1）钢柱安装步骤（表6-60）。

钢柱安装步骤　　　　　　　　　　　　　　　　表6-60

1. 吊装准备：在柱身上固定好钢爬梯，并焊接好拉设安全绳的安全环，备好吊装钢丝绳及卡环	2. 吊点设置：钢柱吊点设置在钢柱的顶部外侧，直接在临时连接板上预留吊孔；耳板板厚计算后确定
3. 钢柱吊装：钢柱采用四绳吊装，起吊时钢柱下方应垫好枕木，避免拖拉造成地面和钢柱损伤	4. 钢柱的临时连接：吊装就位，螺栓穿连接板夹紧对接位置连接耳板
5. 钢柱校正：对钢柱接口、安装位置精度进行矫正	6. 对接焊接：严格按照工艺评定施焊，焊接完成，打磨焊缝，48h后进行探伤

（2）钢柱安装技术措施（表6-61）。

钢柱安装技术措施　　　　　　　　　　　　　　表6-61

序号	项目	说明	示意
1	吊点设置及起吊方式	吊点设置在预先焊好的连接耳板处，为防止吊耳起吊时的变形，采用专用吊具装卡，采用单机回转法起吊。起吊前，钢柱应垫上枕木以避免起吊时柱底与地面的接触，起吊时，不得使柱端在地面上有拖拉现象	

续表

序号	项目	说明	示意
2	安装钢爬梯	吊装前将安装爬梯安装在钢柱的一侧，同时在柱与楼层梁的连接位置上 1.2m 处焊接固定装配式安装操作平台的临时槽钢，钢爬梯和临时槽钢应安全牢靠，便于作业人员上下和安装钢梁时操作 钢柱吊到就位上方200mm时，应停机稳定，对准螺栓孔和十字线后，缓慢下落，使钢柱四边中心线与基础十字轴线对准	
3	钢柱临时固定	采用无缆风绳校正法在柱的偏斜一侧打入钢楔或用顶升千斤顶，采用两台经纬仪在柱的两个方向同时进行观测控制方法。在保证单节柱垂直度不超标的前提下，注意预留焊缝收缩对垂直度的影响，将柱顶轴线偏移控制到规定范围内。最后拧紧临时连接耳板的大六角头高强螺栓至额定扭矩并将钢楔与耳板固定	
4	柱脚就位与垂直度校正	柱底就位应尽可能在钢柱安装时一步到位，最后的校正可用千斤顶和调整螺母法校正（精度可达 ±1mm）	
5	接口调整	接口调整：钢柱就位后，安装连接板固定，上下柱不能出现错口，然后进行校正焊接，如果有错口，采取千斤顶顶推的方式矫正，矫正时耳板穿入临时高强度螺栓，但不夹紧 扭转调整：钢柱的扭转偏差是在制造与安装过程中产生的。在上柱和下柱的耳板的不同侧面夹入一定厚度的垫板，微微夹紧柱头临时接头的连接板。塔式起重机至此可微微松钩但不解钩	

序号	项目	说明	示意
6	垂直度调整	地下室钢骨柱采用千斤顶校正柱对中，两台经纬仪测量钢柱垂直度。采用缆风绳校正，完毕后，拧紧地脚螺刷 上部钢柱校正采用反力架，利用双向顶升千斤顶，在保证垂直度不超标的前提下，将柱顶偏轴线位移校正至"零"。然后拧紧上下柱临时接头的大六角高强螺栓至额定扭矩	
7	操作平台	由于钢柱需要高空对接，同时钢骨柱的安装需要先于混凝土柱的浇筑，因此需要搭设高空焊接操作平台来保证施工的安全。高空平台采用小截面方钢管或角钢搭设，并焊接连到钢骨柱上 操作平台上铺设木跳板和挡板，护栏四周用密目网防护	

2）钢梁吊装

（1）钢梁吊装顺序：

安装总体随着钢柱的安装顺序进行，相邻的钢柱安装完成后，要及时连接之间的钢梁以便使之形成稳定的框架。其余钢梁在钢柱整体校正后进行安装。钢梁的安装顺序按照先主梁后次梁，先下层后上层的原则进行。

（2）钢梁吊耳及吊点设置：

为保证吊装安全及提高吊装速度，钢梁在工厂加工时预留吊装孔或设置焊接吊耳作为吊点。对于大跨度、大吨位的钢梁吊装采用焊接吊耳的方法，对于轻型钢梁则采用预留吊装孔进行串吊（表 6-62）。

钢梁吊耳及吊点设置   表 6-62

钢梁吊装（一）	钢梁吊装（二）

续表

|  钢梁吊装（三） |  钢梁吊装（四） |

（3）钢梁安装技术措施及安全措施（表 6-63）。

钢梁安装技术措施及安全措施　　　　表 6-63

序号	项目	说明	图示
1	吊点设置及起吊方式	吊装梁的吊索水平角度不得小于 45°，绑扎必须牢固。钢梁的吊点设置在梁的三等分点处，在吊点处设置耳板，待钢梁吊装就位完成之后割除。为防止吊耳起吊时的变形，采用专用吊具装卡，此吊具用普通螺栓与耳板连接。对于同一层重量不大的钢梁，在满足塔式起重机最大起重量的同时，可以采用一钩多吊，以提高吊装效率	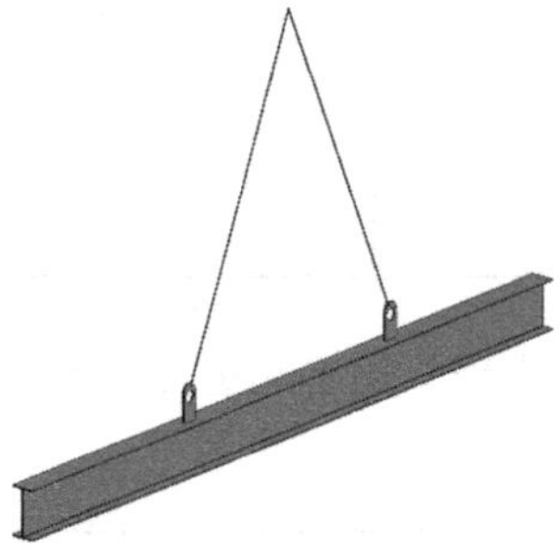
2	钢梁就位与临时连接	钢梁就位时，及时夹好连接板，对孔洞有少许偏差的接头应用冲钉配合调整跨间距，然后用安装螺栓拧紧。安装螺栓数量按规范要求不得少于该节点螺栓总数的 30%，且不得少于两个 对于与外框柱牛腿连接的钢梁，在安装时首先在钢梁端部设置临时搭接马板，便于钢梁的就位。就位后，及时将钢梁端部连接板与外框柱连接板进行连接，在钢梁测量校正完成后，将搭接马板与外框柱牛腿进行焊接，马板与钢梁、钢柱牛腿焊接均为全熔透焊缝，确保钢梁就位后安全	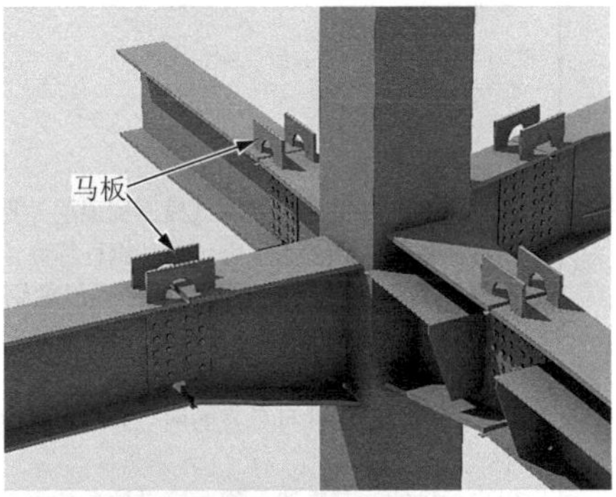
3	夹具式安全立杆	为了方便施工人员进行下道工序的操作及安装检查，在钢梁上拉设安全绳，安全绳固定在 48mm×3.6mm 的钢管立桩上 钢管通过固定夹具与钢梁进行连接。立桩间距不得超过 6m，超过 6m 的需在中间加设一个。安全绳采用 $\phi10$ 镀锌安全绳，安全绳与立柱间用猫爪固定，间距满足规范要求，数量不得少于 3 个	

序号	项目	说明	图示
4	自制安装吊篮	焊接作业时，在钢梁上挂"挂笼"提供安全操作平台。"挂笼"用角钢和圆钢要求制作，其中挂件为∟40×4mm角钢，笼体为φ12的圆钢。将角钢焊接成类似于"回形针"的挂件，一端夹住钢梁的上翼缘，另一端挂住笼体。笼体用φ12的圆钢焊接而成，双面角焊缝。接口部位均采用搭接方式，搭接长度不小于20mm	
5	安全防护措施	为了避免作业工人在高空作业中为防止人员、物料和工具坠落或飞出造成安全事故，铺设安全网。安全网设置在梁面以上2m处	

3）钢柱、钢梁测量（表6-64）

钢柱、钢梁测量　　　　　　　　　　　　　表6-64

项目	测量步骤	图例
钢柱安装测量	（1）标高校正 钢柱吊装前，将高程控制点投递到顶层并复测校核。 钢柱吊装就位后，用水准仪复核钢柱标高控制线。 通过调整钢柱柱底板下面的调平螺母使钢柱的标高控制线达到设计要求。 （2）垂直度校正 将经纬仪架设在柱身垂直的两个方向上，偏离角度不大于15°。 以定位轴线为基准线，望远镜纵丝自柱中心线扫到柱底定位轴线，读出钢板尺到柱底轴线的读数，得到钢柱的垂直度值。 使用千斤顶和配套卡具调整钢柱，校正钢柱的垂直度到规范要求范围（偏差≤H/1000且不大于10mm）。 （3）轴线校正 用全站仪对钢柱轴线位置进行测设。 采用千斤顶结合特制卡板进行校正，调整上下中心线到规范要求范围	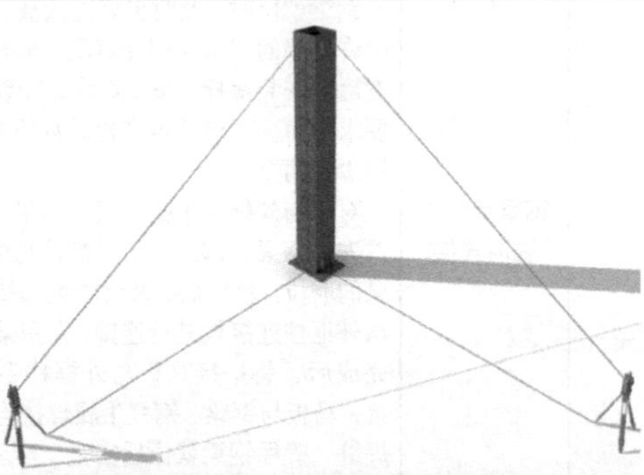 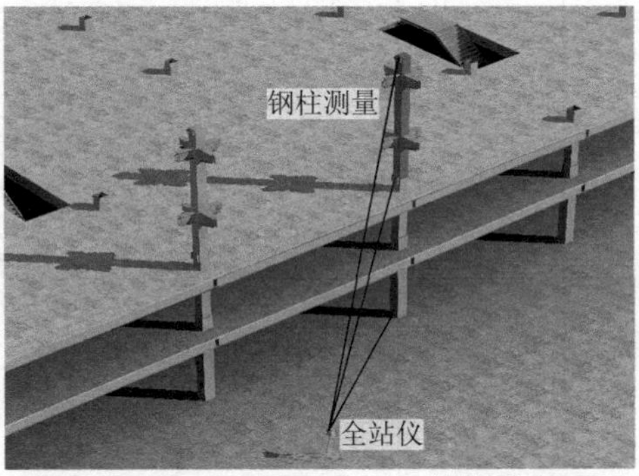

续表

项目	测量步骤	图例
钢梁安装测量	钢梁的安装分为框架梁与楼层平面梁两部分。框架梁与钢柱牛腿连接，楼层平面梁与框架梁连接板 用全站仪对钢柱牛腿进行测量校正，精度符合规范要求后，进行框架梁的安装 框架梁安装完成后，即可安装楼层平面梁	

6.4.5　现场涂装方案

工程现场涂装内容包括现场焊缝的涂装及防火涂料的涂装。

1. 现场油漆涂装

本工程现防腐场涂装主要为现场焊缝的防腐涂装（表 6-65）。

现场油漆涂装 表 6-65

序号	内容
1	钢构件出厂前不需要涂漆的部位：型钢混凝土中的钢构件；高强螺栓节点摩擦面；箱形柱内的封闭区；地脚螺栓和底板；钢梁上翼缘顶面；工地焊接部位及两侧 100mm，且要满足超声波探测要求的范围
2	除上述所列范围的钢构件，出厂前应涂防锈底漆两道，焊接区除锈后涂专用坡口焊保护漆
3	构件安装后需补涂漆部位有高强螺栓未涂漆部分、工地焊接区、经碰撞油漆脱落部分，补刷涂层应采用与构件制作时相同的涂料和涂刷工艺
4	整个构件最终应涂环氧富锌底漆两道，环氧中间漆两道（其中一道在安装完工后工地涂刷），丙烯酸聚氨酯面漆两道，漆干膜总厚度不少于 25mm
5	经检查不合格的涂层应铲除干净，重新涂刷。在使用过程中应定期进行涂漆保护

（1）现场焊缝的补涂：

现场底漆、中间漆的补涂采用刷涂法进行涂装，刷涂操作要点如表 6-66 所示。

现场焊缝的补涂 表 6-66

序号	内容
1	涂刷时应蘸少量涂料，刷毛浸入漆的部分应为毛长的 1/3～1/2
2	对干燥较慢的涂料，应按涂敷、抹平和修饰三道工序进行
3	对干燥较快的涂料，应从被涂物一边按一定的顺序快速连续的刷平和修饰，不宜反复涂刷
4	涂刷顺序：一般应按自上而下，从左到右，先里后外，先斜后直，先难后易的原则，使漆膜均匀、致密、光滑和平整
5	刷涂的走向，刷涂垂直平面时，最后一道应由上向下进行。刷涂水平表面时，最后一道应按光线照射的方向进行
6	刷涂完毕后，要将刷妥善保管，若长期不使用，须用溶剂清洗干净晾干，用塑料薄膜包好，存放在干燥的地方，以便再用

（2）面漆的涂装：

面漆涂装采用喷涂法进行涂装，喷涂法操作要点如表 6-67 所示。

面漆涂装　　　　　　　　　　　　　　　　　　　表 6-67

序号	内容
1	喷涂装置使用前，应首先检查高压系统各固定螺母，以及管路接头是否有松动，如松动应拧紧
2	涂料必须经过滤后才能使用，在喷涂过程中不得将吸入管拿离涂料液面，以免吸空，造成涂料流淌。而且涂料容器内的涂料不应太少，应注意经常加入
3	在施工过程中高压软管弯曲半径不得大于 50mm，也不允许将重物压在上面，以防损坏；施工过程中高压喷枪绝不允许对准操作者或他人，停喷时应将自锁挡片横向放置
4	在喷涂过程中会自然的发生静电，因此要将机体做好接地，防止意外事故
5	喷涂过程中如果停机时间过长，应排出机内涂料，并进行清洗
6	喷涂距离一般控制在 300～380mm 为宜，喷幅宽度一般以 300mm 左右为宜，较大构件以 300～500mm 内，较小的构件以 100～300mm 内为宜，喷枪与物面的角度控制在 30°～80°，喷幅的搭接应为幅宽的 1/6～1/4
7	喷枪速度的控制：喷枪运行速度应保持在 60～100cm/s，需稳定匀速；若喷枪角度倾斜，漆膜易产生条纹与斑痕；运行速度过快，会使漆膜薄且粗糙；运行速度过慢，则易导致漆膜堆积、流坠，影响涂层质量

2. 防火涂料施工

（1）施工工艺流程（图 6-20）。

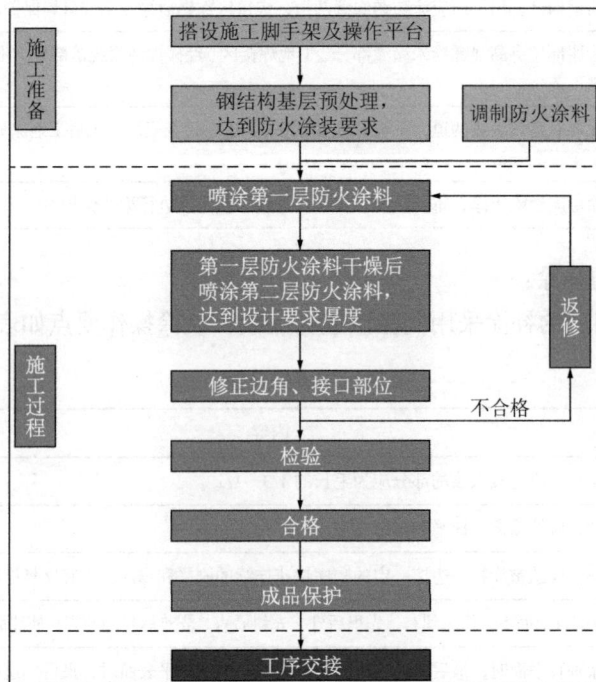

图 6-20　防火涂料施工工艺流程

（2）施工质量检测（表6-68）。

施工质量检测　　　　　　　　　　　　　　　　　　表 6-68

项目	检测要求及方法
产品质量	对现场施工用隔热防火涂料需做一组试件，送国家防火建筑材料质量监督检测中心检测 钢结构防火涂料出厂时，产品质量应符合有关标准的规定。并应附有涂料品种名称、技术性能、制造批号、贮存期限和使用说明
涂层表面	平整，无色差，无漏涂；目测涂装表面检测
厚度的检测	钢结构顶、壁的检测方法以针入法测定，所抽查的构件数不小于施工总构件数的20%，但均不应少于3件，单位抽查面积不小于3m²，单位抽查面积内的检测点宜不少于8点，其厚度平均值小于允许最小值时则应补刷
表面平整度	检查数量按同类构件抽查20%，但均不少于3件

6.5　预应力混凝土施工方案

6.5.1　预应力材料要求

预应力材料要求如表6-69所示。

预应力材料要求　　　　　　　　　　　　　　　　　表 6-69

序号	名称	内容
1	预应力钢绞线筋	预应力筋采用 s15.24 高强低松弛钢绞线，抗拉强度标准值＝1860MPa；楼板中配置 1×7～15.2mm 的无粘结预应力钢绞线，间距1000mm
2	锚具	采用凹入式锚具，张拉后采用浇C40细石混凝土封锚，封锚区内设两层 $\phi8@50$ 箍筋网片
3	水泥	有粘结预应力孔道灌浆用水泥采用强度等级 42.5 的普通硅酸盐水泥

6.5.2　预应力钢绞线张拉与灌浆封锚

预应力区域内混凝土梁板强度等级 C40，当混凝土强度达到设计强度的90%以上，方能进行预应力筋张拉。

所有预应力梁必须待张拉锚固完成后才能拆除梁底支撑和模板，并应防止梁底支撑不均匀沉陷。

有粘结预应力梁张拉完成之后应停 12h，以观察钢绞线的锚固情况，然后再进行孔道灌浆，灌浆料采用 42.5 级普通硅酸盐水泥拌制，水灰比 0.45，可掺加适量的高效减水剂，28d 试块抗压强度不小于 30MPa。

张拉端垫板采用焊接补筋与柱筋焊牢，预应力筋定位的支架间距不应大于 1000mm，预应力筋在截面上应对称布置。

灌浆孔和排气孔位置根据现场实际情况确定，导出管高出构件顶面300mm。

预应力筋束形示意图如图6-21所示。

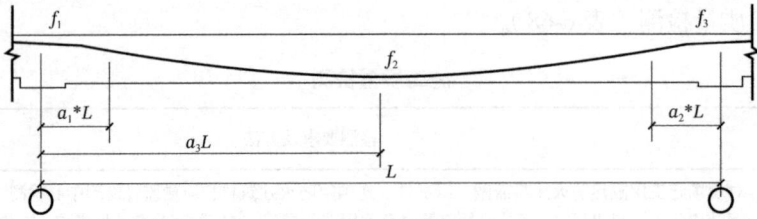

图 6-21　预应力筋束形示意图

6.5.3　预应力设备

1）锚具和夹具

锚具（M）：锚固在构件端部，与构件联成一体共同受力，不再取下的称为锚具；用于后张法。

夹具（J）：在张拉钢筋和混凝土成型过程中夹持和临时固定预应力筋，待混凝土达到一定强度后取下并再重复使用的称为夹具；用于先张法。

（1）单根粗钢筋锚具（图 6-22）。

LM 型螺丝端杆锚具（张拉端和固定端）；帮条锚具；镦头锚具，镦头锚具。

图 6-22　单根粗钢筋锚具

（2）钢筋束、钢绞线锚具（图 6-23）。

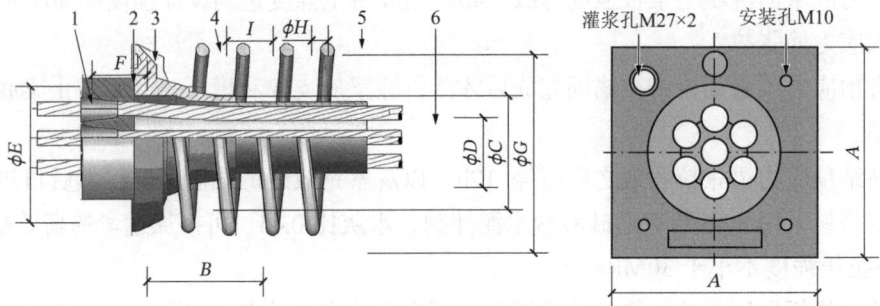

图 6-23　钢筋束、钢绞线锚具

注：
（1）图中数字部分解释如下：

1—锚环：作为锚具核心受力部件，承载钢绞线张拉后的锚固力，通过锥面（或直面）与夹片配合，将预应力传递至锚垫板，最终分散到混凝土结构；关键作用：保证预应力筋锚固后的荷载稳定传递，是后张法预应力体系"锁定"应力的关键部件。

2—夹片（多片式，适配钢绞线根数）：利用自身齿形（或楔形）结构，在张拉完成后回退并咬紧钢绞线，实现预应力筋的机械锚固；不同片数对应钢绞线束数量（如图中适配多根钢绞线）；

关键作用：通过"夹持—回退—自锁"动作，将钢绞线的张拉力转化为锚环的承压力，是锚具实现"锚固"功能的核心零件。

3—锚垫板（也叫承压垫板）：承受锚环传来的集中荷载，通过自身面积将力分散到混凝土表面，避免混凝土局部压碎；同时为灌浆管、排气孔等提供安装接口（与右图灌浆孔对应）；

关键作用：衔接锚具与混凝土结构，是"力的传递中介"，保障预应力从钢绞线→夹片→锚环→锚垫板→混凝土的有序传递。

4—螺旋筋（间接钢筋）：围绕锚垫板布置，增强锚下混凝土的局部承压能力，抵抗因应力集中产生的劈裂力；通过螺旋形配筋约束混凝土变形，提升锚固区抗裂性能；

关键作用：防止锚下混凝土开裂，是预应力锚固区"防脆断、保耐久"的重要构造措施。

5—预应力钢绞线：预应力施加的"载体"，通过张拉设备给钢绞线施加拉力，再借助锚具锚固，使混凝土结构获得预压应力；后张法预应力体系的"发力源"。

6—预应力孔道（图中钢绞线穿入的套管/预留空间）：为钢绞线穿束、张拉提供空间，张拉完成后通过灌浆孔注入水泥浆，填充孔道并包裹钢绞线，起到防腐、传力作用（使钢绞线与混凝土结构形成整体）。

（2）尺寸标注含义（结合预应力施工精度要求）：

ϕE：钢绞线公称直径（如 15.2mm），是选择锚具、孔道尺寸的依据，需与夹片、锚环内孔精准适配。

ϕD、ϕC、ϕG：锚具部件间的适配尺寸（如锚环内孔直径、夹片外径、锚垫板对中孔尺寸），保障锚具装配后同心度，避免因偏心导致应力集中。

B：锚具装配后的关键长度（如锚环＋夹片＋锚垫板的组合长度），决定混凝土构件端部"预留锚固空间"的最小尺寸，影响构件保护层厚度设计。

F、ϕH：锚环与夹片的配合参数（如夹片缩进量、锚环锥度），是保障夹片"自锁锚固"可靠性的核心尺寸，需严格按锚具厂家参数控制。

2）张拉设备

拉杆式千斤顶和油泵如图 6-24、图 6-25 所示。

图 6-24　拉杆式千斤顶

图 6-25　油泵

6.5.4 有粘结预应力结构施工

1. 施工流程（图 6-26）

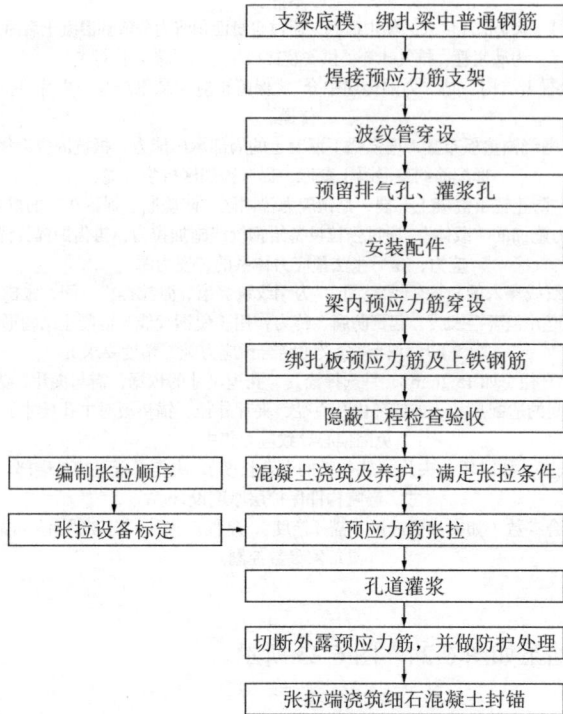

```
                        ┌──────────────────────────┐
                        │ 支梁底模、绑扎梁中普通钢筋 │
                        └──────────────────────────┘
                                     │
                        ┌──────────────────────────┐
                        │      焊接预应力筋支架      │
                        └──────────────────────────┘
                                     │
                        ┌──────────────────────────┐
                        │        波纹管穿设         │
                        └──────────────────────────┘
                                     │
                        ┌──────────────────────────┐
                        │     预留排气孔、灌浆孔     │
                        └──────────────────────────┘
                                     │
                        ┌──────────────────────────┐
                        │        安装配件           │
                        └──────────────────────────┘
                                     │
                        ┌──────────────────────────┐
                        │      梁内预应力筋穿设      │
                        └──────────────────────────┘
                                     │
                        ┌──────────────────────────┐
                        │  绑扎板预应力筋及上铁钢筋  │
                        └──────────────────────────┘
                                     │
                        ┌──────────────────────────┐
                        │      隐蔽工程检查验收      │
                        └──────────────────────────┘
                                     │
   ┌──────────────┐     ┌──────────────────────────┐
   │  编制张拉顺序 │     │ 混凝土浇筑及养护，满足张拉条件 │
   └──────────────┘     └──────────────────────────┘
          │                          │
   ┌──────────────┐     ┌──────────────────────────┐
   │  张拉设备标定 │───▶ │        预应力筋张拉        │
   └──────────────┘     └──────────────────────────┘
                                     │
                        ┌──────────────────────────┐
                        │         孔道灌浆          │
                        └──────────────────────────┘
                                     │
                        ┌──────────────────────────┐
                        │  切断外露预应力筋，并做防护处理 │
                        └──────────────────────────┘
                                     │
                        ┌──────────────────────────┐
                        │  张拉端浇筑细石混凝土封锚  │
                        └──────────────────────────┘
```

图 6-26　有粘结预应力结构施工流程图

2. 施工工艺

1）预应力筋的加工制作

（1）所加工的预应力筋必须具有产品合格证，经过复验合格并具有报告或具有施工现场会同监理抽取的力学性能试验报告。

（2）无粘结筋塑料外套目测合格。

（3）具备书面下料单。

（4）预应力筋的吊运应运用软起吊，吊点应衬垫软垫层。

（5）下料过程中应随时检查无粘结筋外套管有无破裂，如有应立即用水密性胶带缠绕修补。胶带搭接宽度不小于带宽的一半，缠绕长度应超过破裂长度。严重破损者，切除不用。

（6）下料与工程进度相协调，不宜太多。

（7）挤压锚的制作：剥去套管，套上弹簧圈，端头与钢绞线齐平并不得乱圈、重叠。套上挤压套，钢绞线端头外露 10mm 左右。利用挤压机挤压成型，每次挤压均须清理挤压模并涂以润滑剂。挤压成型的挤压锚、钢绞线端头露出挤压套的长度不应小于 lmm，在挤压套全长内均应有弹簧圈均布。每工作班应抽取三套挤压锚作挤压前、挤压后的外径、内径、全长，以及外观检查记录。

（8）钢丝镦头：采用 LD-10 型镦头器镦制 ϕS5 钢丝，控制油压为 32～36MPa 先行试镦，外形稳定后，取 6 个镦头做强度试验，试验合格后再批量生产。批量生产中，目测外观，外形不良者应随时切除重镦。

（9）制成的预应力筋应分类码放，设置标牌，标注明显。应有防雨、防潮、防污染措施。

（10）下料宜用砂轮锯切割。

2）模板支搭

3）下层非预应力钢筋绑扎

4）布设无粘结预应力筋

（1）梁结构采用钢筋井字架固定，板结构采用铁马凳固定，定位点必须用钢丝绑扎。马凳高度根据设计要求确定，在最高点和最低点处可直接绑扎在非预应力筋上，但必须与设计高度相符。

（2）定位支撑点：支撑平板中单根无粘结预应力筋的支撑钢筋，间距不宜大于 2m；对于支撑 2～4 根无粘结预应力束，支撑钢筋直径为 10mm，间距为 1.5m；对于更多束的预应力筋集束，支撑钢筋直径为 12mm，支撑间距为 1.2m。

（3）多根无粘结预应力筋集束的铺设应相互平行，走向平顺，不得互相扭绞。铺设时可单根顺次铺设，最后以间距为 1～1.5m 铁丝绑扎、并束。

（4）为保证无粘结预应力筋曲线矢高的要求，无粘结筋应和同方向非预应力筋配置在同一水平位置（跨中或最高点处）。

（5）双向配置时，还应注意筋的铺放顺序。施工前进行人工或电算编序，以确定预应力筋的铺放顺序。铺放时，按号顺次交错铺设，以免相互穿插造成施工困难。

5）端部节点安装

（1）张拉端的安装：安装时将无粘结预应力筋从承压板的预留孔中穿出，其承压板垂直段用钢丝绑实。当安装锚具凹进混凝土的张拉段时，应安装穴模，同时在混凝土前，宜在承压板内表面位置将预应力筋外保塑料管沿周边切断，张拉时再将穴模拿掉。

（2）固定端的安装：按设计要求固定在模板内，并配置旋筋。

6）上层非预应力钢筋绑扎

7）无粘结预应力筋的定位高度绑扎

根据设计要求，对无粘结预应力筋各定位高度进行检查，并用钢丝进行固定，同时对预应力筋进行调直，并修补局部外皮破损。

8）隐蔽验收

会同监理进行隐蔽验收工作。需提供自检，预应力筋及其组装件的原材料合格证及复验报告。检验合格后，方可进行混凝土浇筑。

9）混凝土浇筑及振捣

（1）混凝土浇筑时，严禁踏压马凳及防止触动锚具，确保无粘结束型及锚具的位置准确。

（2）张拉端及锚固端混凝土应认真振捣，严禁漏振，保证混凝土的密实性。同时，严禁触碰张拉端穴模，避免由于穴模脱落而影响预应力筋的张拉进行。

（3）应增加两组同条件养护试块，以供预应力筋张拉时确定混凝土强度。

10）混凝土养护

11）预应力筋张拉

（1）逐根测量无粘结预应力筋的外露长度，记录下来作为张拉的原始长度，并做好顺序记录。注：量测时，应注意预应力钢绞线的端头不一定很整齐，所以应以最长或最短根为准，并在张拉完成后测量时遵循同一标准。

（2）接通油泵加压至控制张拉力，而后进行锚固。当千斤顶行程不能满足张拉所需伸长时，中途可停止张拉，做临时锚固，再进行第二次张拉。

（3）当预应力筋规定为两端张拉，两端同时张拉时，宜先在一端锚固后，再在另一端补足张拉力再行锚固；也可一端先张拉并锚固，再在另一端张拉后锚固。

（4）预应力筋的锚固：应在规定油压下锚固。当采用液压顶压时，宜对夹片施加10%～20%的顶压力，预应力筋回缩值不得大于 5mm。若采用夹片限位器，可不对夹片顶压，但预应力筋回缩值不得大于 8mm。

（5）张拉后再次测量无粘结预应力筋的外露长度，减去张拉前的长度，所得之差为实际伸长值。实际伸长值与理论伸长值的误差为 ±6%，如不符，须查明原因，做出调整之后重新张拉。

（6）控制油压正确。当油表指针摆动时，必须停止油泵供油，以指针稳定时的读数为准。

（7）张拉过程中如发现以下情况必须重新标定张拉设备：

①张拉过程中千斤顶漏油。

②张拉伸长跳动不均匀。

③油压表无压时，指针不回零。

④多束相对伸长值超过限制或预应力筋出现颈缩破坏时。

（8）变角张拉：当张拉空间受到限制或特殊工程（如隧道、环向筋）时，可采用变角张拉。由于变角张拉会产生较大的应力损失，故一定要经设计同意。

（9）张拉完成后，应认真填写施工应力表格，由施工人员签名备查。

6.5.5　无粘结预应力结构施工

1. 施工流程（图 6-27）

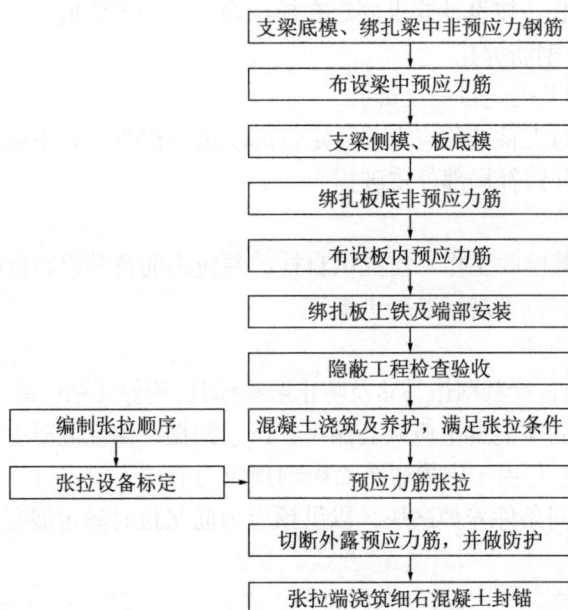

图 6-27　无粘结预应力结构施工流程图

2. 施工工艺

1）预应力筋下料编束

（1）由工长、技术负责人签发下料任务单。

（2）钢绞线不能自由弹出时，须有专人放钢绞线。不要用猛力拉钢绞线，以防形成死弯。钢绞线每隔 1～2m 宜用木方做垫。

（3）下料时应遵循先下长筋，后下短筋的原则。逐根对钢绞线进行编号，长度相同统一编号。

（4）应按编号成束绑扎，每 2m 用钢丝绑扎一道，绑丝头扣向束里。

（5）下料长度控制：钢绞线放线过程中应保证顺直，不与别的钢绞线重叠；钢丝可采用穿入钢管内下料。

（6）镦头锚镦粗头 ϕS5 钢丝用 LD-l0 型钢丝液压冷镦机制作，ϕS7 钢丝用 LD-20 型制作。正式镦头前，先用 10～20cm 的短钢丝 4～6 根进行试镦，头型合格后，确定油压。正式镦头过程中随时检查，发现不合格者及时剪除重镦。

（7）钢绞线压花锚，用 YH 型钢绞线压花机成型。正式压花前先截取 lm 长钢绞线 4～6 根试压，确定花型合格后，正式压花。各根钢丝散开、弯曲没有断筋现象为合格。

（8）钢绞线挤压锚用 JY-45 型挤压机成型。操作挤压时，挤压模内应保持清洁。用异形钢丝衬套时，各卷钢丝并拢，其一端与钢绞线断面平齐。

2）预应力筋孔道成型

用螺旋管成型时，孔道直径比预应力筋（束）直径大 5～15mm。孔道布置、孔道端部排列按设计要求。孔道成型在钢筋骨架成型以后进行。应预先焊架立钢筋，焊端部锚垫板。连接螺旋管的接头长 200～300mm，用大一号直径螺旋管，并且接头处及与锚垫板的接触处均应采用胶带密封。最后安装灌浆孔、排气孔（泌水孔）。灌浆孔与泌水（排气）孔可以通用。

3）预应力筋穿束

混凝土浇筑后穿束。浇筑混凝土后，在养护期内穿入预应力筋，混凝土达到规定强度即可张拉。

4）预应力张拉锚固

（1）张拉前的准备工作：

①搭设张拉操作平台、吊架，平台尺寸 1.5～2m 见方。平台应低于锚垫板 0.8m，锚垫板两侧各有 0.75～1m 的空间。利用结构外脚手架时，特别要求垫板周围 1m 范围内不能有立杆和水平杆。

②制备好张拉锚固记录表。

③锚具、夹具、连接器已检验、进场。

④机具标定进场，并有张拉力与油压的对应关系图。

⑤制定出具体保证张拉锚固、保证质量的安全措施和应急计划，进行安全质量技术交底。

⑥混凝土强度达到设计规定要求并有强度试验报告单。

⑦张拉前检查锚垫板下混凝土的密实情况，有不密实处（如孔洞、蜂窝等）用混凝土或环氧砂浆修补；清除锚垫板上的混凝土，安装锚具。

（2）预应力筋张拉锚固：

张拉顺序按设计要求进行。各楼层、部位应遵循对称、均匀原则，并尽量使设备少搬动。同时张拉两端宜分先后锚固。

可采取分级张拉和分级锚固、分批张拉、分期张拉和补偿张拉。当设计无具体要求时，一次张拉锚固程序可采用：

$0 \rightarrow 10\%\sigma_{con} \rightarrow 105\%\sigma_{con}$，（持荷 2min）$\rightarrow \sigma_{con} \rightarrow$ 锚固或 $0 \rightarrow 10\%\sigma_{con} \rightarrow 103\%\sigma_{con} \rightarrow$ 锚固

张拉时量测预应力筋伸长：量测方法可采用量千斤顶缸体伸长或量外露预应力筋长度变化。实测预应力筋伸长与计算伸长值比较：误差在 ±6% 以内为正常，否则应暂停张拉，查明原因，采取措施后方可继续张拉。

①变角张拉：当遇到张拉作业受到空间限制或特殊情况时，可在张拉端锚具外安装变角块，使预应力筋改变一定角度后进行张拉作业。变角张拉一定要根据设计要求或设计同意后才能进行。

预应力筋连接、搭接张拉：当遇到预应力筋超长时，需采取互相搭接张拉或用连接器连续张拉工艺。连接张拉或搭接张拉要有施工方案，并应经设计同意。填写预应力张拉记录；钢绞线切割，封堵锚头。

②孔道灌浆及封锚：预应力筋张拉锚固后及时灌水泥浆并做好锚具封堵工作。灌浆水泥用等级 42.5 的普通硅酸盐水泥，水灰比不大于 0.4，可适当掺加提高水泥浆性能的外加剂。

灌浆顺序应先下层，后上层。每根构件宜连续灌浆，每个孔道必须一次连续灌满，否则用水冲洗后，重新浇灌。从灌浆孔由近到远逐个检查出浆口（排气孔、泌水孔），待出浓浆后逐一封闭。待最后一个出浆孔出浓浆后，封闭出浆孔，继续加压（0.4～0.6MPa），保压 2min，封闭进浆孔。每工作班留置一组边长为 70.7mm 的立方体试件；

（3）填写灌浆记录：

按设计要求进行封锚；当设计无具体要求时，应符合规范及有关规定。封锚混凝土宜采用比构件设计强度高一等级的细石混凝土封堵，并应进行隐蔽验收。

6.5.6　质量标准

1. 预应力筋制作质量要求（表 6-70）

预应力筋制作质量要求　　　　　　　　　　　　表 6-70

序号	质量要求
1	钢丝束两端采用镦头锚具时，同束钢丝下料长度的相对差值不应大于钢丝长度的 1/1500，且不得大于 5mm，对长度小于 10m 的钢丝束可取 2mm
2	钢丝镦头尺寸不应小于规定值、头型应圆整端正。钢丝镦头的圆弧形周边不允许出现斜裂纹、水平裂纹或长度已延伸至钢丝母材的纵向裂纹
3	钢绞线挤压锚具挤压完成后，钢绞线外端应露出挤压套筒的长度不应小于 1mm
4	钢绞线压花锚具成型时，梨形头尺寸和直线段长度应不小于设计值，其表面不得有污物
5	钢丝墩头不应出现横向裂纹，墩头的强度不得低于钢丝强度标准值的 98%

2. 预应力筋铺设安装质量要求（表6-71）

预应力筋铺设安装质量要求　　　　　　　　　　　　　表 6-71

序号	质量要求
1	预应力筋的品种、级别、规格与数量必须符合设计图纸要求
2	施工过程中应避免电火花损伤预应力筋，受损伤的预应力筋应予以更换
3	预应力筋或成孔管道定位控制点的竖向位置偏差应符合下表规定，其合格点率应达到 90% 及以上，且不得有超过表中数值 1.5 倍的尺寸偏差
4	波纹管或无粘结预应力盘铺设应顺直，端头预埋锚垫反应垂直孔直于道中心线或无粘结预应力筋，并保证锚垫板内侧预应力筋有 300mm 的平直直线段
5	预留孔道或无粘结预应力筋应绑扎牢靠，浇筑混凝土时不得移位和变形
6	内埋式固定端的预埋锚垫板不得重叠，挤压锚具应贴紧锚垫板
7	波纹管或无粘结预应力筋护套应完好，局部破损处应采用粘胶带修补。每圈胶带搭接宽度不应小于胶带宽度的一半，缠绕层数不小于 2 层，缠绕长度应超过破损长度 30mm
8	在锚具根部切断无粘结护套部位，应防止钢绞线裸露
9	平板无粘结预应力筋铺设位置宜留有标志，以便下道工序施工
10	成孔管道的连接应密封
11	预应力筋或成孔管道应平顺，并应与定位支撑钢筋绑扎牢固
12	当后张法预应力筋孔道波峰与波谷的高差大于 300mm ，且采用普通灌浆工艺时，应在孔道波峰处设置排气孔

3. 张拉质量要求（表6-72）

张拉质量要求　　　　　　　　　　　　　　　　　　表 6-72

序号	质量要求
1	预应力筋张拉顺序应对称协调同步，使结构受力均匀，不出现对结构不利的应力状态
2	预应力筋张拉工艺应保证使束中各根预应力筋的应力均匀一致
3	预应力筋张拉伸长实测值与计算值的允许偏差为 +6%，其合格率应达到 90%
4	预应力筋张拉过程中应避免预应力筋断裂或滑脱，对后张法预应力结构构件，钢绞线出现断裂或滑脱的数量不应超过同一截面钢绞线总根数的 3%，且每根断裂的钢绞线断丝不得超过一丝；对多跨双向连续板，其同一截面应按每跨计算
5	预应力筋锚固时，夹片缝隙均匀，外露一致
6	后张预应力筋张拉后，应检查构件有无出现裂缝现象，必要时应测定构件反拱值。如遇到有害裂缝，应会同设计单位处理
7	先张法预应力筋张拉锚固后，实际建立的预应力值与工程设计规定检验值的相对允许偏差为 5%
8	预应力筋张拉或放张前，应对构件混凝土强度进行检验。当设计无要求时应符合下列规定：①应达到配套锚固产品技术要求的混凝土最低强度且不应低于设计混凝土强度等级值的 75%；②对采用消除应力钢丝或钢绞线作为预应力筋的先张法构件，不应低于 30MPa
9	先张法预应力构件，应检查预应力筋张拉后的位置偏差，张拉后预应力筋的位置与设计位置的偏差不应大于 5mm，且不应大于构件截面短边边长的 4%

4. 孔道灌浆质量要求（表6-73）

孔道灌浆质量要求 表 6-73

序号	质量要求
1	灌浆用水泥浆的配合比应通过试验确定，施工中不得任意更改。每次灌浆作业应测定水泥浆流动度
2	灌浆用水泥浆的性能：①3h 自由泌水率宜为 0，且不应大于 1%，泌水应在 24h 内全部被水泥浆吸收；②水泥浆中氯离子含量不应超过水泥重量的 0.06%；③当采用普通灌浆工艺时，24h 自由膨胀率不应大于 6%；当采用真空灌浆工艺时，24h 自由膨胀率应大于 3%
3	水泥灌浆试块采用 70.7mm × 70.7mm × 70.7mm 立方体试模制作，标养 28d 的抗压强度不低于 30MPa
4	孔道灌浆后应检查孔道顶部灌浆密实性，如有空隙，应采取补浆措施
5	灌浆后的泌水孔、灌浆孔、排气孔等均应切至构件表面，再用砂浆填实补平
6	对孔道阻塞或孔道灌浆密实情况有疑问时，可采用无损探测或钻孔检查，但不应破坏结构整体，否则应采取加固措施

第 7 章

主体施工与外围防护工程方案

7.1 脚手架施工方案

7.1.1 施工部署

脚手架施工部署如表 7-1 所示。

脚手架施工部署 表 7-1

序号	项目	脚手架施工部署
施工部署	脚手架选型	地下部分搭设承插型盘扣式落地脚手架
	防护网选型	地下室落地式脚手架外侧防护网采用阻燃密目网
	脚手架搭设参数	横杆步距 1.5m，立杆排距为 0.9m，立杆纵距为 1.5m，内排脚手架距离墙边 300mm 斜撑杆纵距同立杆，立杆和大横杆交接处均设小横杆
	主要材料投入	盘扣钢管、钢跳板、16 号工字钢、直径 14mm 卸荷钢丝绳

7.1.2 施工工艺流程

脚手架施工工艺流程如图 7-1 所示。

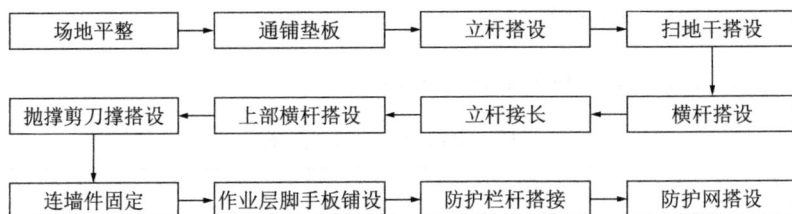

图 7-1 脚手架施工工艺流程

7.1.3 施工方法

施工方法如表 7-2 所示。

施工方法　　　　　　　　　　　　　　　　　　　　　表 7-2

分部分项	承插式盘扣脚手架施工方法
脚手架基础	该支撑架直接将底座放置在混凝土地下室顶板上，基础平整、坚实、牢固可满足承载力要求
转角处搭设	转角部位脚手架的水平构造要求，为了保证转角部位的脚手架整体刚度和稳定性，要求在转角部位每跨加水平斜杆并将其固定在立杆上
立杆接头	立杆接头应错开，起步杆间隔使用 2.0m 和 1.0m 立杆，使立杆接头间距 1m 错开。采用盘扣式脚手架体系专用斜杆设置水平剪力撑，20m 以下时，每层连墙杆水平处（4m 间距）设置一道
剪刀撑设置	沿架体外侧纵向每 5 跨每层设置一根竖向斜杆，端跨的横向每层设置竖向斜杆
连墙件设置	连墙件应从底层第一步纵向水平杆处开始设置。共两种形式： （1）利用框架梁及板上预埋直径 φ48×3.0mm 钢管，长 350mm，埋入 150mm，外露 200mm （2）在无法预埋连墙件的情况，在结构柱通过抱箍形式布置连墙点替代。连墙杆与预埋杆件通过双扣件固定锁牢，要求检查扭矩在 40N·m 以上
防护栏杆	在铺脚手板的操作层上必须在外排立杆内侧，每步 2000mm 范围内设两道护栏，每道 500mm，并在安全密目网外侧设 200mm 高挡脚板，挡脚板采用专用穿孔钢板网。在架子的最顶层外侧要加设二道护栏高度为 1.5m。并用穿孔钢板网封闭外侧。内侧 1000mm 设置一道扶手栏杆，采用普通钢管连接
脚手板设置	外架的操作层和上人坡道采用挂钩钢踏板、挂钩钢爬梯。脚手板垂直于 0.9m 横杆方向铺设，采用盘扣式钢脚手板配套的卡销固定在横杆上
脚手架拆除	（1）脚手架的拆除作业应按自上而下的顺序逐层拆除，不容许上、下两层同时拆除。每层先拆除与结构拉结的杆件，再拆除本层架体。拆完一层后再进行下一层的施工 （2）每层拆除前应先将此层外架上的材料、垃圾等物品清除干净，并将封闭外架用的安全网拆除 （3）拆除过程中要先拆小横杆、大横杆、然后拆除立杆及斜杆。拆除过程中应将已松开连接的杆配件及时拆除运走，避免误扶和误靠已松脱连接的杆件
示意图	

7.1.4　质量要点

1. 承插型盘扣式脚手架材料要求

（1）承插式盘扣脚手架材料要求如表 7-3 所示。

承插式盘扣脚手架材料要求　　　　　　　　　　　　表 7-3

项目	承插式盘扣脚手架材料要求	照片实例
钢管	（1）本工程采用 φ48×3.6mm 的国标钢管，合格证、检验报告齐全 （2）承插型盘扣式脚手架的钢管外径允许偏差应符合要求，钢管壁厚允许偏差应为 ±0.1mm	

项目	承插式盘扣脚手架材料要求	照片实例
可调底座	可调底座的底板宜采用 Q235B 钢板制作，厚度不应小于 5mm，允许尺寸偏差应为 ±0.2mm，承力面钢板长度和宽度均不应小于 150mm；承力面钢板和丝杆采用环焊，并应设置加劲片或加劲拱度 　可调底座丝杆与螺母旋合长度不得小于 5 扣，螺母厚度不得小于 30mm，插入立杆内的长度不得小于 150mm	
跳板	（1）热镀锌钢跳板的外形尺寸 250mm × 50mm × 3000mm （2）钢跳板外形尺寸允许误差：长度不宜超过 +3mm，宽度不宜超过 +2.0mm，高度不宜超过 +1.0mm （3）孔径（12mm × 18mm），孔距（30.5mm × 40mm），表面冲孔向外翻边 2mm，翻边高度 1.5mm （4）板面防滑孔直径误差不宜超过 +1.0mm，圆孔间距误差不宜超过 +2.0mm，孔翻边高度误差不宜超过 +0.5mm	

（2）承插型盘扣式钢管支架主要构配件材质如表 7-4 所示。

承插型盘扣式钢管支架主要构配件材质　　　　表 7-4

立杆	水平杆	竖向斜杆	水平斜杆	扣接头	连接套管	可调底座	可调螺母	连接盘
Q345A	Q235A	Q195	Q235B	ZG230-450	ZG230-450	Q235B	ZG270-500	ZG230-450

2. 承插式盘扣脚手架施工质量要点（表 7-5）

承插式盘扣脚手架施工质量要点　　　　表 7-5

分部分项	承插式盘扣脚手架施工质量要点		
施工质量标准	检查内容		允许偏差
	立杆垂直度		$< L/500$，且 ±50mm
	水平杆水平度		±5mm
	可调托座	垂直度	±5mm
		插入立杆深度 ≥150mm	−5mm
	可调底座	垂直度	±5mm
		插入立杆深度 ≥150mm	−5mm
构配件进场验收	（1）构配件应有钢管支架产品标识及产品质量合格证 （2）构配件应有钢管支架产品主要技术参数及产品使用说明书 （3）当对构配件质量有疑问时，应进行质量抽检和试验		
脚手架分阶段检查与验收	（1）基础完工后及外架搭设前 （2）首段高度达到 6m 时 （3）搭设高度达到设计高度和混凝土浇筑前 （4）架体随施工进度逐层升高时		
脚手架检查内容	（1）基础应符合设计要求，并应平整坚实，立杆与基础间应无松动、悬空现象，底座、支垫应符合规定 （2）搭设的架体三维尺寸应符合设计要求，搭设方法和斜杆、钢管剪力撑等设置应符合本规程规定		

续表

分部分项	承插式盘扣脚手架施工质量要点
脚手架 检查内容	（3）可调托座和调底座伸出水平杆的悬臂长度应符合设计限定要求 （4）水平杆扣接头与立杆连接盘的插销应击紧至所需插入深度的标志刻度 （5）连墙件设置应符合设计要求，应与主体结构、架体可靠连接 （6）外侧穿孔钢板网和防护栏杆的设置应齐全、牢固 （7）周转使用的支架构配件使用前复检合格记录 （8）搭设的施工记录和质量检查记录应及时、齐全 （9）双排外脚手架验收后应形成记录，记录表应符合外架施工验收记录表的要求

7.1.5　脚手架安全计算

本工程主要以落地脚手架进行安全计算。本工程脚手架最大搭设高度为 15.2m，出于安全考虑，本计算书按照脚手架 16m 作为计算模型进行设计计算。

（1）脚手架计算审查如表 7-6 所示。

脚手架计算审查　　　　　　　　表 7-6

脚手架计算审查表

基本参数	脚手架架体高度 H（m）	16	内立杆离建筑物距离 a（mm）	150
	立杆纵向间距 l_a（m）	1.5	立杆横向间距 l_b（m）	0.9
	立杆步距 h（m）	1.5	脚手架总步数 n	12
	顶部防护栏杆高 h_1（m）	1.2	纵横向扫地杆距立杆底距离 h_2（mm）	200
杆件参数	横向横杆钢管类型	B-SG-1800	纵向横杆钢管类型	B-SG-1500
	立杆钢管类型	B-LG-2500 （$\phi 48 \times 3.2 \times 2500$）	水平斜杆材料形式	B-XG-1200×1500
	外斜杆材料形式	专用斜杆	间横杆钢管类型	B-SG-1500
	水平斜杆布置	2 跨 1 设	外斜杆布置	5 跨 4 设
连墙件	连墙件布置方式	两步两跨	连墙件连接方式	扣件连接
	连墙件计算长度 l（mm）	600	连墙件截面类型	钢管
	扣件抗滑移折减系数	0.85	扣件连接方式	双扣件
钢丝绳	钢丝绳型号	6×37	钢丝绳公称抗拉强度（N/mm²）	1570
	钢丝绳绳夹数量[n]	4	钢丝绳直径（mm）	14

（2）计算过程见表 7-7。

脚手架计算过程　　　　　　　　表 7-7

序号	验算项目		计算过程	结论
1	横向横杆验算	抗弯	$\sigma = M_{max}/W = 0.238 \times 106/2890$ $= 82.24 \text{N/mm}^2 \leqslant [f] = 205 \text{N/mm}^2$	满足要求

续表

序号	验算项目		计算过程	结论
1	横向横杆验算	挠度	$V_{max} = l_b4/384EI = 5 \times 1.706 \times 9004/(384 \times 206000 \times 60700)$ $= 1.17mm \leqslant [\nu] = min[l_b/150,10]$ $= min[900/150，10] = 6mm$	满足要求
2	间横杆验算	抗弯	$\sigma = M_{max}/W = 0.240 \times 106/2890 = 82.94N/mm^2 \leqslant [f] = 205N/mm^2$	满足要求
		挠度	$V_{max} = 5q'l_b4/384EI = 5 \times 1.723 \times 9004/(384 \times 206000 \times 60700)$ $= 1.18mm \leqslant [\nu] = min[l_b/150,10]$ $= min[900/150，10] = 6mm$	满足要求
3	纵向横杆验算	抗弯	$\sigma = M_{max}/W = 0.542 \times 106/2890 = 187.6N/mm^2 \leqslant [f] = 205N/mm^2$	满足要求
		挠度	$V_{max} = 7.579mm \leqslant [\nu] = min[l_a/150]$	满足要求
		抗剪承载力	$FR = 2R端部 + R_1 = 2 \times 1.091 + 1.056 = 3.238kN \leqslant [Q_b] = 40kN$	满足要求
4	立杆稳定性验算	长细比	长细比 $\lambda = l_0 \neq 2.175 \times 1000/15.9 = 136.792 \leqslant 210$	满足要求
		立杆稳定性	$\sigma = 110.726N/mm^2 \leqslant [f] = 300N/mm^2$	满足要求
5	连墙件承载力验算	连墙件	$(N_{lw} + N_0)/A_c = (6.716 + 3) \times 103/(0.896 \times 424)$ $= 25.575N/mm^2 \leqslant [f] = 205N/mm^2$	满足要求
		扣件	$N_{lw} + N_0 = 6.716 + 3 = 9.716kN \leqslant 0.85 \times 12 = 10.2kN$	满足要求
结论	满足要求			

7.2 屋面工程施工方案

7.2.1 施工概况

本项目屋面工程分为景观种植不上人屋面（类型一）和水泥砂浆不上人屋面（类型二）两种，如表 7-8 所示。

屋面工程施工概况　　　　　　　　　　　　表 7-8

类型	图例
屋1：景观种植不上人屋面（类型一）	种植土层最薄300厚 200g/m²无纺布过滤层 20高凹凸型排（蓄）水板 300g/m²土工布保护层 20厚DS砂浆保护层 4厚自粘型聚合物改性沥青防水卷材（长纤维，聚酯胎Ⅱ型）+4厚耐根穿刺型SBS改性沥青防水卷材（含化学阻根剂） 20厚DS砂浆找平层 70厚B1挤塑聚苯板 最薄30厚LC7.5轻集料混凝土1%找坡层 屋面层

类型	图例
屋1：景观种植不上人屋面（类型一）	种植土层最薄300厚 200g/m²无纺布过滤层 20高凹凸型排（蓄）水板 300g/m²土工布保护层 20厚DS砂浆保护层 4厚自粘型聚合物改性沥青防水卷材（长纤维，聚酯胎Ⅱ型）+4厚耐根穿刺型SBS改性沥青防水卷材（含化学阻根剂） 20厚DS砂浆找平层 70厚B1挤塑聚苯板 屋面层
屋2：水泥砂浆不上人屋面（类型二）	20厚DS砂浆保护层 4厚自粘型聚合物改性沥青防水卷材（长纤维，聚酯胎Ⅱ型）+4厚SBS改性沥青防水卷材（长纤维，聚酯胎Ⅱ型） 20厚DS20砂浆找平层 最薄30厚LC7.5轻集料混凝土1%找坡层 70厚B1挤塑聚苯板 屋面层

7.2.2　施工部署

1. 混凝土浇筑

混凝土浇筑的部位及内容如表 7-9 所示。

混凝土浇筑的部位及内容　　　　　　　　　　　表 7-9

序号	部位	内容
1	准备	对模板进行适度浇水湿润，后期模板面干时改用喷水方式湿润 配制与混凝土同配比的水泥砂浆，均匀洒在墙柱及板的底部，墙柱摊铺厚度不大于 100mm，板的摊铺厚度以不大于 10mm 为宜（必要时） 按先墙柱、后梁板；先下后上对称浇筑顺序进行 本次浇筑采用混凝土泵车进行布料，塔式起重机配合 防止泵管碰撞钢筋和模板，以确保施工安全
2	墙柱混凝土	墙柱混凝土下料时，应按不大于 500mm 的要求分层下料，同时做到分层振实，振捣以混凝土不再下沉、均匀泛浆为度，上层混凝土振捣时应深入下层混凝土中 50～100mm，墙柱混凝土第一次浇至梁底 30～50mm，上部与梁板混凝土一次性浇筑完成。对于高度在 3m 以上的竖向构作，浇筑后 2h 内宜进行振捣（800mm 左右深），以提高墙柱混凝土的密实度
3	梁板混凝土的浇筑	为减少斜板混凝土的下挫力，每隔 1.5m 的间距布置一道横向快易收口网。快易收口网需与上、下层板筋绑扎固定 模板面适度湿润，面润为度

序号	部位	内容
3	梁板混凝土的浇筑	梁板混凝土由下至上进行浇筑，每个区段内混凝土先浇梁、后浇板，浇板时宜先铺一层厚约 10mm 与混凝土同组分的水泥砂浆。板的混凝土摊铺后，先用木刮杠初步刮平，由低向高处进行刮平，后用轻型插入式振动器按不大于 400mm 的间距斜向插入板内，由低向高逐点振捣，振捣时，对于下挫的混凝土应用木杠将混凝土及时补至板厚，板厚的控制可用钢筋前端焊了板厚的挡铁随时抽查，板厚满足要求后，可用铝合金刮尺进一步刮平，此时可用铁板拍打混凝土，以达到提浆的目的，随用塑料或木抹子将表面第一次扫毛，待混凝土尚未终凝时（一般以手指轻按不明显下陷为度）进行二次扫毛抹面，斜屋面扫毛应扫出横向纹路为宜 　　梁板混凝土浇筑过程中，应注意观察混凝土的凝固情况，当混凝土出现初凝应及时接浇混凝土，以防止混凝土出现施工冷缝。本次混凝土供料应确保浇筑的连续性，当出现意外情况时，现场应做好施工缝的留设工作，施工缝应垂直于板面，并应尽可能规则、位于受剪力较小位置处，技术人员根据实际情况提前做出安排（利用料斗里的混凝土），后期接浇时按施工缝要求进行处理 　　梁板混凝土浇至屋脊时，应对梁内混凝土进行振捣，后带线修整，使屋脊线位置正确位置 　　混凝土浇完 12h 内组织专人覆盖养护，本次混凝土养护时间不得少于 14d，以表面保持湿润为度 　　斜屋面混凝土浇筑宜在无雨天气进行，当不可避免时应做好防雨工作

2. 挤塑聚苯板施工方法

挤塑聚苯板施工方法如表 7-10 所示。

控制项目及控制要点表　　　　　　　　表 7-10

控制项目	控制要点
基层清理	基层必须清理干净，要求无油渍、污垢、灰尘、风化物、泥土等污物，表面平整度不得超过 5mm，不符合要求可用 1∶3 水泥砂浆修补找平整，基层若太干燥，吸水性强时，应先洒水
弹线找坡	按设计坡度及流水方向，找出坡度走向，确定保温层的厚度范围
配胶粘剂	拟选用热沥青对挤塑聚苯板进行粘结。 　　先将 10 号、30 号沥青碎块按一定比例放入沥青锅内逐渐均匀加热，加热过程中随时搅拌，熔化后用漏勺及时捞清杂物，熬至脱水无泡沫时进行测温，建筑石油沥青熬制温度应不高于 240℃，使用温度不低于 190℃
保温板粘贴	（1）挤塑聚苯板粘贴前应先根据施工图在处理过的基层表面弹线 　　（2）挤塑聚苯板粘贴采用满粘法 　　（3）将挤塑聚苯板底面在熬制好的沥青中浸蘸后，直接粘贴到基层上
保温板粘贴要求	（1）铺砌时应从一个方向向另一方向进行铺贴，在女儿墙、檐沟及屋面凸出的刚性构件部位，保温板粘贴时应预留出 1～20mm 伸缩缝 　　（2）挤塑聚苯板应错缝排列，错缝长度为 1/2 标准板长，并不小于 100mm。最小非标准挤塑聚苯板尺寸不应小于 150mm，且不应设置在边缘处 　　（3）非标准块挤塑聚苯板可用手提切割机或钢锯进行切割加工 　　（4）胶粘剂应分别涂抹于挤塑聚苯板背面、侧面和基层 　　（5）挤塑聚苯板粘贴时应及时用靠尺压平，保证保温板屋面的坡度。凝结过程中不得敲击扰动 　　（6）挤塑聚苯板粘结层厚度宜为 2～3mm 　　（7）挤塑聚苯板铺贴 2h 后，对坡度不符合要求的可用专用搓板打磨找平 　　（8）材料不应破碎，缺棱掉角，铺设时遇到破碎不齐的，应锯平拼接使用 　　（9）粘贴挤塑聚苯板前，板材应干燥、平整、清洁 　　（10）变形缝处应做好防水和保温构造处理

3. 水泥砂浆找平

（1）施工流程如图 7-2 所示。

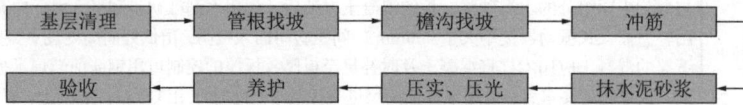

基层清理 → 管根找坡 → 檐沟找坡 → 冲筋

验收 ← 养护 ← 压实、压光 ← 抹水泥砂浆

图 7-2　水泥砂浆找平施工流程图

（2）施工方法：

水泥砂浆找平施工方法如表 7-11 所示。

水泥砂浆找平施工方法　　　　　　　　　表 7-11

序号	工序	施工方法
1	基层清理	将屋面板上面的松散杂物清扫干净，凸出基层表面的硬块要剔平扫净
2	施工放线	弹出屋脊线及檐口线具体位置，并抄出屋脊水平线
3	管根找坡	出屋面管道根部用水泥砂浆做成一个圆弧，高出屋面 50mm，并在与管道交接处预留 20mm×20mm 的槽，用以填嵌密封材料
4	找平	找平层施工前，应对基层洒水湿润，但不能用水浇透，宜适当掌握，以达到找平层和找坡层能牢固结合为度据坡度要求拉线找坡贴灰饼，顺排水方向、屋脊方向冲筋，冲筋的间距为 1.5m；在雨水口处找出泛水，冲筋后进行找平层抹灰 砂浆铺设按由远到近、由高到低的程序进行。由于本工程屋面主要为坡屋面，因此砂浆的稠度应控制在 70mm 左右，且应严格掌握屋面坡度 第一遍压光：拐角、墙根等处应在大面积抹前先做成 ≥50mm 的圆弧，大面积抹灰在两筋中间铺砂浆，用刮杠刮平，木抹子搓平压实，铁抹子压光 铁抹子压第二遍、第三遍：当水泥砂浆开始凝结，人踩上去有脚印但不下陷时，用铁抹子压第二遍，要注意防止漏压，并将死坑、死角、砂眼抹平，当抹子压不出抹纹时，即可找平、压实，完成第三遍抹压，这道工序，宜在砂浆终凝前进行 檐口带线抹灰找平、找直 找平层施工（一）　　　　找平层施工（二）

4. 土工布保护层

土工布不要绷得太紧，两端埋入土体部分呈波纹状，最后在所铺的土工布上用细砂或黏土铺一层 10cm 左右过渡层。砌上 20~30cm 块石（或混凝土预制块）作防冲保护层。施工时，应尽力避免石块直接砸在土工布上，最好是边铺土工布边进行保护层的施工。复合土工布与周边结构物连接应采用膨胀螺栓和钢板压条锚固，连接部位要涂刷乳化沥青（厚2mm）粘接，以防该处发生渗漏。

5. 凹凸型排水板

排水板在插打时，导架应垂直，透水滤套应保护不被污染及撕破。排水板于桩尖锚固应牢固，防止钢套管拔出时带出塑料排水板。插打排水板间距允许偏差值在 ±150mm 范围内，其垂直度偏差为 ±1.5%。塑料排水板带需要接长时，应采用滤膜内芯带平搭接的连接方法，搭接长度宜大于 200mm。做好施工记录，记录要包含打设深度、回带长度、回带板根数、补打塑料板数量及补打位置等。

排水板留出孔口应保证伸入垫层不小于 0.2m，及时清理淤泥并弯折埋设于垫层中，使其与垫层贯通，并将其保护好，防止机械、车辆进出时受损，影响排水效果。

6. 无纺布过滤层

无纺布的作用：无纺布在建筑工程上面有加固、加筋、过滤、隔热、分离、排水等作用。

在施工中，土工膜上面的土工布采用自然搭接，土工膜上层土工布采用缝接或热风焊接。热风焊接是首先的长丝土工布的连接方法，即用热风枪对两片布的连接瞬间高温加热，使其部分达到融熔状态，并立即使用一定的外力使其牢牢地粘合在一起。

在潮湿（雨雪天）天气不能进行热粘连接的情况下，土工布应采取另一方法——缝合连接法，即用专用缝纫机进行双线缝合连接，且采用防化学紫外线的缝合线。

7. 种植土

种植土回填拟采用机械化施工方法，以挖掘机配合自卸车挖运土方。

由于新换入的土壤大部为生土，不能直接用于苗木的种植，因此要对土壤改良，土壤的改良要有以下几个步骤，如表 7-12 所示。

土壤改良的项目及内容表　　　　　　　　　　　表 7-12

序号	项目	内容
1	土壤 pH 值的测试	对土壤的 PH 值进行测试，根据土壤的酸碱性，确定改良土壤用的肥料。合格种植土的标准，含盐量 ≤ 2‰，pH 值 = 7～8.5
2	土壤的砂性测试	土壤的砂性小则黏性大，土壤透气性差，许多苗木的成活率会大大降低；土壤的砂性大，则土壤不能存水、存肥，对苗木的生长不利
3	土壤进行中耕松土	用犁地机、旋耕机，对土壤进行松土。对于机械不便工作的地方如排水沟边等，进行人工松土。松土的最小深度为 300mm
4	施肥	根据土壤测试的结果进行施肥。一般情况下，应按如下方案进行施肥：有机肥：复合肥：尿素 = 1：1：1；50～70 斤/亩
5	整平	回填按图纸要求及现场特点整平，做好起伏
6	外观造型控制	回填前测量出回填范围的边线，保证种植土造型美观、舒适。局部地方用人工进行造型
7	种植土厚度	严格按照施工设计图，保证种植造型美观、舒适和各种植物的生长特性要求，进行种植土厚土控制

7.2.3 屋面工程质量控制重点

1. 控制重点

屋面工程质量控制重点措施如表 7-13 所示。

屋面工程质量控制重点措施表　　　　　　　　　　表 7-13

序号	措施
1	施工中坚持工序间层层把关，做好自检，发现问题及时处理
2	严格验收防水层、保温层、找平层的工序质量，每道工序提前报验，合格后方可进入下道工序，按程序操作不得违章
3	防水层基层必须干燥，严格卷材搭接尺寸，保证女儿墙壁面卷材铺贴垂直度，采用定点弹线铺贴，杜绝余铺跑线，影响卷材搭接尺寸
4	卷材与基层之间的接缝部位，粘接要牢固，不得有褶皱、空洞、脱皮、滑动、起鼓等现象。确因基层局部不平，造成空鼓起泡，用开刀拉开放气，重新粘贴卷材防水层，使之贴牢、压实，再将大于开刀拉开边缘 200mm 宽范围内的四周的铺贴卷材一道
5	出屋面透气管、烟风道、排水口周围和卷材收头处应密封牢靠严实
6	保温板应紧贴现浇混凝土屋面结构层，铺平垫稳，拼缝严密，且缝隙使用同类型松散材料填充密实

2. 质量标准

屋面工程质量控制重点质量标准如表 7-14 所示。

屋面工程质量控制重点质量标准　　　　　　　　　　表 7-14

序号	类别	内容
1	保证项目	保温材料强度、密度、导热系数必须符合设计要求和施工规范规定
		找平层坡度必须符合设计要求和施工规范的规定
		SBS 防水品种、性能必须符合设计要求和施工规范的规定
		屋面卷材防水层严禁有渗漏现象
		防水的坡度必须符合设计要求
		平瓦、其辅助材料的质量必须符合设计要求和施工规范规定
		屋面排汽道应保证贯通，不得堵塞；排汽管应安装牢固，位置正确
2	基本项目	水泥砂浆找平层与基层结合牢固，不得有脱皮和起砂等缺陷
		分格缝的留设位置和间距应符合设计要求和施工规范规定
		找平层与突出屋面结构的连接处和转角处应做圆弧形且整齐平顺
		卷材防水层的表面平整度应符合排水要求和无积水现象
		铺贴的卷材不露底、不堆积，搭接尺寸应准确接缝和末端处理必须封严，不得有扭曲、褶皱、翘边、脱层的缺陷
		卷材附加层、泛水立面收头等做法应符合施工规范规定
		泛水做法正确，分格缝的位置和间距符合施工规定、缝格平直

7.3　防水工程施工方案

7.3.1　施工概况

地下室防水做法如表 7-15 所示。

地下室防水做法　　　　　　　　　　表 7-15

防水部位	防水类型	具体做法
地下室底板	卷材防水	4mm 厚自粘聚合物改性沥青防水卷材（长纤维，聚酯胎Ⅱ型）+ 4mm 厚 SBS 改性沥青防水卷材（长纤维，聚酯胎Ⅱ型）
地下室外墙立面	防水保护层	60mm 厚 B1 级挤塑聚苯板（干密度 30kg/m³）保护层兼保温层
地下室外墙立面	卷材防水	20mm 厚干拌砂浆找平层（防水找平层上按需要刷基层处理剂一遍） 4mm 厚自粘聚合物改性沥青防水卷材（长纤维，聚酯胎Ⅱ型）+ 4mm 厚 SBS 改性沥青防水卷材（长纤维，聚酯胎Ⅱ型）
地下室顶板	卷材防水	4mm 厚自粘聚合物改性沥青防水卷材（长纤维，聚酯胎Ⅱ型）+ 4mm 厚 SBS 改性沥青耐根穿刺型防水卷材（含化学阻根剂）

室内防水做法如表 7-16 所示。

室内防水做法　　　　　　　　　　表 7-16

防水部位及类型	具体做法
楼地涂膜防水	1mm 厚水泥基渗透结晶型防水涂料
下沉庭院防水	4mm 厚 SBS 改性沥青耐根穿刺型防水卷材（含化学阻根剂） 4mm 厚自粘聚合物改性沥青防水卷材（长纤维聚酯胎Ⅱ型）
楼地面涂膜防水	防水膜品种：聚氨酯防水涂料 涂膜厚度、遍数：1.5mm 厚，2～3 遍（聚氨酯需多遍涂刷，每遍实干后涂下遍，一般 2～3 遍可达到 1.5mm 厚）
细石混凝土楼地面	1.5mm 厚聚氨酯防水层
防滑瓷砖防水楼面	1.5mm 厚聚氨酯防水层

外墙防水做法如表 7-17 所示。

外墙防水做法　　　　　　　　　　表 7-17

外墙类型	防水做法
涂膜墙面	防水膜品种：聚合物水泥基（JS）防水涂料 1.5mm 厚 涂膜厚度、遍数：1.5mm 厚，2～3 遍（JS 防水涂料需分层涂刷，一般 2～3 遍完成 1.5mm 厚度）

内墙防水做法如表 7-18 所示。

内墙防水做法　　　　　　　　　　表 7-18

内墙类型	防水做法
面砖防水墙面	1.5mm 厚聚合物水泥基防水涂料

续表

内墙类型	防水做法
矿棉板吸声墙面	1.5mm 厚聚合物水泥基防水涂料

屋面防水做法如表 7-19 所示。

屋面防水做法　　　　　　　　　　表 7-19

防水类型	防水做法
卷材防水	4mm 厚自粘型聚合物改性沥青防水卷材（长纤维，聚酯胎Ⅱ型）+4mm 厚耐根穿刺型 SBS 改性沥青防水卷材（含化学阻根剂）
	4mm 厚自粘型聚合物改性沥青防水卷材（长纤维，聚酯胎Ⅱ型）+4mm 厚 SBS 改性沥青防水卷材（长纤维，聚酯胎Ⅱ型）

石材台阶防水做法如表 7-20 所示。

石材台阶防水做法　　　　　　　　　　表 7-20

防水部位及类型	具体做法
石材台阶面 1	1mm 厚水泥基渗透结晶型防水涂料
石材台阶面 2	20mm 厚防水砂浆保护层、1.5mm 厚聚氨酯防水涂料、1mm 厚水泥基渗透结晶型防水涂料

蓄能水池防水做法如表 7-21 所示。

蓄能水池防水做法　　　　　　　　　　表 7-21

防水部位及类型	具体做法
蓄能水池顶板	1mm 厚喷涂聚脲防水层、2mm 厚喷涂聚脲防水层
蓄能水池池底	2mm 厚喷涂聚脲防水层、1mm 厚喷涂聚脲防水层（防潮层）、钢筋混凝土自防水底板
蓄能水池池侧	（1）2mm 厚喷涂聚脲防水层 （2）2 道聚脲封闭底漆 （3）80mm 厚喷涂硬泡聚氨酯保护层 （4）1mm 厚喷涂聚脲防水层（防潮层） （5）聚脲封闭底涂层 （6）1.5mm 厚涂刷环氧腻子 （7）钢筋混凝土自防水池壁 （8）50mm 厚 B1 级挤塑聚苯板保护层（30kg/m³）

水池防水做法如表 7-22 所示。

水池防水做法　　　　　　　　　　表 7-22

防水部位及类型	具体做法
水池内侧池底	20mm 厚 1：2 聚合物水泥砂浆防水找平层、钢筋混凝土自防水池底
水池内侧池侧	（1）环氧树脂玻璃钢三面五涂 （2）满刮腻子一遍，干后打磨平整

续表

防水部位及类型	具体做法
水池内侧池侧	（3）20mm 厚 1：2 聚合物水泥砂浆防水找平层 （4）钢筋混凝土自防水池侧 （5）50mm 厚 B1 级挤塑聚苯板保护层（30kg/m³）
长条水池池侧	0.7mm 厚聚乙烯丙纶防水卷材用 1.3mm 厚胶粘剂粘贴

其他防水部位及做法：

（1）排水沟防水做法：1.5mm 厚聚氨酯防水层（两道）。

（2）集水坑、隔油池、隔油地沟等防水平面：涂刷 1.5mm 厚 JS 聚合物水泥基防水涂料、20mm 厚防水砂浆保护层。

（3）桩头防水：非固化橡胶沥青防水涂料，厚度不小 2mm。

7.3.2　施工部署

施工部署的项目及内容如表 7-23 所示。

施工部署的项目及内容　　　　　　　　　　　　　　表 7-23

序号	项目		内容
施工准备	技术准备		施工前应进一步核对图纸和技术文件做好会审工作，对原有图纸和需要改动的部分进行书面准备将会审文件提交甲方、监理、设计，进行协商处理 为将本工程的质量目标、安全目标、技术准备贯彻落实，必须按项目部各班组、各施工人员进行逐级交底。项目部、各班组长的技术交底由项目经理和技术总工主持；各班组、各施工人员的技术交底由施工员和各班组长主持，交底内容包括安全技术交底、施工技术交底、质量通病防治交底、预防措施交底、质量要求等专项交底
	劳动力准备		项目部为方便施工队伍管理，根据施工现场的施工条件组织多支专业防水施工队伍施工。每支施工队必须配备专职的技术、质量、安全管理人员，现场每个班组配备班组长。根据工程采用的施工组织方式，确定合理的劳动力组织计划，每支施工队建立相应的专业和混合施工班组，对自有的技术操作人员进行技能复核考试，符合技术要求的工人方准上岗。特殊工种人员必须持有相应的技术等级证书方可上岗操作
	机械准备		防水工程使用的主要机械设备为塔式起重机、施工升降机、电焊机 根据总体施工进度安排合理调整施工机械数量，一切施工机械的进场必须符合质量和安全要求，机械进场执行验收制度，实行人机配套管理
	物资准备		防水工程所需主要材料为聚胎酯 SBS 高聚物改性沥青防水卷材、SBS 耐根刺防水卷材、钢板止水带、橡胶止水带、聚合物水泥基防水涂料、聚氨酯环保型防水涂料 施工前制定详细的物资进场计划、检试验计划、确保物资供应及时，各道工序施工前确保材料检验试验完成。所用材料符合设计及规范要求

7.3.3　工艺流程

1. 卷材防水施工

（1）施工流程：

卷材防水施工流程如表 7-24 所示。

卷材防水施工流程　　　　　表 7-24

序号	流程图
1	基层清理 → 涂刷基层处理剂 → 细节处理 → 铺贴卷材 验收 ← 蓄水、淋水实验 ← 收头处理 ← 排气压牢
2	 第一步：基层清理　　第二步：涂刷处理剂　　第三步：细部附加层
3	 第四步：铺贴卷材　　第五步：热熔封边　　第六步：检查验收

（2）施工操作要点：

卷材防水施工操作要点如表 7-25 所示。

卷材防水施工操作要点　　　　　表 7-25

序号	工序	方法
1	基层清理	铺贴卷材必须严格检查基层，要求必须坚实平整，不能有松动、起砂、空鼓等缺陷
		施工前要将基层水泥砂浆余渣、尘土及杂物铲除并清扫干净
		基层必须干净干燥，含水率在 9% 以内才能施工。检测方法：将 1m² 卷材平坦地干铺在找平层上，静置 3～4h 后掀开检查，找平层覆盖部位与卷材上未见水印即可铺设防水层
2	涂刷基层处理剂	在干燥的基层上涂刷冷底子油，要求涂刷均匀，一次涂好，干燥 6h（以不粘脚为宜）。并将管根、雨水口等部位凹槽内采用密封材料嵌填密实
3	特殊部位处理	在所有阴阳角处先铺贴一层卷材附加层，附加层高度、宽度均不小于 250mm，铺贴后剪缝处用密封膏封固
		水落口周围直径 500mm 范围内用密封材料涂封作为附加层，厚度不小于 2mm，涂刷时应根据防水材料的种类采用不同的涂刷遍数来满足涂层的厚度要求。水落口杯与基层接触处凹槽嵌填密封材料。铺至水落口的各层卷材和附加层，均应粘贴在杯口上，用雨水罩的底盘将其压紧。底盘与卷材间应满涂胶结材料予以粘结，底盘周围用密封材料填封
		出屋面管道根部的圆弧凹槽内采用密封材料嵌填密实。防水层收头处应用金属箍箍紧，并用密封材料封严
		卷材防水层施工顺序，应先进行屋面节点、附加层，以及屋面排水的集中部位（如水落口、管道）的施工，然后从屋面最低标高处自下而上进行施工。对高低跨屋面，应按先高后低的顺序施工

续表

序号	工序	方法
4	热熔铺贴卷材	铺贴前，在基层表面按卷材宽度排好尺寸，弹出标准线，为铺好卷材创造条件 起始端卷材的铺贴：将卷材置于起始位置，对好长、短方向搭接缝，滚展卷材 1000mm 左右，掀开已展开的部分，开启喷枪点火，喷枪头与卷材保持 50~100mm 距离，与基层呈 30°~45°角，将火焰对准卷材与基层交接处，同时加热卷材底面熔胶面和基层，至热熔胶层出现黑色光泽、发亮至稍有微泡出现，慢慢放下卷材平铺于基层，然后进行排气辊压使卷材与基层粘结牢固。当起始端铺贴至剩下 300mm 左右长度时，将其翻放在隔热板上，用火焰加热余下起始端基层后，再加热卷材起始端余下部分，然后将其粘贴于基层
		滚铺：卷材起始端铺贴完成后即可进行大面积滚铺。持喷枪人位于卷材滚铺的前方，按上述方法同时加热卷材和基层。推滚卷材人蹲在已铺好的卷材起始端上面。等卷材充分加热后缓缓推压卷材，并随时注意卷材的平整顺直和搭接缝宽度，其后紧跟一人用棉纱团等从中间向两边抹压卷材，赶出气泡，并用刮刀将溢出的热熔胶刮压接边缝，另一人用压辊压实卷材，与基层粘贴密实
		搭接缝施工。卷材长边、短边搭接长度均大于等于 100mm 接缝处要熔焊粘牢，以边缘挤出沥青为合格，随即刮封接口，防止出现张嘴和翘边

2. 聚脲防水层施工

（1）施工流程如图 7-3 所示。

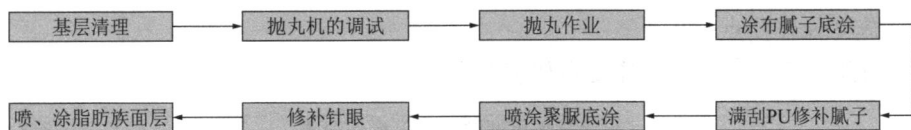

图 7-3　聚脲防水层施工流程

（2）施工操作要点：

聚脲防水层的施工首先就是要对整个基层进行验收处理，整个施工的基层必须要保持平整，同时必须要保证干燥，整个基层必须要密实，不能有任何的蜂窝麻面，也不能有任何的油污、松动的情况，而且在这样的基础上，必须要保证平整度必须要小于 3mm 靠尺。

因为聚脲防水层的施工对于混凝土的含水量有一定的要求，必须要保证基层混凝土含水量达到施工的要求，必须要小于 7%。

3. 水泥基结晶型防水施工

（1）施工流程：

水泥基结晶型防水施工流程如表 7-26 所示。

水泥基结晶型防水施工流程　　　　　　　　　　　　表 7-26

序号	流程图
1	

序号	流程图		
2	第一步：基层处理	第二步：准备材料	第三步：防水材料拌合
3	第四步：防水喷涂	第五步：防水养护	第六步：淋、蓄水试验

（2）施工操作要点：

水泥基结晶型防水施工操作要点如表7-27所示。

水泥基结晶型防水施工操作要点　　　　　　　表7-27

序号	项目	施工方法
1	基层处理	检查混凝土基面有无病害或缺陷，有无钢筋头、有机物、油漆等其他粘结物等，对存在的部位进行认真清理，对混凝土出现裂缝的部位用钢丝刷进行重点打毛
2	基面湿润	用水充分湿润处理过的待施工的施工基面，保持混凝土结构得到充分的湿润、润透，但不宜有明水
3	制浆	（1）水泥基渗透结晶性防水涂料、粉料与干净的水调和（水内要求无盐、无有害成分），混合时可用手电钻装上有叶片的搅拌棒或戴上胶皮手套用手及抹子搅拌 （2）水泥基渗透结晶性防水涂料、粉料与水的调和比：按照容积比，涂刷用时用5份料2.5份水调和 （3）水泥基渗透结晶性防水涂料灰浆的调制：将计量过的粉料与水倒入容器内，用搅拌物充分搅拌3～5min，使料拌和均匀；一次调料不宜过多（调成后不准再加水及粉料，一次成型），要在20min内用完
4	涂刷	（1）水泥基渗透结晶型防水涂料涂刷时要用专用半硬的尼龙刷 （2）涂刷时要注意来回用力，确保凹凸处满涂，并厚薄均匀 （3）在平面或台阶处进行施工时须注意将水泥基渗透结晶型防水涂料涂刷均匀，阴阳角处要涂刷均匀，不能有过厚的沉积，防止在过厚处出现开裂 （4）裂缝大于0.4mm时应先开槽，后湿润，再涂刷水泥基渗透结晶型防水涂料浓缩剂浆料，1.5h厚用水泥基渗透结晶型防水涂料浓缩剂半干料团夯实，继续用水泥基渗透结晶型防水涂料浓缩剂浆料涂刷，用量不变 （5）一般要求涂刷2道，即在第1层涂料达到初步固化（1～2h）后，进行第2道涂料涂刷。当第1道涂料干燥过快时，应浇水湿润后再进行第2道涂刷
5	检验	（1）水泥基渗透结晶型防水涂料涂层施工完毕后，须检查涂层是否均匀，如有不均匀处，须进行修补 （2）水泥基渗透结晶型防水涂料涂层施工完毕后，须检查涂层是否有暴皮现象，如有，暴皮部位需要清除，并进行基面再处理后，再次用水泥基渗透结晶型防水涂料涂刷 （3）水泥基渗透结晶型防水涂料涂层的返工处理：返工部位的基面，均需潮湿，如发现有干燥现象，则需喷洒水后再进行水泥基渗透结晶型防水涂料涂层的施工，但不能够有明水出现

续表

序号	项目	施工方法
6	养护	（1）水泥基渗透结晶型防水涂料终凝后 3～4h 或根据现场湿度而定，采用喷雾式洒水养护，每天喷水养护 3～5 次，连续 2～3d，外施工时要注意避免雨水冲坏涂层 （2）施工过程中 48h 内避免雨淋、霜冻、日晒、沙尘暴、污水及低温 （3）养护期间不得碰撞防水层
7	验收	（1）用观察法检查：涂层要涂刷均匀，不许有漏涂和漏底。 （2）按规定做好养护，保证养护时间、次数及使用雾水，同时养护期间不得有磕碰。 （3）涂层不得有起皮、剥落、裂纹等现象

4. 聚氨酯防水涂料施工

聚氨酯防水涂料施工控制要点如表 7-28 所示。

聚氨酯防水涂料施工控制要点表　　　　　　　　　表 7-28

序号	控制项目	控制要点
1	材料配制	聚氨酯按甲料、乙料和二甲苯以 1∶1.5∶0.3 的比例（重量比）配合，用电动搅拌器强制搅拌 3～5min，至充分拌和均匀即可使用。配好的混合料应 2h 内用完，不可时间过长
2	附加涂膜层	穿过墙、顶、地的管根部，地漏、排水口、阴阳角，变形缝并薄弱部位，应在涂膜层大面积施工前，先做好上述部位的增强涂层（附加层） 附加涂层做法：是在涂膜附加层中铺设玻璃纤维布，涂膜操作时用板刷刮涂料驱除气泡，将玻璃纤维布紧密地粘贴在基层上，阴阳角部位一般为条形，管根为块形，三面角，应裁成块形布铺设，可多次涂刷涂膜
3	涂刷第一道涂膜	在前一道涂膜加固层的材料固化并干燥后，应先检查其附加层部位有无残留的气孔或气泡，如没有，即可涂刷第一层涂膜；如有气孔或气泡，则应用橡胶刮板将混合料用力压入气孔，局部再刷涂膜，然后进行第一层涂膜施工 涂刮第一层聚氨酯涂膜防水材料，可用塑料或橡皮刮板均匀涂刮，力求厚度一致，在 1.5mm 左右，即用量为 1.5kg/m²
4	涂刷第二道涂膜	第一道涂膜固化后，即可在其上均匀地涂刮第二道涂膜，涂刮方向应与第一道的涂刮方向相垂直，涂刮第二道与第一道相隔的时间一般不小于 24h，亦不大于 72h
5	涂刷第三道涂膜	涂刮方法与第二道涂膜相同，但涂刮方向应与其垂直
6	稀撒石碴	在第三道涂膜固化之前，在其表面稀撒粒径约 2mm 的石碴，加强涂膜层与其保护层的粘结作用
7	涂膜保护层	最后一道涂膜固化干燥后，施工保护层

5. 结构自防水

结构自防水内容如表 7-29 所示。

结构自防水内容　　　　　　　　　表 7-29

序号	内容
1	选取优质的外加剂，以合理掺量达到减少及防止收缩裂缝的发生
2	严格骨料的选取，特别是含泥量严控在 1.5%（砂）及 0.2%（碎石）以下。从配合比上保证骨料的良好级配，以密实度提高防水功效

续表

序号	内容
3	混凝土浇灌后，随时控制混凝土内的温度变化，内外温差控制在25℃以内，及时调整保温及养护措施，使混凝土的温度梯度不至过大，以有效控制有害裂缝的出现
4	混凝土浇灌过程中温度测试每工作班不少于2次，养护中的温度测试每昼夜2次。加强混凝土养护，在混凝土表面及侧面加盖土工布、篷布，必要时搭设挡风保温棚

7.3.4　质量要点

防水工程质量要点如表 7-30 所示。

防水工程质量要点　　　　　　　　　　　　　　　　表 7-30

项目	质量要点	控制手段
卷材防水层	卷材及主要配套材料	检查出厂合格证、质量检验报告、现场抽样试验报告
	防水层基层处理、阴阳角处理、转角处、变形缝、穿墙管等细部做法	观察检查
	防水层的搭接缝处理、搭接宽度，密封性、收头密封处理	观察检查
涂料防水层	涂料材料及配合比	检查出厂合格证、质量检验报告、计量措施、现场抽样试验报告
	防水层基层处理、阴阳角处理、转角处、变形缝、穿墙管等细部做法	观察检查
	涂料防水层厚度	针测法或割取 20mm × 20mm 实样用卡尺测量
细部构造	止水带、止水条、密封材料	检查出厂合格证、质量检验报告、现场抽样试验
	变形缝、施工缝、后浇带、穿墙管	观察检查
	止水带位置、固定情况	观察检查
	穿墙管止水环与套管	观察检查
	接缝处混凝土表面及密封材料	观察检查

7.3.5　通用细部做法

防水工程通用细部做法如表 7-31 所示。

防水工程通用细部做法　　　　　　　　　　　　　　表 7-31

区域	细部做法
屋面卷材铺贴	

续表

区域	细部做法
屋面卷材细部	
施工缝	
变形缝后浇带	
预埋套管	 钢管与带止水环的钢套管之间用沥青麻丝填严，封口钢板与钢管、止水环焊严，并做好防腐处理
对拉螺栓、浇带	
塔式起重机基础	 塔式起重机基础放在结构内，塔式起重机基础顶标高尽量与筏板基础顶标高平，施工塔式起重机基础前，预先设置与基础相同的防水层构造层，塔式起重机基础两侧筏板各延伸出 500mm 后设置施工缝，按后浇带构造处理，设置止水钢。防水卷材较垫层延伸 500mm 作为后期基础防水搭接部位

7.4　混凝土工程施工方案

7.4.1　概况及施工准备

1）概况

本工程体量大，现场混凝土工程均使用商品混凝土，混凝土厂家选用有资质且满足现场施工供应需求单位，地下室结构施工分区及施工顺序与底板浇筑相同，地上结构施工分区主要采用汽车泵进行混凝土浇筑，对于汽车泵作业半径无法达到的区域采用地泵＋布料机进行浇筑。

2）混凝土浇筑站位

本工程混凝土浇筑施工期间，坑边站位受场地条件限制，无法完全满足浇筑需求。故本工程将采用坑边浇筑与坑内退位浇筑相结合的浇筑方式，按照施工部署安排，分为三个大分区，其中一、二分区两个施工班组，三分区三个施工班组同步施工，组成流水施工。汽车泵在坑内按照浇筑顺序逐步退位，依次浇筑，最终从坡道驶出后，进行坡道部分施工。

3）技术准备

混凝土工程技术准备和内容要点如表 7-32 所示。

混凝土工程技术准备和内容要点　　　　　表 7-32

序号	技术准备	内容要点
1	设计图纸会审	根据工程承包的有关要求，为保证工程的顺利施工和进度，开工前应进一步核对图纸和技术文件做好会审工作。会审要求：熟悉图纸，反复阅读图纸，理解设计意图，了解管线走向、标高与平面布置。新材料的市场状况能否满足施工要求：各分部分项工程之间有无矛盾，新工艺、新材料的应用是否可行。对原有图纸和需要改动的部分进行书面准备：将会审文件提交甲方、监理、设计，进行协商处理。对某些施工节点，我公司根据现场实际情况进行深化设计
2	质量技术交底	为将本工程的质量目标、安全目标、技术准备贯彻落实，必须按项目部各班组、各施工人员进行逐级交底。项目部、各班组长的技术交底由项目经理和技术总工主持；各班组、各施工人员的技术交底由施工员和各班组长主持，交底内容包括安全技术交底、施工技术交底、质量通病防治交底、预防措施交底、质量要求等专项交底

4）施工条件

混凝土工程施工条件内容要点如表 7-33 所示。

混凝土工程施工条件内容要点　　　　　表 7-33

序号	施工条件内容要点
1	地基土质情况、地基处理、基础轴线尺寸、基底标高情况等均经过勘察、设计、监理单位验收，并办理完隐检手续
2	根据设计及规范要求进行，要求混凝土拌合站进行混凝土配合比试配，校核混凝土配合比。原材料的复试、台秤经校准、检定合格。混凝土采用商品供应，要求商品混凝土站提供混凝土合格证
3	浇筑混凝土的模板、钢筋、顶埋件及管线等全部安装完毕，经检查符合设计要求，并办完隐检手续

续表

序号	施工条件内容要点
4	浇筑混凝土用的架子及马道已支搭完毕，并经检查合格
5	墙体、柱、梁、板钢筋已按要求绑扎，并应有可靠的定位与混凝土保护层措施
6	墙体、柱的施工缝已按要求把松散混凝土及混凝土软弱层剔掉干净，露出石子，并浇水湿润，无明水
7	检查完模板下口、洞口及角模处拼接，重点检查大面模板拼接处是否严密，柱加固是否可靠，各种连接件及支撑是否牢固，是否按要求进行加固等
8	现场工长对班组长交底，明确混凝土浇筑顺序，以及结合浆的数量。振捣器（棒）经检验试运转合格
9	"混凝土浇筑令"由工程管理部填写完毕，并经技术总工签字确认，报监理单位
10	现场施工管理人员根据施工方案对操作班组已进行全面施工技术培训，重要部位必须安排专人进行操作

5）作业队伍和管理人员

项目部为方便施工队伍管理，根据施工现场的施工条件混凝土分项工程使用多支专业施工队伍施工。依据工程要求，选择精干的施工队伍，每支施工队必须配备专职的技术、质量、安全管理人员，现场每个班组配备班组长。根据工程采用的施工组织方式，确定合理的劳动力组织计划，每支施工队建立相应的专业和混合施工班组，对自有的技术操作人员进行技能复核考试，符合技术要求的工人方准上岗。特殊工种人员必须持有相应的技术等级证书方可上岗操作。

6）物资准备

混凝土工程物资准备和内容要点如表 7-34 所示。

混凝土工程物资准备和内容要点　　　　　　　　　　表 7-34

序号	物资准备	内容要点
1	商品混凝土标准	水泥：水泥品种、强度等级应根据设计要求确定。水泥应有产品合格证、出厂检测报告和进场复验记录，质量符合国家现行水泥标准
2		砂、石子：根据结构尺寸、钢筋密度、混凝土施工工艺、混凝土强度等级的要求确定石子粒径、砂子细度。砂、石质量符合国家现行标准
3		水：自来水或不含有害物质的洁净水
4		外加剂：根据设计要求，确定每种混凝土是否采用外加剂。外加剂须经试验合格后，方可在工程上使用
5		掺合料：根据设计要求和混凝土试验结果，确定是否采用掺合料。质量符合国家现行标准
6	试验设备准备	现场配备足够的坍落度筒、抗压试模抗渗试模、振动台、标养室、百叶箱等

7.4.2　机械设备及大型器具管理

1）施工机械选择

本工程配备足够的插入式和平板振动器、汽车泵、布料机、地泵、混凝土罐车等。

2）机械设备、大型工器具的现场管理措施

混凝土工程机械设备、大型工器具的现场管理措施如表 7-35 所示。

混凝土工程机械设备、大型工器具的现场管理措施　　　　　　　　表 7-35

序号	措施
1	负责对现场施工机械管理工作及设备的使用及维护情况进行监督检查。负责对施工机械设备的调配及协调，各分包专业必须服从总包项目部调配
2	建立总包项目部提供设备的使用分布台账
3	每季度组织对现场使用的施工机械设备进行一次检查，对未按管理文件及管理办法执行的，项目部视情况处以罚款
4	负责现场施工机械设备的日常管理，落实满足施工过程能力的设备资源，提供设备所需要的作业环境，负责现场设备的安全、合理使用
5	保持施工机械设备的完好，并使之处于受控状态，确保其持续的过程能力
6	负责对总包项目部提供的施工机械设备进行日常管理，作好施工机械设备日常巡检，并作好记录报总包项目部；对需要持证上岗的机械设备配备符合要求的操作人员（包括塔式起重机指挥人员）
7	执行本地区相关管理、建设单位及公司管理文件，并按要求做好相关的记录

7.4.3　工艺流程

混凝土工程工艺流程如表 7-36 所示。

混凝土工程工艺流程　　　　　　　　表 7-36

序号	混凝土工程工艺流程示意	
1	第一步：混凝土泵布置	第二步：泵送砂浆
2	第三步：浇筑混凝土	第四步：振捣混凝土

续表

序号	混凝土工程工艺流程示意	
3	第五步：混凝土赶平压实	第六步：混凝土养护

7.4.4　混凝土浇筑方法

混凝土浇筑方法如表 7-37 所示。

混凝土浇筑方法　　　　　　　　　　　　　　　　　　　表 7-37

序号	要点
1	混凝土浇筑过程中应遵循"同步浇捣，同时后退，分层堆集，逐次到顶，循序渐进"的施工原则按照"先墙柱、后梁板"的顺序进行浇筑，过程中注意混凝土的输送时间，以防混凝土产生离析
2	浇捣部位的钢筋、模板均通过监理验收并有书面验收记录
3	混凝土浇捣前施工现场应先做好各项准备工作，机械设备、照明设备等应事先检查，保证完好，会同监理对所有的钢筋、模板、水电预留前进行验收
4	混凝土浇捣前，清除模板内的垃圾杂物，并浇水湿润模板。对标高进行控制，用短钢筋焊在钢筋界面上，用红油漆作明显标志
5	柱、墙处浇筑混凝土，为保证下料自由高度不小于2m，施工中采取前端接软管，下料时软管离混凝土面高度小于1m。同时辅以高频振动棒振捣。由于钢筋限制混凝土的正常流动，故在浇筑过程中必须均匀下料，分层投料、厚度一致
6	为保证混凝土充分密实，在模板外固定附着式振器无法振捣的区域进行振捣
7	浇捣混凝土时，派专人看模看筋，当发现变形移位时，及时组织人员整改。混凝土浇捣完毕，做好混凝土表面的平整收头工作
8	每一施工段每一层的墙板、楼板混凝土必须一次性连续浇筑完成，不得留施工缝。操作人员和管理人员要求轮流用餐，不得离开浇筑场地

1. 基础底板混凝土浇筑

基础底板混凝土浇筑方法如表 7-38 所示。

基础底板混凝土浇筑方法　　　　　　　　　　　　　　　　　表 7-38

序号	要点
1	混凝土必须连续浇筑，一般不得留置施工缝，必须留置施工缝时应按设计要求的位置设置

序号	要点
2	混凝土应分层连续进行，间歇时间不超过混凝土初凝时间，且不超过 2h。每一层浇捣应分层下料，厚度控制在 300～500mm（振动棒的有效振动长度）。施工中防止由于下料过厚、振捣不实或漏振、模板的根部砂浆涌出等原因造成蜂窝、麻面或孔洞
3	防水混凝土要用机械振捣密实，一般采用插入式振捣器，插入要迅速，拔出要缓慢，振动到表面泛浆无气泡为止，插点间距应不大于 400mm，严防漏振。上层振捣棒插入下层 50～100mm。尽量避免碰撞预埋件、预埋螺栓，防止预埋件移位
4	混凝土浇筑后，表面比较大的混凝土，使用平板振捣器振一遍，然后用刮杆刮平，再用木抹子搓平。收面前必须校核混凝土表面标高，不符合要求处立即整改
5	浇筑混凝土时，经常观察模板、支架、钢筋、螺栓、预留孔洞和预留管有无走动情况，一经发现有变形、走动或位移时，立即停止浇筑，并及时修整和加固模板，然后再继续浇筑
6	已浇筑完的混凝土，用塑料薄膜覆盖，12h 左右浇水养护。一般常温养护不得少于 7d，后浇带混凝土养护不得少于 14d。养护设专人检查落实，防止由于养护不及时，造成混凝土表面开裂
7	 基础筏板混凝土（一）　　　　　基础筏板混凝土（二）
8	 基础筏板混凝土（三）　　　　　筏板及返墙混凝土

2. 柱子混凝土浇筑

柱子混凝土浇筑方法如表 7-39 所示。

柱子混凝土浇筑方法　　　　　　　　　　　　　　　　表 7-39

序号	要点
1	柱浇筑前底部应先填 30mm 厚与混凝土配合比相同的减石子砂浆，柱混凝土应分层浇筑振捣，使用插入式振捣器时每层厚度不大于 500mm，振捣棒不得触动钢筋和预埋件、型钢

续表

序号	要点
2	柱高在 2m 之内，可在柱顶直接下料浇筑，超过 2m 时，应采取措施（用串桶）或在模板侧面开洞口安装斜溜槽分段浇筑。每段高度不得超过 2m，每段混凝土浇筑后将模板封闭严实，并用箍箍牢
3	柱子混凝土的分层厚度采用混凝土标尺杆计量每层混凝土的浇筑高度，混凝土振捣人员必须配备充足的照明设备，保证振捣人员能够看清混凝土的振捣情况
4	柱子混凝土应一次浇筑完毕，如需留施工缝时应留在主梁下面。在与梁板整体浇筑时，应在柱浇筑完毕后停歇 1～1.5h，使其初步沉实，再继续浇筑
5	浇筑完毕后，应及时将伸出的搭接钢筋整理到位
6	框架柱拆模后用塑料薄膜包裹养护
7	柱子混凝土强度等级高于梁板混凝土强度不大于二级，而柱子四边皆有现浇框架梁者，梁柱节点处的混凝土可随梁板一起浇筑
8	 柱梁施工振捣点位布置（一）　　　柱梁施工振捣点位布置（二）

3. 梁板混凝土浇筑

梁板混凝土浇筑方法如表 7-40 所示。

梁板混凝土浇筑方法 表 7-40

序号	要点
1	梁、板应同时浇筑，浇筑方法应由一端开始用"赶浆法"，即先浇筑梁，根据梁高分层浇筑成阶梯形，当达到板底位置时再与板的混凝土一起浇筑，随着阶梯形不断延伸梁板混凝土浇筑连续向前进行
2	和板连成整体高度大于 1m 的梁，允许单独浇筑，其施工缝应留在板底以下 2～3mm 处。浇捣时，浇筑与振捣必须紧密配合，第一层下料慢些，梁底充分振实后再下第二层料，用"赶浆法"保持水泥浆沿梁底包裹石子向前推进，每层均应振实后再下料，梁底及梁侧部位要注意振实，振捣时不得触动钢筋及预埋件
3	梁柱节点钢筋较密时，此处宜用小粒径石子同强度等级的混凝土浇筑，并用小直径振捣棒振捣
4	浇筑板混凝土的虚铺厚度应略大于板厚，用平板振捣器垂直浇筑方向来回振捣，厚板可用插入式振捣器顺浇筑方向拖拉振捣，并用铁插尺检查混凝土厚度，振捣完毕后用长木抹子抹平。施工缝处或有预埋件及插筋处用木抹子找平。浇筑板混凝土时不允许用振捣棒铺摊混凝土
5	施工缝位置：宜沿次梁方向浇筑楼板，施工缝应留置在次梁跨度的中间 1/3 范围内。施工缝的表面应与梁轴线或板面垂直，不得留斜搓。施工缝宜用木板或钢丝网挡牢

序号	要点
6	施工缝处须待已浇筑混凝土的抗压强度不小于 1.2MPa 时，才允许继续浇筑。在继续浇筑混凝土前，施工缝混凝土表面应凿毛，剔除浮动石子和混凝土软弱层，并用水冲洗干净后，先浇一层同配比减石子砂浆，然后继续浇筑混凝土，应细致操作振实，使新旧混凝土紧密结合
7	梁混凝土浇筑 板混凝土浇筑
8	梁柱节点 梁板混凝土浇筑

4. 剪力墙混凝土浇筑

剪力墙混凝土浇筑方法如表 7-41 所示。

剪力墙混凝土浇筑方法 表 7-41

序号	要点
1	浇筑墙体混凝土应连续进行，内外墙混凝土浇筑分别按照自身的浇筑顺序进行，浇筑厚度不大于 500mm，上下层间隔时间不应超过 2h。应事先安排好混凝土下料点位置和振捣棒振捣插入点位置
2	振捣棒移动间距小于 400mm，每一振点的延续时间以表面呈现浮浆为度，为使上下层混凝土结合成整体，振捣棒应插入下层混凝土 50mm。振捣时应注意钢筋密集及洞口部位，为防止出现漏振，须在洞口两侧同时振捣，振捣棒应距洞边 300mm 以上，下灰高度也要大体一致，大洞口的洞底侧模应开口，并在此处浇筑振捣。连梁、暗柱节点钢筋较密时，可采用 $\phi 30$ 振捣棒振捣
3	墙上口找平：墙体混凝土浇筑完毕后，将上口甩出的钢筋加以整理，用木抹子按标高线添减混凝土，将墙上表面混凝土找平，高低差控制在 10mm 以内
4	为了保证人防防护密闭墙、临空墙和门框墙的密闭性，人防防护密闭墙、临空墙和门框墙混凝土严禁出现穿透性空洞，固定模板的对拉螺栓使用有防水功能的三节头止水螺，管道必须预埋带有密闭翼环的密闭穿墙管

5. 楼梯混凝土浇筑

楼梯混凝土浇筑方法如表 7-42 所示。

楼梯混凝土浇筑方法　　　　　　表 7-42

序号	要点
1	楼梯段混凝土自下而上浇筑，先振实底板混凝土，达到踏步位置时再与踏步混凝土一起浇捣，不断连续向上推进，并随时用木抹子（或塑料抹子）将踏步上表面抹平
2	施工缝位置：在施工本楼层结构的同时，将从本层起跑的板式楼梯的底模支好，钢筋从板端梁上预留出去（至平台梁），混凝土连同本层结构混凝土一起浇筑，至板跨中 1/3 位置，留施工缝
3	楼板面处理：所有浇筑的混凝土楼板面应当扫毛，扫毛时应顺一个方向扫，严禁随意扫毛，影响混凝土表面的观感
4	楼梯混凝土完成面　　 楼梯混凝土浇筑

6. 后浇带混凝土浇筑

（1）沉降后浇带应在主体封顶且沉降稳定后方可封闭，伸缩后浇带应在两侧结构达到 60d 龄期后方可封闭。采用比原混凝土强度高一级的膨胀混凝土浇筑密实，养护和拆模时间应 ≥ 28d。

（2）后浇带混凝土浇筑前应认真凿毛清洗两侧混凝土清理干净，整理好钢筋，原混凝土面刷界面剂后，用级配良好、强度提高 5MPa、掺适量膨胀剂的混凝土浇筑，振捣密实，严禁漏浆；确保接缝位置混凝土密实、线口顺直平整，以使接槎部位混凝土接缝严密、顺直、美观。混凝土终凝后即行覆盖，洒水养护，养护时间不少于 14d，混凝土达到设计要求后方可拆模。

后浇带混凝土浇筑方法如表 7-43 所示。

后浇带混凝土浇筑方法　　　　　　表 7-43

序号	示意
1	后浇带封闭保护　　 后浇带混凝土剔凿

序号	示意
2	后浇带示意　　　　 后浇带混凝土浇筑养护

7. 混凝土振捣

混凝土振捣方法如表 7-44 所示。

混凝土振捣方法　　　　　　　　　　　　　　表 7-44

序号	施工部位	要点
1	准备工作	混凝土浇筑部位层的模板、钢筋、预埋件及管线等全部安装完毕，经检查符合设计要求，并办完隐、预检手续 模板内的杂物和钢筋上的油污等应清理干净，模板的缝隙和孔洞应堵严 混凝土泵调试能正常运转，浇筑混凝土用的架子及马道已支搭完毕，并经检验合格 已进行全面施工技术交底，混凝土浇筑申请书已被批准 各专业已在混凝土浇筑会签单上签字。夜间施工配备好足够的夜间照明设备。现场运输道路畅通，满足浇筑施工的要求
2	剪力墙	混凝土浇筑过程中应严格控制混凝土的坍落度、混凝土的输送时间，以防混凝土产生离析 墙体混凝土分层进行浇筑；逐层振捣，确保混凝土浇筑质量；分层浇筑必须连续进行，严禁施工冷缝的出现 混凝土浇筑过程中，不可随意挪动钢筋，要经常加强检查钢筋保护层厚度及所有预埋件的牢固程度和位置的准确性
3	框架柱	分层分段施工，水平方向按结构平面设置的后浇带分段，垂直方向按结构层次分层。在每层中先浇筑柱，再浇筑梁板。浇筑混凝土时，浇筑层的厚度不得超过插入式振捣器作用部分长度的 1.2 倍值。混凝土浇筑过程中，要分批做坍落度，与原规定不符时，应予调整配合比
4	梁板	梁板按框架格顺序浇筑，先将梁根据高度分层浇筑成阶梯形，当达到板底位置时即与板的混凝土一起浇捣，随着阶梯形的不断延展，则可连续向前推进，倾倒混凝土方向与浇筑方向相反 梁侧及梁底部位要用插入式振捣棒振捣密实，振捣时不得触动钢筋和预埋件。梁、柱节点钢筋较密时要用小直径振捣棒振捣，并加密棒点 板采用平板振捣器振捣密实，浇筑板的混凝土虚铺厚度要略大于板厚
5	后浇带	在浇筑后浇带混凝土之前，应清除垃圾，剔除表面上松动砂石、软弱混凝土层及浮浆，同时还应加以凿毛，用水冲洗干净并充分湿润不少于 24h，残留在混凝土表面的积水应予清除，并在施工缝处铺 30mm 厚与混凝土内成分相同的一层水泥砂浆，然后再浇筑混凝土 在后浇带混凝土达到设计强度之前的所有施工期间，后浇带跨的梁板的底模及支撑均不得拆除

8. 混凝土养护

混凝土养护方法如表 7-45 所示。

混凝土养护方法　　　　　　　　　　　　　　　　　表 7-45

序号	要点
1	混凝土在终凝后要立即覆盖一层塑料膜，随后依次加盖一层薄膜，蓄湿养护时间不少于 14d
2	混凝土养护过程中，如发现遮盖不好，以致表面泛白或出现干缩细小裂缝时，要立即仔细加以遮盖
3	混凝土强度超过 1.2N/mm² 以后，方能允许上人
4	

7.4.5　质量保证措施

1. 混凝土配比

混凝土配比如表 7-46 所示。

混凝土配比　　　　　　　　　　　　　　　　　　　表 7-46

序号	项目	混凝土配合比要求
1	水泥	选用水化热较低和安定性较好的水泥，要求质量稳定、含碱量低、强度富余系数大、活性好、标准稠度用水量小，水泥与外加剂之间的适应性良好。其他各项指标符合国标要求，要求每批水泥进厂时均有出厂合格证，进厂后按规定批量作好抽样复试，复试合格后方可用于拟建工程
2	砂石	本工程底板混凝土粗骨料选用 5～25mm 的碎石，针片状颗粒含量不大于 15%，含泥量不大于 1.0%，泥块含量不大于 0.5% 砂选用中砂，含泥量按重量计 ≤2.5%，泥块含泥量按重量计 ≤1.0%，细度模数不应小于 2.6。有害物质按重量计 ≤1.0%。非活性骨料
3	抗碱集料反应	为了保证混凝土在浇筑过程中不离析，要求混凝土要有足够的黏聚性，要求在泵送过程中不泌水、不离析
4	水	采用低温水进行混凝土搅拌，以控制混凝土的入模温度
5	外加剂	掺加高效减水剂、缓凝剂的方法改善混凝土拌和物的和易性能，减少水的用量，降低水化热；缓凝剂延长混凝土初凝时间，防止混凝土浇筑过程中因意外因素导致浇筑停止而出现冷缝；同时缓凝剂可以降低水化热峰值，降低单位时间内水化热释放量，从而降低底板裂缝出现概率 要求水泥的相容性较好，减水率 20%～25%，氯离子含量小于 0.03%，碱含量小于 0.5%，压力泌水比小于 50%，如 FS-Ⅰ 等具有缓凝效果的高效减水剂
6	混凝土初终凝时间	为了保证底板混凝土连续浇筑，要求商品混凝土的初凝时间保证在 8h 以上；为了保证后道工序的及时插入，要求混凝土终凝时间控制在 12h 以内
7	配合比	水胶比不得大于 0.5，配合比应通过试配确定，试配时抗渗等级比设计等级提高 0.2N/mm² 在混凝土级配中采用双掺技术，即在混凝土内掺加一定量的 Ⅰ 级磨细粉煤灰和减水剂，进一步改善混凝土的坍落度和粘塑性，满足泵送要求条件下，减少水泥用量降低水化热 参考类似工程的配合比经验，对混凝土配合比进行试配，确定适合本工程的最佳配合比

2. 混凝土运输措施

混凝土运输措施如表 7-47 所示。

混凝土运输措施　　　　　　　　表 7-47

序号	混凝土运输措施
1	本工程混凝土采用商品混凝土，由混凝土运输车运到现场。混凝土水平及垂直运输采用混凝土输送泵为主，汽车泵为辅助
2	混凝土在运输过程中要防止产生离析现象及坍落度的损失，同时要防止漏浆。拌好的混凝土要及时浇灌，常温下应于半小时内运至现场，于初凝前浇筑完毕。运送距离较远或气温较高时，可掺入缓凝型减水剂。浇灌前发生显著泌水离析现象时，由混凝土供应商退回原厂处理
3	混凝土自搅拌机中卸出后，及时运到浇筑地点，延续时间不能超过初凝时间。在运输过程中，要防止混凝土离析、水泥浆流失、坍落度变化以及产生初凝等现象

3. 混凝土浇筑措施

混凝土浇筑措施如表 7-48 所示。

混凝土浇筑措施　　　　　　　　表 7-48

序号	混凝土浇筑措施
1	严格控制混凝土的坍落度，入泵前坍落度为 160±20mm
2	竖向结构严格分层浇筑、分层振捣，一次下料控制在 500mm 以内
3	下料高度：混凝土浇筑时自由下落高度控制在 2m 以内，超过规定时，采取接长泵软管或使用溜槽或串筒下料
4	严格控制振捣插入间距在 400mm 以内，振捣时间控制在 15～30s 之内；混凝土采取二次振捣措施
5	在浇筑和振捣过程中，上浮的泌水和浮浆顺混凝土面流到板底，随混凝土向前推进，由集水坑或后浇带处抽排
6	严格掌握混凝土表面收光时机，采取二次抹压技术，最后一道抹压收活控制在终凝之前完成（现场掌握是脚踩不下陷，表面又能揉搓出浆时，此时混凝土干燥较快，面积较大时多加人力）
7	夏季施工拌合物温度超过 28℃，采取降温措施；水泥温度 ≤50℃，砂、石进行遮阳，温度 ≤40℃；现场泵送管采取草帘或麻袋覆盖并进行浇水降温

4. 混凝土养护措施

混凝土养护措施如表 7-49 所示。

混凝土养护措施　　　　　　　　表 7-49

序号	混凝土养护措施
1	水平结构采取薄膜浇水养护
2	拆模后使混凝土的周围环境相对湿度达到 80% 以上；地下室外墙采用浇水养护
3	采用塑料布覆盖养护的混凝土，起敞露的全部表面应用塑料布覆盖严密，并应保持塑料布内有凝结水
4	混凝土拆模根据工程的具体情况确定，混凝土的拆模强度应满足施工规范要求，普通混凝土浇筑养护不小于 7d，大体积混凝土、抗渗混凝土、后浇带养护 14d，应尽可能地多养护一段时间

7.5　室外工程施工方案

7.5.1　室外工程概况

本工程室外工程主要包括图纸所示范围内的所有建筑内管线施工至结构外墙以外 1.5m；室外工程用地范围，土方从顶板结构防水保护层回填 800mm 高。

7.5.2　室外工程施工主要做法

室外工程施工主要做法如表 7-50 所示。

室外工程施工主要做法　　　　　　　　　　　　　　　表 7-50

控制项目		具体做法
顶板结构防水保护层上方土方回填	通用要求	填土的质量要求：淤泥、腐殖土、耕植土和有机物含量不得大于 8%，土块粒径不应大于 50mm
		应采用机械或人工分层压（夯）实，每层铺设厚度：机械压实时，不宜大于 300mm；蛙式打夯机夯实时，不应大于 250mm；人工夯实时，不应大于 200mm
室外给水排水	生活给水管	管材：球墨铸铁给水管，内衬水泥砂浆 连接方式：橡胶圈承接连接
	消火栓给水管	管材：球墨铸铁给水管，内衬水泥砂浆 连接方式：橡胶圈承接连接
	雨水管	管材：HDPE 缠绕结构壁管（B 型） 连接方式：承插密封圈柔性连接
	污水管	管材：HDPE 缠绕结构壁管（B 型） 连接方式：承插密封圈柔性连接

7.5.3　土方回填施工方案

在室外工程用地范围内，土方从顶板结构防水保护层回填 800mm 高，采用人工配合机械回填、平整、夯实的施工方法。

1. 施工工艺

土方回填施工方案如表 7-51 所示。

土方回填施工方案　　　　　　　　　　　　　　　表 7-51

序号	工艺	具体做法
1	场地内垃圾、杂物清理	地下室顶板结构防水保护层上方土方回填前，必须将场地上土方回填区域的垃圾、杂物清除干净
2	地下室防水层验收、标高测量	地下室顶板结构防水保护层上方土方回填前，必须通过监理方及监督部门对地下室的防水层进行检查验收，试水必须符合要求
3	场地内方格网、标高测量	地下室顶板结构防水保护层上方土方回填前，必须测量好长丝标高控制线，并在明显部位做好标志，并根据填土厚度画出水平控制线

续表

序号	工艺	具体做法
4	机械压实、人工夯实及人工配合机械夯打密实	在靠近建筑物周边既不能使用机械碾压的地方采用蛙式打夯机夯实，每步夯实不少于三遍，打夯时应一夯压半夯，夯夯相接，行行相接，纵横交叉；机械打夯完成后，靠墙边及转角处需人工夯实。人工夯实时，每层厚度不应大于200mm。机械压实时，每层厚度不宜大于300mm，同时防止损伤防水层
		在土方回填过程中，如遇降雨，要求在降雨前及时压实作业面表层松土，并将作业面作成拱面或坡面以利排水，雨后应晾晒或对填土面的淤泥清除，合格后方可行下道工序。在整个回填过程中，设置专人保证观测仪器与测量工作的正常进行，并保护所埋设的仪器和测量标志的完好
		找平与验收：土方回填最上一层完成后，应拉线或用靠尺检查标高和平整度，超高处用铁锹铲平；低洼处应及时补土，完成土方的回填施工
		回填土每层夯（压）实后，根据相关的规范规定，分别按取样平面图的点位进行环刀取样，测出回填土的质量密度，达到设计要求或规范规定后，方可进行上层回填土的施工。用贯入度仪检查灰土质量时，必须先进行现场试验以确定贯入度的具体要求
5	修整、找平、验收	填土全部完成后，应进行表面拉线找平，凡是超过标准高程的地方，应及时依线铲平；凡是低于标准高程的地方，应补土夯实。冬期土方回填时，应预留比常温时增加的沉陷量，一般为填方高度的3%左右

2. 雨期施工方案

土方回填雨期施工方案如表7-52所示。

土方回填雨期施工方案 表 7-52

序号	施工方案
1	雨期施工期间场地内及地下室顶板的土方回填，必须连续进行尽快完成
2	雨期回填，工作面不宜过大，必须分层分段逐片进行，特殊部位的土方回填，应尽量在雨期前完成
3	雨期施工时，必须有防雨、避雨措施，正确编制雨期施工方案，必须采取措施防止地面水流入坡道或地下室内
4	加强对天气的监测，了解当天的天气预报。做到雨天停止回填土施工并采取相应措施
5	雨天时必须保证场地内排水畅通，配备足够的排水设施
6	在雨水来临之前，及时压完已填土层，并将表面压光，并做一定的坡势，在场地两端挖临时集水坑，雨水来临时，将场地内的雨水及时导入集水坑

7.5.4 室外给水排水管道施工方案

室外给水排水管道施工方案如表7-53所示。

室外给水排水管道施工方案 表 7-53

控制项目	控制要点
槽沟开挖	槽沟开挖前工作：管道基础施工结束后恢复中线，根据不同管线结构形成及附属设施分别进行安装放线。开槽前要认真调查了解地上地下障碍物，以便开槽时采取妥善加固保护措施，根据业主提供的现况地下管线图和我公司的现场调查，统计出现况地下管线情况，采取有效措施加以保护
	槽沟开挖形式：根据设计图中设计管道的规格和施工中业主规定埋置深度以及规范要求来确定沟槽开挖的形式
	槽深 $h < 3.0m$ 时，槽帮坡度 i 为 1：0.33；槽深 $h \geqslant 3.0m$ 时，槽帮坡度 i 为 1：0.5

续表

控制项目	控制要点
钢管敷设安装	埋地钢管安装前应做好防腐，焊缝部位未经试压不得防腐
	管子对口时，应垫置牢固，避免焊接过程中产生变形
	管道连接不得用强力对口、加偏垫或多层垫等方法来消除接口端面的空隙、偏差、错口或不同心等缺陷
	在管道焊缝上不得开孔，如必须开孔时，开孔处应采取补强措施
	法兰面应与管道中心线垂直，接口的两个法兰面应互相平行
	连接法兰的螺栓，应为同材质、同规格，螺栓安装方向应一致。紧固螺栓应对称均匀，松紧适度。加垫圈时，每个螺母不超过一个
	管道敷设后，在沟槽内不得有应力弯曲现象，并按要求进行直管段回填，以防止雨水引起管道漂浮
钢管焊接	焊接方法选用手工电弧焊；焊条选用 J422
	领至施工现场的焊条应放置在保温筒内，放置时间不得超过 4h，否则应重新烘干。焊条重复烘干次数不超过 2 次
钢管焊接	直管段两环向焊缝间距，当公称直径大于或等于 150mm 时，应不小于 150mm；当公称直径小于 150mm 时，应不小于管的外径
	不得在焊件表面引弧或试弧，在焊接中确保起弧与收弧的质量，收弧时应将弧坑填满。多层焊的层间接头应相互错开，每条焊缝应一次连续焊完
	管子、管件组对定位焊及卡具定位焊所使用焊接材料与正式焊接时一致
	风雨天气时，焊接作业应有有效的防护措施，否则不允许进行焊接作业
阀门及附件	阀门、消防栓、消防水炮等安装前，应按设计要求核对型号、规格
	安装阀门时，应先检查正反方向
	蝶阀宜在微开状态下安装，其他阀门应在关闭状态下安装
	有介质流向要求的阀门，必须按介质流向确定安装方向
	消防栓、消防水炮等宜在管道系统水压试验合格并经冲洗后安装。否则，在管道系统试压、冲洗时应采取隔离措施
压力管道水压试验	埋地压力管道试验管段的长度每次不宜大于 1km
	对于生活给水管道，在进行水压试验时，采用洁净水进行。对于其他管道，可就近采用从装置临时给水网引水进行水压试验。管道水压试验压力为 1.5P 且不小于 0.9MPa，其中 P 为设计压力（MPa）
	管道试验用的压力表不少于两块，一块放在试压泵处，一块放在远离试压泵处。压力表的量程为试验压力的 1.3～1.5 倍，精度等级为 1.5 级，表盘公称直径为 150mm，压力表经检测合格，并在有效期内
	强度试验时应缓慢分级升压。每一级应检查管端堵板、后背支撑、支墩、管身及接口，当无异常现象时，再继续升压。水压升至试验压力后，保压时间不少于 10min，检查接口及管身等有无异常现象、无漏水为强度试验合格
	强度试验合格后方可进行严密性试验。埋地钢管的严密性试验，应在试验压力下进行
	内径小于或等于 400mm、长度不大于 1km 的管道在试验压力下，10min 压降不大于 0.05MPa 时，为严密性试验合格。其他直径和材质的管道宜采用放水法测量管道渗水量，实测渗水量小于或等于允许渗水量为严密性试验合格

第 **8** 章

装饰装修与内部构造工程方案

8.1 装饰装修工程施工方案

8.1.1 水泥砂浆地面

1. 施工流程（图 8-1）

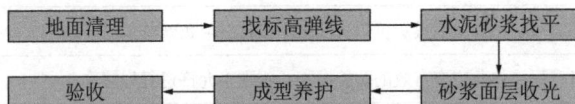

```
地面清理 → 找标高弹线 → 水泥砂浆找平

验收 ← 成型养护 ← 砂浆面层收光
```

图 8-1 水泥砂浆地面施工流程

2. 操作要点

水泥砂浆地面操作要点如表 8-1 所示。

水泥砂浆地面操作要点　　　　　　　　　　　　　　　　表 8-1

项目	要点
地面清理	先将楼面上的灰尘、灰浆皮和混凝土浮浆层用钢丝刷、錾子斧刷净、剔掉
找标高、弹线	根据墙上 500mm 控制线，往下量测出面层标高，并弹在墙上
水泥浆结合层	涂刷水泥浆一层，均匀将楼板满铺，涂刷厚度为 3～5mm
贴饼冲筋	根据房间内墙身面层标高水平线，确定面层抹灰厚度，拉水平线开始抹灰饼（50mm×50mm），横竖间距为 1.5～2.00m，灰饼上平面即为地面面层标高
砂浆找平	在灰饼之间将砂浆铺均匀，然后用木刮杠按灰饼高度刮平。铺砂浆时如果灰饼已硬化，木刮杠刮平后，同时将利用过的灰饼敲掉，并用砂浆填平
木抹子搓平	木刮杠刮平后，立即用木抹子搓平，从内向外退着操作，并随时用 2m 靠尺检查其平整度
铁抹子压光	木抹子抹平后，立即用铁抹子压第一遍，直到出浆为止，待面层砂浆初凝后，人踩上去，有脚印但不下陷时，用铁抹子压光，边抹压边把坑凹处填平，要求不漏压，表面压平、压光
成型养护	地面压光完工后，铺塑料薄膜或洒水养护，保持湿润，养护时间不少于 7d

项目	要点
质量控制要点	（1）水泥、砂的材质必须符合设计要求和施工及验收规范的规定 （2）砂浆配合比要准确 （3）地面面层与基层的结合必须牢固无空鼓
工程实例  	

8.1.2　细石混凝土垫层

1. 施工流程（图 8-2）

找标高、弹面层水平线 → 基层清理 → 洒水湿润 → 抹灰饼

养护 ← 第三遍抹压 ← 第二遍抹压 ← 第一遍抹压 ← 浇筑细石混凝土

图 8-2　细石混凝土垫层施工流程

2. 操作要点

细石混凝土垫层操作要点如表 8-2 所示。

细石混凝土垫层操作要点　　　　　　　表 8-2

项目	要点
基层处理	基层表面的浮土、砂浆块等杂物应清理干净。墙面和顶棚抹灰时的落地灰，在楼板上拌制砂浆留下的沉积块，要用剁斧清理干净；墙角、管根、门槛等部位被埋住的杂质要剔凿干净；清理完后要根据标高线检查细石混凝土的厚度，防止地面过薄而产生空鼓开裂
洒水润湿	提前一天对楼板进行洒水润湿，洒水量要足，第二天施工时要保证地面湿润，但无积水
刷素水泥浆	浇筑细石混凝土前应先在已湿润的基层表面刷一遍素水泥浆，要随铺随刷，防止出现风干现象，并使用打毛机打毛
冲筋贴灰饼	小房间在房间四周根据标高线做出灰饼，大房间还应该冲筋（间距 1.5m）冲筋和灰饼均应采用细石混凝土制作，随后铺细石混凝土
浇筑细石混凝土	铺细石混凝土后用长刮杠刮平，振捣密实，表面塌陷处应用细石混凝土填补，再用长刮杠刮一次，用木抹子搓平
第一遍抹压	用铁抹子轻轻抹压面层，把脚印压平
第二遍抹压	当面层上有脚印但不下陷时，用铁抹子进行第二遍抹压，将面层的凹坑砂眼和脚印压平，地面的边角和水暖立管四周容易漏压或不平，施工时要认真操作
第三遍抹压	当地面面层上人稍有脚印，而抹压无抹子纹时，用铁抹子进行第三遍抹压，第三遍抹压要用力稍大，将抹子纹抹平压光，压光的时间应控制在终凝前完成

续表

项目	要点
养护	面层抹压完后，及时洒水进行养护，至少连续养护 7d 后方准上人
接缝处理	混凝土面层在施工间歇后继续浇筑前，应按规定对已凝结的混凝土垂直边缘进行处理。施工缝处的混凝土，应捣实压平
冬期施工	细石混凝土施工的环境温度不应低于 +5℃，并且必须注意保温养护
质量控制要点	面层表面洁净，无裂纹、脱皮、麻面和起砂等现象。 有地漏的面层，坡度符合设计要求，不倒泛水、不渗漏、无积水、与地漏（管道）结合处严密平顺。 有镶边面层的邻接处的镶边用料及尺寸符合设计要求和施工规范的规定
工程实例	

8.1.3 自流平地面

1. 施工流程（图 8-3）

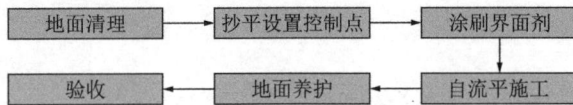

图 8-3 自流平地面施工流程

2. 操作要点

自流平地面操作要点如表 8-3 所示。

自流平地面操作要点　　　　　　　　　　　　　　表 8-3

项目	要点
基层处理	用磨光机打磨基层地面，将尘土、不结实的混凝土表层、油脂、水泥浆或腻子以及可能影响粘结强度的杂质等清理干净，使基层密实、表面无松动、杂物。打磨后仍存在的油渍污染，须用低浓度碱液清洗干净 基层打磨后所产生的浮土，必须用真空吸尘器吸干净（或用锯末彻底清扫） 如基层出现软弱层或坑洼不平，必须先剔除软弱层，杂质清除干净，涂刷界面剂后，用强度高的混凝土修补平整，并达到充分的强度，方可进行下道工序
抄平设置控制点	架设水准仪对将要进行施工地面抄平，检测其平整度；设置间距为 1m 的地面控制点
涂刷界面剂	涂刷界面剂的目的是对基层封闭，防止自流平砂浆过早丧失水分；增强地面基层与自流平砂浆层的粘结强度；防止气泡的产生；改善自流平材料的流动性 按照界面剂使用说明要求，用软刷子将稀释后的界面剂涂刷在地面上，涂刷要均匀、不遗漏，不得让其形成局部积液；对于干燥的、吸水能力强的基底要处理两遍，第二遍要在第一遍界面剂干燥后，方可涂刷。一般第一遍界面剂干燥时间 1～2h，第二遍界面剂干燥时间 3～4h。确保界面剂完全干燥，无积存后，方可进行下一步施工

续表

项目	要点
自流平 地面施工	应事先分区以保证一次性连续浇筑完整个区域用量水桶准确称量适量清水置于干净的搅拌桶内，开动电动搅拌器，徐徐加入整包自流平材料，持续均匀地搅拌 3～5min 使之形成稠度均匀、无结块的流态浆体，并检查浆体的流动性能。加水量必须按自流平材料的要求严格控制。 将搅拌好的流态自流平材料在可施工时间内倾侧到基面上，任其像水一样流平开
地面验收	由于自流平地目前尚无国家验收规范，故在工程验收过程中，仍参照国家地面验收规范的相关标准进行验收，各项指标均达到了要求
工程实例	

8.1.4　铺砖楼地面

1. 施工流程（图 8-4）

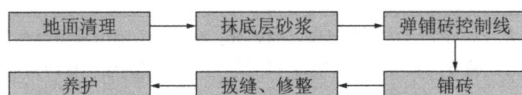

图 8-4　铺砖楼地面施工流程

2. 操作要点

铺砖楼地面操作要点如表 8-4 所示。

铺砖楼地面操作要点 表 8-4

工序名称	施工工艺
基层处理	将楼地面上的砂浆污物、浮灰、落地灰等清理干净。如表面有油污，应采用 10% 的火碱水刷净，并用清水及时将碱液冲去。考虑到装饰层与基层结合力，在正式施工前用少许清水湿润地面，用素水泥浆做结合层一道
工具选择	

工序名称	施工工艺
工具选择	 楔子 宽13mm 高17mm 长92mm 推进器
找标高弹线	施工前在墙体四周弹出标高控制线，在地面弹出十字线，以控制地砖分隔尺寸 基准点 1.5% 地漏 弹线示意图 水平线 基准点 弹线示意图
弹线、铺砖	从房间纵横两个方向排好尺寸，根据确定好的砖数，在地面上弹出纵横两个方向的控制线，约每隔四块砖弹一条控制线，并严格控制方正和对称，每块砖要跟线。不足整块的应用在边角处。铺装时要保证砖缝宽窄一致，纵横在一条线上 尼龙十字架 瓷砖 十字架控制砖缝宽窄一致 推进器使用前 推进器使用后 卡件收紧固定
铺砖	为了找好位置和标高，应从门口开始，纵向先铺 2~3 行砖，以此为标筋拉纵横水平标高线，铺时应从里向外退着操作，施工人员不得踏在刚铺好的砖面上，每块砖应跟线
勾缝	用 1:1 水泥细砂浆勾缝，缝内深度为 3mm，要求缝内砂浆密实、平整、光滑，随勾随将剩余水泥砂浆清除、擦净
养护	完工 24h 后常温养护，养护期内围挡保护，7d 后方准上人

续表

工序名称	施工工艺
踢脚线安装	镶贴前先将踢脚板刷水湿润，阳角接口板按设计要求处理或割成 45°角；在墙两端先各镶贴一块踢脚板，其上楞（上口）高度应在同一水平线，逐块依次镶贴踢脚板；镶贴时应检查踢脚板的平顺和垂直度。板间接缝应与地面缝对齐 踢脚线安装大样图　　　　　踢脚线安装剖面图
细部节点处理	地砖与墙面砖交界处，先铺地面后铺墙面砖，将地砖伸入墙面砖 地漏居中、切割严密、坡度正确
质量控制要点	地砖面层的表面应洁净、图案清晰，色泽一致，接缝平整，深浅一致，周边顺直。板块无裂纹、掉角和缺楞等缺陷 面层邻接处的镶边用料及尺寸应符合设计要求，边角整齐、光滑。面层表面的坡度应符合设计要求，不倒泛水、不积水；与地漏、管道结合处应严密牢固，无渗漏 完全响应施工文件中关于材料设备和施工技术的相关要求
工程实例	

8.1.5　抹灰墙面

1.施工流程（图8-5）

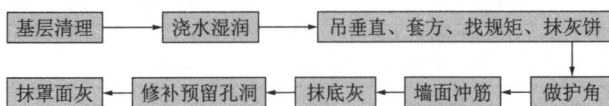

图 8-5　抹灰墙面施工流程

2. 操作要点

抹灰墙面操作要点如表 8-5 所示。

抹灰墙面操作要点　　　　　　　　　　　　　　　表 8-5

工序名称	施工工艺
基层清理	混凝土基体：表面凿毛或表面洒水润湿后涂刷 1∶1 水泥砂浆加气混凝土基体：湿润后边涂刷界面剂，边抹强度不大于 M5 水泥混合砂浆
接缝处理	加气混凝土块与钢筋混凝土平接部位采用钢丝网作接缝处理。加强网与各基层的搭接宽度不小于 150mm 或者设计要求 钢丝网　　　　　　　　不同材质交界处挂网
浇水湿润	一般在抹灰前一天，顺墙自上而下浇水湿润，每天宜浇两次
吊垂直、套方找规矩、抹灰饼	根据基层表面平整垂直情况，吊垂直、套方、找规矩，确定抹灰厚度。当墙面凹度较大时应分层抹平 控制线：楼面弹砌筑线时，同时弹好边线的控制线，控制线在内墙为双面线，外墙为单面线。砌筑时做好控制线的保护工作 安放激光仪：砌筑完成后，清出在楼面放好的控制线，将多功能自动安平激光标线仪安放在控制线上。在两条控制线的交叉点上，可方便垂直的两面墙同时施工 贴灰饼：多功能自动安平激光标线仪找平，下铅垂激光线与两条控制线的交叉点对中，调整十字垂直激光线与控制线重合后，即可以用激光面进行贴饼施工。根据仪器输出的激光垂直面贴饼，每隔 1.2～1.5m 设置标准灰饼。操作时先抹上灰饼，再抹下灰饼。灰饼采用 1∶3 水泥砂浆抹成 70mm 见方，再用靠尺板找好垂直与平整
做护角	墙、柱间的阳角应在墙、柱面抹灰前用 1∶2 水泥砂浆做护角，其高度自地面以上 2m 第一步　　　　　　　　　　　第二步
墙面充筋	当灰饼砂浆达到七八成干时，即可用与抹灰层相同砂浆充筋，充筋根数应根据房间的宽度和高度确定，一般标筋宽度为 50mm，两筋间距不大于 1.5m，当墙面高度小于 3.5m 时宜做立筋，大于 3.5m 时宜做横筋，做横向冲筋时做灰饼的间距不宜大于 2m
抹底灰	一般情况下充筋完成 2h 左右可开始抹底灰为宜，抹前应先抹一层薄灰，要求将基体抹严，抹时用力压实使砂浆挤入细小缝隙内，接着分层装档、抹与充筋平，用木杠刮找平整，用木抹子搓毛

续表

工序名称	施工工艺
修补	当底灰抹平后，要随即由专人把预留孔洞、配电箱、槽、盒周边 50mm 宽的石灰砂刮掉，并清除干净，用大毛刷沾水沿周边刷水湿润，然后用水泥混合砂浆把洞口、箱、槽、盒周边压抹平整、光滑
抹罩面灰	水罩面灰应在底灰六七成干时开始抹罩面灰（抹时如底灰过干应浇水湿润），罩面灰两遍成活，厚度约 2mm，操作时最好两人同时配合进行，一人先刮一遍薄灰，另一人随即抹平。依先上后下顺序进行，然后赶实压光
质量控制要点	所用材料的品种和性能应符合设计要求 抹灰层与基层之间及各抹灰层之间必须粘结牢固，抹灰层应无脱层、空鼓、面层应无爆灰和裂缝 完全响应施工文件中关于材料设备和施工技术的相关要求
工程实例	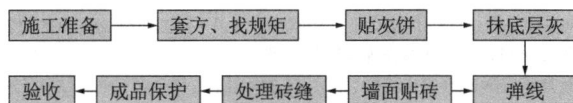

8.1.6　面砖墙面

1. 施工流程（图 8-6）

施工准备 → 套方、找规矩 → 贴灰饼 → 抹底层灰

验收 ← 成品保护 ← 处理砖缝 ← 墙面贴砖 ← 弹线

图 8-6　面砖墙面施工流程

2. 操作要点

面砖墙面操作要点如表 8-6 所示。

面砖墙面操作要点　　　　　　　　　　　　表 8-6

工序名称	施工工艺
基层处理	基层清理干净，表面修补平整，无空鼓、油污。风化或松散严重的，应铲除原基层，重新处理。墙面砖铺贴前需对基层进行充分浇水湿润
找平抹光	水泥砂浆找平厚度为 10～15mm，先将墙面湿润，然后分两遍抹灰，达到要求的厚度刮平找直，待水分略干后，用铁抹子压实压光
弹线分格	找平层养护至七成干时，按排砖深化设图纸、施工样板要求并结合现场实际条件进行分段分格弹线，弹出控制线并做好标记
排砖、浸砖	根据深化图纸及墙面尺寸进行横竖向排砖，以保证砖缝均匀，符合设计图纸要求。如遇到有突出构件，应用整砖套割吻合，不得用非整砖随意拼凑镶贴
镶贴面砖	墙面砖施工时必须留缝，抛光砖留缝 1mm，普通墙砖留缝 1.5～2mm，仿古砖留缝 5～8mm。施工时根据留缝宽度选择相应的塑料十字卡控制缝宽，每个十字交接处均应设置塑料卡

工序名称	施工工艺
镶贴面砖	 塑料十字卡控制缝宽 　在同一分段或分块内的面砖，均为自下向上镶贴。从最下第二排面砖下口的位置做好靠尺，以此托住第二排面砖，在面砖外皮上口拉水平通线作为镶贴的标准 　墙面砖就位后用橡皮锤轻轻敲击砖面，使其与邻面相平，每粘贴 8～10 块，用靠尺板检查表面平整度，并及时校正横竖缝平直、均匀 　砂浆终凝 24h 后用专用小锤全面检查，当确认面砖墙面有空鼓时，应取下墙面砖并铲除原有粘结砂浆重新粘贴
勾缝、擦缝	勾缝需要在墙面砖干固后，一般 24h 之后进行。勾缝采用与墙面砖同颜色的专用填缝剂，先勾水平缝再勾竖缝，勾缝深度低于墙面砖表面 1mm 左右
质量控制要点	饰面砖品种、规格、图案、颜色和性能应符合设计要求 饰面砖粘贴工程的找平、防水、粘结和勾缝材料及施工方法应符合设计要求及国家现行产品标准和工程技术标准的规定 饰面砖粘贴必须牢固，无空鼓、裂缝 完全响应施工文件中关于材料设备和施工技术的相关要求

工序名称	施工工艺
工程实例	

8.1.7　乳胶漆施工

1. 施工流程（图8-7）

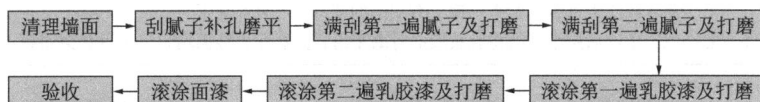

清理墙面 → 刮腻子补孔磨平 → 满刮第一遍腻子及打磨 → 满刮第二遍腻子及打磨

验收 ← 滚涂面漆 ← 滚涂第二遍乳胶漆及打磨 ← 滚涂第一遍乳胶漆及打磨

图 8-7　乳胶漆施工流程

2. 操作要点

乳胶漆施工操作要点如表 8-7 所示。

乳胶漆施工操作要点　　　　　　　　　　　　　表 8-7

工程名称	要点
基层清理	基层清理干净、干燥。检查基层平整度及裂缝、麻面、空鼓、脱壳离等现象，用水泥砂浆进行修粉填补。对原墙阴阳角基层偏差过大的部位应铲高补低 墙面基层处理　　　　　　　　　　墙面基层处理
基层修补	用水石膏将墙面磕碰处及坑洼缝隙等处找平，干燥后用砂纸凸出处磨掉，将浮尘扫净
刮腻子	刮腻子遍数可由墙面平整程度决定，一般情况为三遍，第一遍用胶皮刮板横向满刮，一刮板紧接着一刮板，接头不得留槎，每刮一刮板最后收头要干净利落。干燥后磨砂纸，将浮腻子及斑迹磨光，再将墙面清扫干净。第二遍用胶皮刮板竖向满刮，所用材料及方法同第一遍腻子，干燥后砂纸磨平并清扫干净。第三遍用胶皮刮板找补腻子或用钢片刮板满刮腻子，将墙面刮平刮光，干燥后用细砂纸磨平磨光，不得遗漏或将腻子磨穿

工程名称	要点
刮腻子	阴阳角修正 阴阳角修正
第一遍乳胶漆	先将墙面腻子基层仔细清扫干净，擦净浮灰。滚涂顺序一般是从上到下，从左到右，先横后竖，先边线、棱角、小面、后大面 大面用涂漆辊子，边角部位使用排笔涂刷 阴角处不得有残余涂料、不得裹棱 独立面每遍应用同一批乳胶漆，并一次完成 第一遍乳胶漆干透后，检查一遍，有缺陷的部位局部复补腻子 复补腻子干透后用细砂纸将乳胶漆面打磨平滑，注意用力轻而均匀，不得磨穿漆膜 滚涂乳胶漆 滚涂乳胶漆
第二遍乳胶漆	第二遍乳胶漆施工要求与第一遍相同，滚涂前要充分搅拌均匀。漆膜干燥后，用细砂纸将墙面小疙瘩和排笔打磨掉，磨光滑后用布擦干净
滚涂面漆	其滚涂顺序和方法与第二遍相同，大面积滚涂时应多人配合流水作业，互相衔接。一般从不显眼的一头开始，逐级向另一头循序滚涂，至不显眼处收刷为止，不得出现接槎、刷痕、漏刷、透底、留坠。阳光照射下无色差 阴阳角方正顺直 阴阳角方正顺直
质量控制要点	乳胶漆施工涂膜厚度应均匀，平整光滑，不流挂，不漏底 任何一种水性建筑乳胶漆，在施工过程中都不能随意掺水或随意掺加颜料，以确保涂料的施工质量，并且尽量不要在夜间灯光下施工 要保持基层的干燥，防止有水分从涂层的背面渗透过来。施工所用的一切机具、用具等必须事先洗净，不得将灰尘、油垢等杂质带入乳胶漆中 完全响应施工文件中关于材料设备和施工技术的相关要求

工程名称	要点
工程实例	

8.1.8 玻璃隔断施工

1. 施工流程（图 8-8）

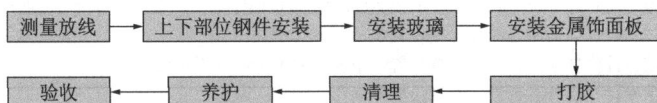

图 8-8 玻璃隔断施工流程

2. 操作要点

玻璃隔断施工操作要点如表 8-8 所示。

玻璃隔断施工操作要点　　　　　　　　表 8-8

工序名称	要点
测量放线	根据设计图纸尺寸测量放线，测出基层面的标高，玻璃墙中心轴线及上、下部位，收口不锈钢槽的位置线
预埋铁件下部侧边上部玻璃槽安装	根据设计图纸的尺寸安装槽底钢部件，用膨胀螺栓固定，然后安装上部、侧边钢玻璃槽。调平直，然后固定。安装槽内垫底胶带，所有非不锈钢件涂刷防锈漆
玻璃块安装定位	隔断用钢化玻璃全部在专业厂家定做，运至工地。首先将玻璃块清洁干净，把橡胶垫安放在方管上，用不锈钢槽固定，用玻璃安装机或托运吸盘将玻璃块安放在安装槽内，调平、竖直后固定，同一玻璃墙全部安装调平
注胶	首先清洁干净上、下部位、侧边玻璃槽及玻璃缝注胶处，然后将注胶两侧的玻璃
清洁卫生	将安装好的玻璃块用专用的玻璃清洁剂清洗干净，未交付时玻璃上贴标色带，确保成品保护（切勿用酸性溶液清洗）
工程实例	

8.1.9　栏杆施工

1. 施工流程（图 8-9）

测量放线 → 钻孔、化学锚栓安装 → 后置钢板安装

注胶密封 ← 清理、验收 ← 玻璃安装 ← 栏杆安装

图 8-9　栏杆施工流程

2. 操作要点

栏杆施工操作要点如表 8-9 所示。

栏杆施工操作要点　　　　　　　　　　　　　表 8-9

工序名称	要点
测量放线	施工前先进行现场放样，根据设计图纸规定的固定件间距、位置、标高、坡度找位校正后，划出定位点 弹出栏杆纵向中心线和分格位置线 按设计栏杆构造，根据折弯位置、角度，划出折弯或割角线 精确计算出各种杆件的长度。栏杆制作在安装厂家加工成型、现场安装
安装固定件	固定件采用膨胀螺栓与钢板制作。按照固定件的位置线，用冲击钻钻孔，用膨胀螺栓固定钢板
安装立杆	立柱安装之前，应重新放线以确认固定件位置与焊接立杆的准确性。立杆与固定件连接采用焊接或螺栓连接
安装横杆 扶手及弯头	切割完成的扶手及弯头必须预拼装，预装扶手由下往上进行，进行分段预拼，临时固定 扶手经预拼装完成，检查无问题时，再进行固定 横杆、扶手与立柱之间连接采用焊接或螺栓连接 不锈钢扶手焊接采用氩弧焊机焊接。焊接时先点焊，检查位置间距、垂直度、转角弯头的弧度满足要求后再进行两侧同时满焊。焊缝一次不宜过长，防止不锈钢管受热变形
打磨抛光	不锈钢管焊接后表面进行打磨，打磨平整后再进行抛光。抛光后外观光洁、平顺、无明显的焊接痕迹
质量控制要点	管材、接头配件必须按设计要求选用，需有质量证明书 栏杆制作的种类、型号、规格、数量和安装质量应符合设计要求。栏杆高度、安装位置必须符合设计要求，安装牢固 栏杆焊缝严密、表面光滑、色泽一致，不得有裂缝、变形及损坏的现象 完全响应施工文件中关于材料设备和施工技术的相关要求
工程实例	  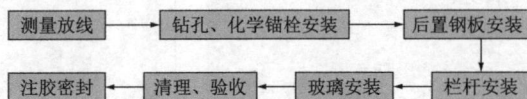

8.2　二次结构施工方案

8.2.1　概况

砌筑工程主要包含轻集料混凝土空心砌块、加气混凝土砌块、实心混凝土砌块、零星

砌筑，合计工程量约为 18000m³。

8.2.2　施工准备

二次结构施工方案如表 8-10 所示。

二次结构施工方案　　　　　　　　　表 8-10

序号	准备工作	具体内容
1	人员组织	按照主体结构施工情况划分施工区域，各施工区配备专业瓦工人进场作业，紧随主体结构之后施工
2	技术准备	技术人员熟悉图纸，编写施工技术交底制定质量保证措施，向操作人员交底
3	机具准备	砌筑材料的垂直运输通过塔式起重机运送到楼层，具体位置及型号种类详见主体施工平面布置图
		主要机具：砂浆搅拌机、手推车、胶皮管、铁锹、灰桶、托线板、线坠、大铲等
4	材料准备	（1）砌筑所用标准加气混凝土砌块的质量、品种、规格及强度等级必须符合设计要求，具备出厂质量合格证，进场后现场取样进行试验。其产品龄期应超过 28d （2）砌筑砂浆：采用现场搅拌混合砂浆，砂浆的配合比在现场进行试配，通过试验检测合格后，按配合比将砂浆的砂、水泥及外加剂等拌和，按要求加入水搅拌均匀 （3）皮数杆：用 50mm×40mm 的木料制作，皮数杆上注明砖的皮数、灰缝厚、门窗洞口、拉结筋位置、圈梁过梁尺寸和标高。皮数杆间距为 15m，在墙体转角处，丁字及十字相交处必须设置
5	材料设备投入	预拌砂浆罐

序号	准备工作	具体内容	
5	材料设备 投入	 加气混凝土砌块	 轻集料混凝土空心砌块
		 实心混凝土砌块	 零星砌筑

8.2.3 工艺流程

二次结构工艺流程如表 8-11 所示。

二次结构工艺流程　　　　　　　　　　　　　　　　表 8-11

工艺流程		
 第一步：测量放线	 第二步：皮数定位划线	 第三步：植筋
 第四步：墙体砌筑	 第五步：构造柱及圈梁施工	 第六步：梁底留缝

8.2.4　施工方法

1. 砌块施工要点

1）排砖优化

基于 BIM 技术在结构模型的基础上进行二次结构深化，建立砌筑墙体、构造柱、圈梁、过梁模型，并且添加相关尺寸、材料、编号信息。从而输出砌体排砖工程量统计清单、二次结构施工图等进行材料采购辅助、施工指导等。

二次结构排砖优化施工要点如表 8-12 所示。

二次结构排砖优化施工要点　　　　表 8-12

序号	图例
1	
2	排砖优化

2）测量放线

二次结构测量放线施工要点如表 8-13 所示。

二次结构测量放线施工要点　　　　表 8-13

序号	测量放线
1	隔墙测量放线时应按结构施工时主轴控制线进行，应保证各轴线间的水平距离相等且方正
2	平面控制时应在楼面上弹出墙身线、构造柱位置线、门窗洞口位置线、墙面上水电预留洞口的位置线，相对应的构造柱与顶面梁板的位置采用挂垂直线的方法进行控制
3	高度控制时应根据建筑标高 1.0m 线（相对于结构标高 1.110m）进行控制，垂直墙或柱上应标出水平系梁、门窗过梁的位置线，保证标高相等
4	测量放线

3）构造柱、墙体拉结筋施工

二次结构构造柱、墙体拉结筋施工内容如表 8-14 所示。

二次结构构造柱、墙体拉结筋施工内容 表 8-14

序号	内容
1	构造柱与楼面的连接、后植墙体拉结筋梁与结构混凝土墙体的连接均采用植筋法，做法如下：材料选用采用化学双组分植筋胶，并配备钻孔机械、清孔工具等
2	植筋的施工温度范围：−5～40℃，主要植筋规格常规为 6、8、10、12

<table>
<tr><td rowspan="7">3</td><td colspan="5" align="center">植筋技术参数一览表</td></tr>
<tr><td>序号</td><td>钢筋直径（mm）</td><td>钻孔深度（mm）</td><td>钻孔直径（mm）</td><td>破坏力（kN）</td></tr>
<tr><td>1</td><td>6</td><td>100</td><td>8</td><td>≥6</td></tr>
<tr><td>2</td><td>8</td><td>120</td><td>10</td><td>≥6</td></tr>
<tr><td>3</td><td>10</td><td>150</td><td>12</td><td>≥6</td></tr>
<tr><td>4</td><td>12</td><td>180</td><td>14</td><td>≥6</td></tr>
</table>

4）定位、钻孔

二次结构定位、钻孔内容如表 8-15 所示。

二次结构定位、钻孔内容 表 8-15

序号	内容
1	定位：利用皮数杆画出植筋钻孔位置
2	钻孔：锚固钢筋时，在基材上用电锤或其他钻孔设备钻出符合要求的孔径
3	

定位　　　　　钻孔

5）清孔、注胶

二次结构清孔、注胶内容如表 8-16 所示。

二次结构清孔、注胶内容 表 8-16

序号	内容
1	清孔：孔内粉尘用毛刷或风机反复清刷至少三遍以上
2	注胶：将植筋胶中的 A 料、B 料按照说明书进行充分混合，放入孔内，胶量应满足钢筋插入后孔内胶体填充饱满

续表

序号	内容	
3	清孔	注胶

6）植筋

二次结构植筋内容如表 8-17 所示。

表 8-17

二次结构植筋内容

序号	内容
1	植筋：将钢筋插入孔内（可用旋转或冲的方法），在胶固化前禁止扰动钢筋，以免影响锚固效果
2	可操作时间：10～120min
3	其中构造柱与楼板的连接可采用在楼板相应位置钻孔，孔深为 100mm，清孔后浇水湿润，在孔内注入植筋胶，然后直接插入短筋。外露长度 700mm，与 2ϕ6 拉结筋搭接
4	构造柱植筋

7）墙体砌筑

二次结构墙体砌筑内容如表 8-18 所示。

表 8-18

二次结构墙体砌筑内容

序号	内容
1	砌筑前先要排砖摆底，砌块从门口向两边排，尽量采用 600mm 长主砌块，不足时用半砌块切割，竖向通缝不大于 2 层
2	门窗洞口侧边砌块砌筑混凝土预制块，隔一砌筑

序号	内容
3	填充墙砌块应提前 2d 浇水湿润
4	砌体水平及竖向灰缝 15mm，灰缝应饱满顺直，不得出现瞎缝、假缝、透明缝
5	砌体设构造柱时，填充墙在构造柱处要砌成马牙槎，应先退后进。退进宽度为 100mm
6	除构造柱、墙体转角和纵横墙体交接处，墙体应同时砌筑
7	按照新规范要求及抗震要求，墙体拉结钢筋，沿墙高每 600mm（2 皮砌块）通长埋入 2 根 C6 钢筋。搭接长度为 50d 且不小于 400mm，光圆钢筋末端须带 180°弯钩
8	填充墙的最后一皮上部孔隙顶部，待沉降 14d 用斜砖进行顶砌，斜砖倾斜角度宜为 45°～60°
9	
10	 构造柱马牙槎　　　填充墙顶部斜砖

8）构造柱、水平腰梁、压顶梁的设置

二次结构构造柱设置如表 8-19 所示。

二次结构构造柱设置　　　　　　　　　　　　　表 8-19

序号	内容
1	构造柱设置：构造柱与加气块墙体同宽其截面尺寸为 200×墙厚，内配 4 根 C12 主筋，箍筋为 $\phi6@250$ 设置，抱框柱尺寸为 100mm×墙厚，内配 2 根 C12 主筋，拉筋为 $\phi6@200$。构造柱搭接部分为加密区，加密长度 600mm，加密间距为 $\phi6@200$ 设置
2	 构造柱设置（一）　　　　　构造柱设置（二）

9）水平腰梁

二次结构水平腰梁内容如表 8-20 所示。

二次结构水平腰梁　　　　　　　　　　　　　　　　　　　　　表 8-20

序号	内容
1	水平腰梁：当墙厚不小于 180mm 墙高超过 4m 或墙厚小于 180mm 墙高超过 3m 时，在墙体半高处设置与主体结构连接且沿墙全长贯通的钢筋混凝土水平系梁，楼梯间周围填充墙在半层高处均应设置与柱连接且沿墙全长贯通的钢筋混凝土过梁。厚度为 60～100mm 同墙厚
2	腰梁设置　　　　　　　　　腰梁设置

10）过梁设置

二次结构过梁内容如表 8-21 所示。

二次结构过梁设置　　　　　　　　　　　　　　　　　　　　　表 8-21

序号	内容
1	过梁设置：大于 300mm 洞口上设置过梁，过梁支座长度为每端 250mm
2	过梁设置（一）　　　　　　　　过梁设置（二）

11）水电沟槽处理

二次结构水电沟槽处理如表 8-22 所示。

二次结构水电沟槽处理　　　　　　　　　　　　　　　　　　　表 8-22

序号	内容
1	水电留槽、留洞时，处理方法是在砌筑工程完成之后，抹灰之前，进行立管剔槽处理，剔槽深 30mm，宽 60mm，用切割机进行切割剔槽。管路安装完毕后，用干硬性水泥砂浆填实抹平，内加耐碱网格布 300mm 宽。最后进行抹灰作业

序号	内容	
2	水电沟槽处理（一）	水电沟槽处理（二）

2. 注意事项

二次结构水电沟槽处理注意事项如表 8-23 所示。

二次结构水电沟槽处理注意事项　　　　　表 8-23

序号	内容
1	砂浆配合比不准：水泥和砂要车车过磅，计量要准确，搅拌时间达到规定要求
2	水平灰缝：盘角时灰缝要掌握均匀，每层砖都要与皮数杆对平，拉线要绷紧。砌筑时要左右照顾，避免接槎处高低不平
3	皮数杆：抄平放线时要细致认真，钉皮数杆的木桩要牢固，防止碰撞松动。皮数杆立完后，要进行一次水平标高的复验，确保皮数杆高度一致
4	埋入砌体中的拉结筋位置不准：应随时注意砌体的皮数杆标明的位置放拉结筋，其外露部分在施工中不得任意弯折，并保证其长度符合图纸要求
5	留槎：砌筑的转角和交接处，应同时砌筑，否则应砌成斜槎
6	构造砌筑：构造柱砖墙应砌成大马牙槎，设置好拉结筋从柱脚开始两侧都应先退后进，构造柱内的落地灰，砖渣杂物清理干净，防止夹渣
7	拉结筋不合砖行：混凝土墙柱内预埋拉结筋经常不能与砌块行灰缝吻合，应预先计算好砖行模数，保证拉结筋与砌块行吻合，不应将拉结筋弯折使用
8		

3. 砌筑防开裂措施

1）质量缺陷分析

根据分析，裂缝产生的主要原因为砌体砌筑未控制每日工作量，砌筑过快，导致墙体沉降未稳定，急于上顶砖塞缝，直接导致外墙梁底横向缝产生等。具体原因可描述为以下几点：

二次结构质量缺陷分析如表 8-24 所示。

二次结构质量缺陷分析　　　　　　　　　　　　　　　　　　表 8-24

序号	质量缺陷原因分析	序号	质量缺陷原因分析
1	砌体保湿欠均匀、砂浆粘结不牢固	4	基层处理偏差大、杂质清理不彻底
2	砂浆摊铺不饱满、面砖勾缝不严实	5	高温施工失水快、抹灰养护未到位
3	砌块砌筑过于快、顶砖塞缝太着急	6	外部环境影响大、热胀冷缩生应力

2）防治措施

二次结构砌筑防开裂措施如表 8-25 所示。

二次结构砌筑防开裂措施　　　　　　　　　　　　　　　　　表 8-25

序号	措施
1	长期以来墙体开裂、空鼓、渗漏等属于砌体工程通病，外墙裂缝及空鼓等属于常见的改善措施的实施，主要在基层处理、抹灰控制、面砖铺贴、养护施工等方面进行
2	砌体提前淋水湿润　　　 砌体底部设置返坎
3	每日砌筑高度 1.5m 左右　　　 构造柱支模

序号	措施
4	  构造柱顶部簸箕口搭设　　　 浇筑后簸箕口示例

4. 内墙裂缝及空鼓

1）内墙裂缝及空鼓现象

内墙裂缝及空鼓现象如表 8-26 所示。

内墙裂缝及空鼓现象　　　　　　　　　　　　　　　　表 8-26

序号	示例
1	内墙空鼓及裂缝产生的图片如下图所示，主要出现在柱边与砌体交接处
2	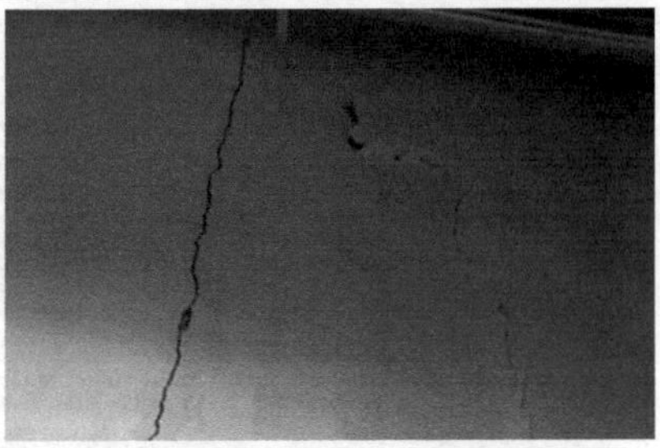  柱边与砌体交接处出现竖向裂缝　　　 整块墙体出现交叉斜裂缝

2）质量缺陷分析

内墙裂缝及空鼓现象质量缺陷分析如表 8-27 所示。

质量缺陷分析　　　　　　　　　　　　　　　　表 8-27

序号	质量缺陷分析
1	根据照片及以往施工经验，我司认为柱边与砌体交接处出现竖向裂缝的主要原因归结为以下三点： （1）温差变化时砌体与混凝土收缩量不一致产生裂缝 （2）砌体与砂浆干缩变形引起裂缝 （3）砌体与混凝土结构连接处未设置构造措施
2	整块墙体出现交叉斜裂缝的主要原因如下： （1）上部结构梁或过梁刚性不足导致交叉裂缝 （2）墙体过长或过高未适当采取构造措施 （3）砌块或抹面砂浆干燥收缩产生剪切应力

3）防治措施

根据质量问题分析，针对墙体裂缝出现的原因，按照表 8-28 措施进行施工，其中既包含针对性解决问题的措施方法，同时也含有工程的标准做法。

防治措施表　　　　　　　　　　　表 8-28

序号	措施	要求
1	严格按图施工	按图纸、规范及图集构造要求设置构造柱及圈梁、砌体拉结筋，约束墙体开裂
2	控制砌体的上墙含水率	砌块上墙含水率应小于 15%，现场堆放砌块采取防潮保护措施
3	控制灰缝厚度保证灰缝饱满度	竖向灰缝饱满度不得小于 80%，水平灰缝饱满度不得小于 90%
4	控制每日砌筑高度	使墙体沉缩变形充分，防止墙体产生交叉裂缝，每日砌筑高度控制在 1.2～1.5m
5	控制梁底塞缝填筑时间	墙体砌筑完至少 7d 后方可进行塞缝施工，让墙体充分沉实，减少墙灰缝收缩变形过大引起的开裂
6	控制抹灰时间和厚度	墙体抹灰在砌筑 14d 后进行，抹灰分层施工一次厚度控制在 7～9mm
7	混凝土柱与砌体连接处设钢丝网	混凝土梁与砌体连接处设钢丝网
8	按要求设圈梁构造柱	按要求设置墙体拉结筋
9	勾缝横平竖直	施做抹灰样板

8.2.5 质量验收标准

（1）填充墙砌体一般尺寸允许偏差如表 8-29 所示。

填充墙砌体一般尺寸允许偏差   表 8-29

项次	项目名称		允许偏差值（mm）	检查方法
1	轴线位移		10	用经纬仪和尺检查
2	垂直度	层高	4	2m 托线板或吊线和尺检查
		≤3m		
3	表面平整度		6	2m 靠尺和楔形塞尺
4	门窗洞口	高、宽度	±5	尺量
5	外墙上下口偏移		15	经纬仪或吊线

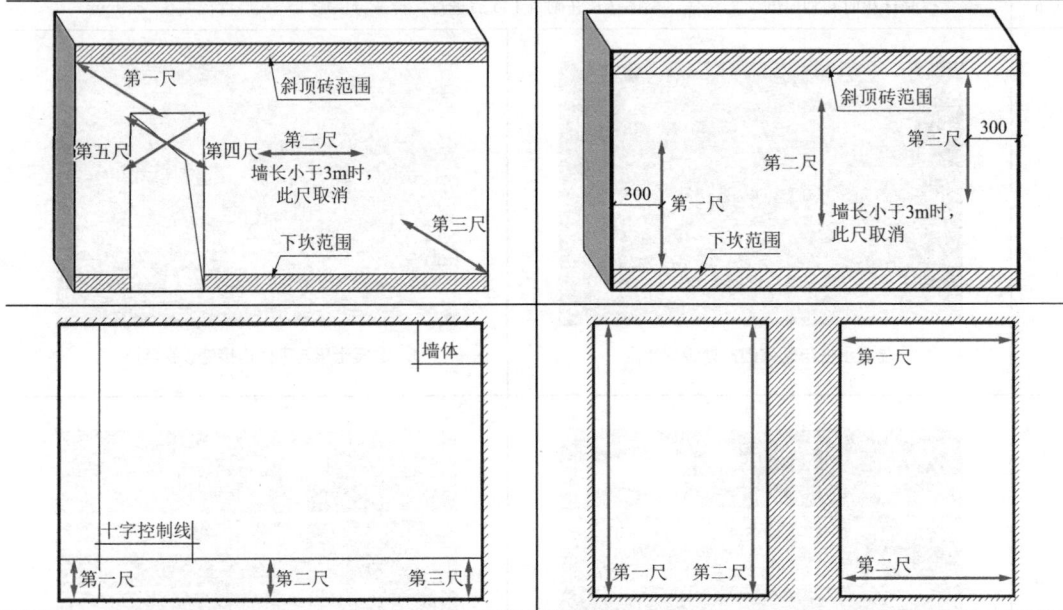

（2）填充墙砌体的砂浆饱满度及检验方法如表 8-30 所示。

砂浆饱满度及检验方法   表 8-30

砌体分类	灰缝	饱满度及要求	检验方法
混凝土小砌块砌体	水平	≥80%	采用百格网检查块材底面砂浆的粘结痕迹面积
	垂直	≥80%	

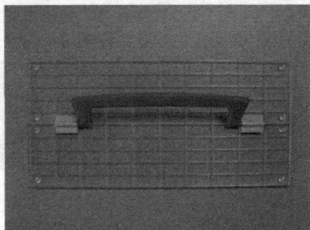

（3）注意事项如图 8-10 所示。

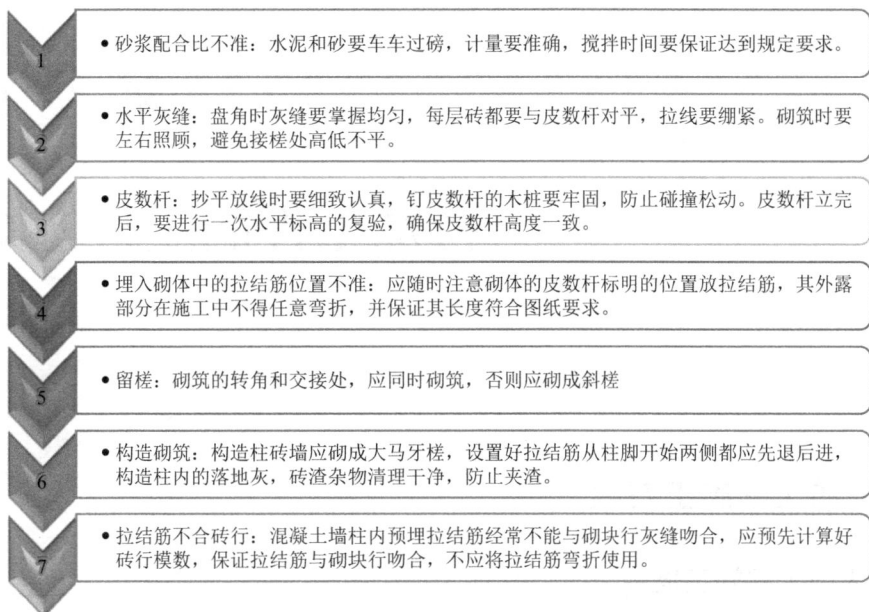

1	• 砂浆配合比不准：水泥和砂要车车过磅，计量要准确，搅拌时间要保证达到规定要求。
2	• 水平灰缝：盘角时灰缝要掌握均匀，每层砖都要与皮数杆对平，拉线要绷紧。砌筑时要左右照顾，避免接槎处高低不平。
3	• 皮数杆：抄平放线时要细致认真，钉皮数杆的木桩要牢固，防止碰撞松动。皮数杆立完后，要进行一次水平标高的复验，确保皮数杆高度一致。
4	• 埋入砌体中的拉结筋位置不准：应随时注意砌体的皮数杆标明的位置放拉结筋，其外露部分在施工中不得任意弯折，并保证其长度符合图纸要求。
5	• 留槎：砌筑的转角和交接处，应同时砌筑，否则应砌成斜槎
6	• 构造砌筑：构造柱砖墙应砌成大马牙槎，设置好拉结筋从柱脚开始两侧都应先退后进，构造柱内的落地灰，砖渣杂物清理干净，防止夹渣。
7	• 拉结筋不合砖行：混凝土墙柱内预埋拉结筋经常不能与砌块行灰缝吻合，应预先计算好砖行模数，保证拉结筋与砌块行吻合，不应将拉结筋弯折使用。

图 8-10　注意事项

第 **9** 章

特殊工程的工程方案

9.1 人防工程施工方案

9.1.1 人防工程施工准备

人防工程施工准备如表 9-1 所示。

人防工程施工准备 表 9-1

序号	分项	内容
1	人员准备	人防工程施工前，须由当地人防工程建设质量监督站向建设、监理及施工三方进行人防施工交底
		由项目技术负责人组织项目组管理人员熟悉图纸及有关的人防图集，并向施工班组进行有关人防工程的施工技术交底、安全技术交底。考察、选择经人防监督部门审查合格的、就近的人防门制作、安装单位及人防预留、预埋件的供货单位。及时签订供货合同，以便早制作、供货和安装。根据工期安排、钢筋需用量计划及施工场地情况，分批采购合格的钢筋进场以便加工制作；根据需用量计划，提前准备各种周转材料
2	现场准备	施工部位留置后浇带，除后浇带外各部位工程做到一次性连续浇筑。人防门框、吊钩、战时封堵埋件、防爆地漏、水暖、电气及通风空调专业的预埋管道、箱盒随结构施工及时安装到位，人防墙体、顶板每一次浇筑混凝土前，专业工种必须与土建专业就预留预理进行核对、会签，严禁事后剔凿人防结构。战时砌筑材料安排在各分部工程完成后、竣工验收前，全部堆放到位

9.1.2 主要分部分项施工方法

1. 模板工程（表 9-2）

模板工程施工方法 表 9-2

序号	方法
1	地下室的钢筋混凝土、柱、剪力墙模板采用现场拼装法、人防墙、柱、顶板均采用 15mm 厚黑漆九夹板，次龙骨采用 50mm × 80mm 方木，主龙骨采用 ϕ48 × 3.6mm 钢管，梁板支撑系统采用盘扣钢管支撑
2	地下室的模板分两次安装：第一次是支设底板外模及外墙板内外模质底板面以上 500mm 处；第二次是道墙面至顶板，主要是内外壁剪力墙及框架柱、顶板梁板
3	人防墙和地下室外墙采用三段式止水螺栓，螺杆有效直径为 ϕ14，不允许用 PVC 套管

续表

序号	方法
4	 模板支护　　　　　　　　　　　三段式止水拉杆

2. 钢筋工程（表9-3）

钢筋工程施工方法　　　　　　　　　　　　　　　　表 9-3

序号	方法
1	进场的钢筋，合格证和复检报告应符合设计要求，地下室钢筋加工前要认真核对钢筋的规格、品种、型号与图纸是否一致，同时加工成型的钢筋应分类堆放
2	地下室底板钢筋分为三步绑扎：先承台和地梁、再底板，最后为柱、墙插筋
3	人防墙体、地下室顶板、底板应设置间距不大于 500mm×500mm 的直径 6mm 拉结筋。人防门门框墙洞四角应配置 2 根直径 16mm 的斜向加强钢筋，其长度不应小于 1100mm。因为人防门门扇比门洞大 100～200mm，所以绑扎门洞钢筋时，除车道大门、活门槛及临战封堵的洞口底边平该位置的建筑标高外，其他人防应在建筑标高以上单扇门留 150mm，双扇门留 180mm 高的门槛，以利门扇能自由开启。门下框钢筋应锚入底板
4	 人防拉钩　　　　　　　　　　　人防拉钩实例

3. 混凝土工程（表9-4）

混凝土工程施工方法　　　　　　　　　　　　　　　　表 9-4

序号	分类	方法
1	墙、柱混凝土浇筑	墙板柱混凝土浇筑应待顶板有梁板模支设完毕后进行，以便于布管及人员行走、操作。布管时应沿主轴方向设主管，每道主管间距 12～15m，浇筑时应注意布料的方向，对于独立柱应严禁直接冲击模板，墙板应顺墙板方向下料，避免冲击墙模，可结合浇筑高度需要，用溜槽或软管下料

续表

序号	分类	方法
2	地下室顶板施工	浇筑地下室顶板之前，再次清理模板上的垃圾和泥土、树叶、纸屑等，凡是钢筋下的水泥垫块未垫好的应重新放好，模板上的积水应扫除 混凝土运输采用商品混凝土，用汽车输送泵将混凝土送至浇筑地点，混凝土连续分区段进行浇筑。用插入式振动泵振捣，应快插慢拔，插点均匀，逐点移动顺序进行，不得漏振。浇筑混凝土应连续进行，在振捣时应注意预留孔和预埋件，不应发生移动振动泵不应碰及预埋管件，发生移位时应及时纠正 由于板梁连成整体面积较大，且梁截面较大，先将梁单独浇筑，其施工缝留在板底下 2～3cm 处，梁柱墙结合处钢筋较密，次出混凝土采用细石粗骨料，用小直径振动棒振动为主 工程地下室混凝土施工期间，养护期不少于 14d，并安排专人夜洒水在养护期间、为确保混凝土处于湿润状态为求用草袋覆盖
3	混凝土坍落度检查及试块留置	混凝土浇筑过程中每一工作班在浇筑地点至少检查两次坍落度，严格控制水灰比，确保混凝土和易性。混凝土浇筑过程中应在浇筑地点进行取样，留置试块。柱混凝土每次取样留置一组试块进行标准养护，一组同条件试块。梁板每次（根据图纸）混凝土取样留置四组试块，两组试块作标准养护以作为混凝土强度评定依据，另两组试块作同条件养护，一组以测定混凝土拆模强度。地下室抗渗混凝土按规范留置抗渗试块，进行抗渗试验。浇筑混凝土时，应按下列规定试块
		口部、防护密闭段应各制作一组试块
		每浇筑 100m³ 混凝土应制作一组试块
		每一楼层、同一配合比的混凝土，取样不得少于一次
		地下室抗渗混凝土每一工作班、同一配合比的混凝土，取样不得少于一次
		变更水泥品种或混凝土配合比时，应分别制作试块

混凝土坍落度实测 · 试块留置

4. 安装工程

1）门窗安装（表 9-5）

门窗安装施工方法   表 9-5

序号	方法
1	首先根据图纸要求将相应型号的人防门门框吊运到位
2	然后找到并核实土建施工单位在门洞附近放好的轴线、模板线和标高基准点，并将它们用卷尺和水平管引测至门洞钢筋上。不同形式人防门框应根据各自的下框构造按标准要求进行立框施工
3	根据建筑施工图上的门洞尺寸确定门框水平方向和垂直方向的准确位置，使门框外表面与门框墙模板外（内）表面在同一平面上

序号	方法
4	将门框底部与门槛钢筋焊接定位，如果门框钢筋不牢固的要用电焊加固。以门框底部位置为基准，用吊锤和水平尺寸确定门框上部位置，然后用钢管或钢筋斜向支撑牢固。人防门框的钢支撑体系由斜向支承杆件、水平支撑杆件及横向水平连接杆件等组成，一般情况大门用三根钢管作为主支撑，再在横向加两根钢筋将门框和钢管支撑连接焊牢，形成三角形，加强稳定性。人防门框孔净宽不大于 1500mm 时，可单侧支撑，斜向支撑杆件不应少于 2 根；人防门框孔净宽大于 1500mm 时，应两侧支撑，斜向支撑杆件不应少于 2 根。钢门框支撑面的平整度偏差不应超过 2mm。门框垂直度偏差不应超过长边的 2‰。为了确保门框安装质量和避免变形，土建施工单位在校正钢筋和支模板的过程中，应注意保护好门框的固定支撑
5	人防门门框的锚固钢筋，依据防护设备加工图集制作。锚固钢筋在门框角钢四周布置，其锚固在门框墙钢筋内。主要采用钢筋直径 12@300mm，锚固长度 270mm

2）吊环安装（表 9-6）

吊环安装施工方法　　　　　　　　　　　　　　　　　　表 9-6

序号	方法
1	采用直径 20mm 的钢筋预埋在顶板钢筋上层之上，单扇门安装一个，双扇门安装二个
2	人防门的门扇安装钓钩应钩住顶板上层钢筋，钓钩位置应放置在门扇宽度的中心以门轴为圆心转过 45°
3	

吊环预埋　　　　　　　　　　　预埋效果

3）门扇安装（表 9-7）

门扇安装施工方法　　　　　　　　　　　　　　　　　　表 9-7

序号	方法
1	在人防地下室通车、通电，无积水、垃圾时即可进行门扇安装。门扇吊装到位后，留出密封胶条的间隙即可将门扇铰页焊牢（或者用螺栓连接）在门框铰页预埋板上，然后进行调试，门框与门扇贴合严密，间隙达到《人民防空工程质量验收与评价标准》RFJ 01—2015 的要求。接着安装闭锁和密封胶条，锁紧后使门扇与门框应贴合紧密均匀。铰页、闭锁安装位置应准确，门扇上、下铰页同轴偏差不应超过规范允许偏差值。门扇应启闭灵活，开关门扇的操纵力也应符合《人民防空工程质量验收与评价标准》RFJ 01—2015 的要求。安装完成后，对外露金属表面进行清渣、打磨、除锈。达到表面光洁平整后，刷两遍防锈底漆，两遍灰色面漆。对钢筋混凝土门扇表面进行刮腻子、打磨，然后刷两至三遍外墙乳胶漆。最后进行喷字，标出手轮或闭锁把手的开关方向和人防门型号
2	人防门配件全部上齐
3	通过调整垫片的数量（每个铰页不多于 2 片垫片），保证门扇关闭后上下铰页受力均匀，门扇与门框贴合严密，密封条压缩量均匀，严密不透气
4	海面胶条松紧适度，接口为 45°坡口搭接（且每樘门不能超过 2 个接口），闭锁、手轮、弹簧体、丝杆、锁头等运动部位必须均匀涂抹黄油，保证润滑

续表

序号	方法
5	调整闭锁、手轮的松紧程度,保证闭锁划到 90°时,手轮转到关门终止位置后,门扇与门框贴合均匀,混凝土人防门间隙 ≤ 3mm,钢制人防门间隙 ≤ 5mm
6	门扇能够自由开到终止位置,门扇启闭比较灵活,闭锁活动比较灵敏,门扇外表面标上闭锁开关方向
7	门扇安装好,在下方打楔子,支撑门扇,保证门扇重力方向受力均匀,减轻对预埋门框及铰页装置的受力,而达到更好的使用效果
8	 人防门标识　　　　　　　人防门安装

4)穿墙套管安装(表 9-8)

穿墙套管安装施工方法 表 9-8

序号	方法
1	给水管、压力排水管、电缆电线等的密闭穿墙短管,应按设计要求制作。当设计无要求时,应采用壁厚大于 3mm 的钢管
2	通风管的密闭穿墙短管,应采用厚 2~3mm 的钢板焊接制作,其焊缝应饱满、均匀、严密
3	密闭翼环应采用厚度大于 3mm 的钢板制作。钢板应平整,其翼高宜为 30~50mm。密闭翼环与密闭穿墙短管的结合部位应满焊
4	密闭翼环应位于墙体厚度的中间,并应与周围结构钢筋焊牢。密闭穿墙短管的轴线应与所在墙面垂直,管端面应平整
5	在套管与管道之间应用密封材料填充密实,并应在管口两端进行密闭处理,填料长度应为管径的 3~5 倍,且不得小于 100mm
6	管道在套管内不得有接口
7	套管内径应比管道外径大 30~40mm
8	密闭穿墙短管应在朝向核爆冲击波端加装防护抗力片。抗力片宜采用厚度大于 6mm 的钢板制作。抗力片上槽口宽度应与所穿越的管线外径相同;两块抗力片的槽口必须对插
9	当同一处有多根管线需作穿墙密闭处理时,可在密闭穿墙短管两端各焊上一块密闭翼环。两块密闭翼环均应与所在墙体的钢筋焊牢,且不得露出墙面

续表

序号	方法
10	单个密闭套管　　　　　　　　　 成套密闭套管

5）通风管道安装（表9-9）

通风管道安装施工方法　　　　　　　表 9-9

序号	方法
1	在第一道密闭阀门至工程口部的管道与配件，应采用厚 2～3mm 的钢板焊接制作。其焊缝应饱满、均匀、严密
2	染毒区的通风管道应采用焊接连接。通风管道与密闭阀门应采用带有密封槽的法兰连接，其接触面应平整；法兰垫圈应采用整圈无接口橡胶密封圈
3	主体工程内通风管与配件的钢板厚度应符合设计要求。当设计无要求时，钢板厚度应大于 0.75mm
4	工程测压管在防护密闭门外的一端，应设有向下的弯头；另一端宜设在通风机房或控制室，并应安装球阀。通过防毒通道的测压管，其接口应采用焊接
5	通风管内气流方向、阀门启闭方向及开启度，应作标志，并应标示清晰、准确
6	人防通风转角安装　　　　　　　 人防通风施工

6）给水排水安装

（1）人防给水排水管道安装施工方法如表9-10所示。

人防给水排水管道安装施工方法　　　　　　表 9-10

序号	方法
1	压力排水管宜采用给水铸铁管或镀锌钢管，其接口应采用油麻填充或石棉水泥抹口，不得采用水泥砂浆抹口
2	油管丝扣连接的填料，应采用甘油和黄丹粉的调和物，不得采用铅油麻丝。油管法兰连接的垫板，应采用两面涂石墨的石棉纸板，不得采用普通橡胶垫圈
3	与工程外部相连的管道的控制阀门，应安装在工程内靠近防护墙处，并应便于操作，启闭灵活，有明显的标志。控制阀门的工作压力应大于 1MPa。控制阀门在安装前，应逐个进行强度和严密性检验

序号	方法
4	各种阀门启闭方向和管道内介质流向，应标示清晰、准确
5	 给水管道安装 BIM 进行碰撞优化

（2）设备安装工程的防火、防腐、消声施工如表 9-11 所示。

设备安装工程的防火、防腐、消声施工方法   表 9-11

序号	方法
1	设备安装工程中所用的油漆，宜采用磁性调和漆
2	设备、管道在涂漆前，应先清除表面的污垢、锈斑、焊渣等。金属表面应干燥，光泽均匀，并宜在 3～6h 内涂完底漆
3	在工程外墙上预埋铁件及密闭穿墙短管时，外露金属表面应除锈并涂防腐漆
4	绝缘导线的接头应采用压接或焊接。接头处应采取防腐措施。当采用黑胶布恢复绝缘时，应外包 2～3 层塑料胶带
5	安装有动力扰动的设备，当不设减震装置时，应采用厚 5～10mm 中等硬度的橡皮平板衬垫
6	当管道用支架、吊钩固定时，应采用软质材料作衬垫。管道自由端不得摆动
7	机房内消声器及消声后的风管应作隔声处理，可外包厚 30～50mm 的吸声材料
8	当管、线穿越隔声墙时，管道与墙、电线与管道之间的空隙应用吸声材料填充密实
9	设备安装时，不得采用明火施工
10	 滤尘系统

7）排烟管道安装（表 9-12）

排烟管道施工方法　　　　　　　　　　　　　表 9-12

序号	方法
1	排烟管宜采用钢管或铸铁管。当采用焊接钢管时，其壁厚应大于 3mm；管道连接宜采用焊接。当采用法兰连接时，法兰面应平整，并应有密封槽；法兰之间应衬垫耐热胶垫
2	埋设于混凝土内的铸铁排烟管，宜采用法兰连接
3	排烟管应沿轴线方向设置热胀补偿器。单向套管伸缩节应与前后排烟管同心。柴油机排烟管与排烟总管的连接段应有缓冲设施
4	排烟管（道）的安装坡度应大于 0.5%，放水阀应设在最低处；清扫孔堵板应有耐热垫层，并固定严密；当排烟管穿越隔墙时，其周围空隙应采用石棉绳填充密实；排烟管与排烟道连接处，应预埋带有法兰及密闭翼环的密闭穿墙短管
5	排烟管的地面出口端应设防雨帽；在伸出地面 150~200mm 处，应采取防止排烟管堵塞的措施

8）给水排水设备安装（表 9-13）

给水排水设备安装施工方法　　　　　　　　　表 9-13

序号	方法
1	口部冲洗阀安装暗装管道时冲洗阀不应突出墙面；明装管道时，冲洗阀应与墙面平行；冲洗阀配用的冲洗水管和水枪应就近设置
2	防爆波闸阀安装闸阀宜在防爆波井浇筑前安装 闸阀与管道应采用法兰连接；闸阀的阀杆应朝上，两端法兰盘应对称紧固。闸阀应启闭灵活，严密不漏。闸阀开启方向应标示清晰，止回阀安装方向应正确
3	防爆防毒化粪池管道安装进、出水管应选用给水铸铁管。铸铁管应无裂纹、铸疤等。三通管应固定牢固、平直，其上部应用密闭盖板封堵
4	排水水封井管道安装水封井盖板应严密，并易于开启；进、出水管安装位置应正确，接头应严密牢固；进、出水管的弯头应伸入水封面以下 300mm
5	排水防爆波井的进、出水管管口应用钢筋网保护。网眼宜为 30mm×30mm；钢筋网宜采用直径为 16~22mm 的钢筋焊接制作
6	 排水地漏预埋　　　　　　　　给水管道安装

9）电器设备安装（表 9-14）

电器设备安装施工方法 表 9-14

序号	方法
1	落地式配电柜（屏、箱）的安装成排安装的配电柜（屏、箱）应安装在基础型钢上。基础型钢应平直；型钢顶面高出地面应等于或大于 10mm；同一室内的基础型钢水平允许偏差不应超过 1mm/m，全长不应超过 5mm；基础型钢应有良好接地；柜（屏、箱）的垂直度允许偏差不应大于 1.5mm/m，柜（屏、箱）间的空隙不应大于 2mm
2	挂墙式配电箱（盘）的安装固定配电箱（盘），宜采用镀锌或铜质螺栓，不得采用预埋木砖 嵌墙暗装配电箱的箱体应与墙面齐平
3	成排或集中安装的同一墙面上的电器设备的高差不应超过 5mm，同一室内电器设备的高差不应超过 10mm
4	灯具的安装应牢固，宜采用悬吊固定。当采用吸顶灯时，应加装橡皮衬垫。接零或接地的灯具金属外壳，应有专用螺丝与接零或接地网连接 宜采用铜质瓷灯座，开关的拉线宜采用尼龙绳等耐潮绝缘的材料。各种信号灯应有特殊标志，并标示清晰，指示正确
5	电气接地装置安装应利用钢筋混凝土底板的钢筋网或口部钢筋混凝土结构的钢筋网作自然接地体。用作自然接地体的钢筋网应焊接成整体 当采用自然接地体不能满足要求时，宜在工程内渗水井、水库、污水池中放置镀锌钢板作人工接地体，并不得损坏防水层。不宜采用外引式的人工接地体。当采用外引接地时，应从不同口部或不同方向引进接地干线。接地干线穿越防护密闭隔墙、密闭隔墙时，应进行防护密闭处理
6	配电箱、板、宜采用薄钢板，不得采用易燃材料制作
7	发热器件必须进行防火隔热处理，严禁直接安装在建筑装修层上
8	在易爆场所的电气设备，应采用防爆型。电缆、电线应穿管敷设，导线接头不得设在易爆场所
9	在顶棚内的电缆、电线必须穿管敷设，导线接头应采用密封金属接线盒
10	 配电箱柜安装　　　　　　　　　　配电箱盘安装

9.1.3 人防工程质量控制要点

1. 土建部分（表 9-15）

土建部分控制要点 表 9-15

序号	分项	土建部分控制要点
1	钢筋工程	（4）防空地下室双面配筋的钢筋混凝土底板、板、墙体应设置梅花形排列的拉结筋，拉结筋长度应能拉住最外层受力钢筋，拉结筋直径 ≥ϕ6mm、间距 ≤500mm；防护密闭门的门框墙及门槛截面厚度 ≥300mm，门框墙的箍筋应放在竖向或水平钢筋的外侧，箍筋 ϕ12mm，人防门洞四角内外侧应配 2 根直径 6mm 斜向钢筋，长度 ≥1000mm，墙厚 ≥500mm 应配 3 根直径 16mm 斜向钢筋

续表

序号	分项	土建部分控制要点
1	钢筋工程	（5）钢筋混凝土外墙，在洞口两侧应设置钢筋混凝土柱，柱主筋应伸入顶、底板，并满足锚固长度要求，且洞口四角各设 2 根直径斜向构造钢筋，长度 ≥ 800mm （6）人防门的门扇安装钓钩应钩住顶板上层钢筋，钓钩位置应放置在门扇宽度的中心以门轴为圆心转过 45° 人防门框加筋　　　　　　　　　　吊环预埋
2	模板工程	（1）临空墙、门框墙的模板安装，其固定模板的对拉螺栓严禁采用混凝土套管、预制混凝土块等 （2）底板、顶板不宜设置施工缝 （3）侧墙的水平施工缝应设在高出底板表面不小于 500mm 的墙体上
3	混凝土工程	（1）工程口部、防护密闭段、采光井、防毒井、防暴井等有防护密闭要求的部位，应一次整体浇筑混凝土 （2）平战结合的防空地下室：采用的转换措施应能满足战时的各项防护要求，并应在规定的转换时限内完成；当转换措施中采用预制构件时，应在工程施工中一次就位，预制构件应与工程施工同步做好，并应设置构件的存放位置

2. 安装部分（表9-16）

安装部分控制要点　　　　　　　　　　　　　　　　　表 9-16

序号	分项	安装部分控制要点
1	门框门扇安装	（1）人防门门框在安装焊接过程中存在浮焊、漏焊等现象，其中有的门框锚固钢筋没有按要求在厂区进行双面焊 （2）当防护密闭门沿通道侧墙设置时，防护密闭门门扇应嵌入墙内设置，且门扇外表面不得突出通道的内墙面；当防护密闭门设置于竖井时，防护密闭门门扇应嵌入墙内设置，且门扇外表面不得突出竖井的内墙面 （3）进风口、排风口、排烟口的防爆波悬板活门应嵌入墙内，嵌入墙内的深度必须满足规范规定（受正向冲击波时嵌入深度 ≥ 200mm；受侧向冲击波时，HK600 嵌入深度 ≥ 400mm，HK800、HK1000 嵌入深度 ≥ 450mm，其他活门嵌入深度 ≥ 300mm） 门框锚固钢筋双面焊接　　　　　　　　　人防门安装

序号	分项	安装部分控制要点
2	给水排水工程	（1）防空地下室的给水、消防、热水等引入管、排水的排出管以及通气管，在穿越人防围护结构时，应在穿越围护结构处做密闭套管，应在穿越围护结构内侧设置公称压力不小于 1.0MPa 防爆波阀或防护阀门，防爆波阀或防护阀门应设在人防围护结构内侧距离近端面不宜大于 200mm，清洁区内应有明显的启闭标志 （2）防空地下室外部的给水管道可采用钢塑复合管、热浸镀锌钢管；穿越围护结构外墙、密闭墙的给水管段必须选用镀锌钢管或无缝钢管，DN≤100mm 采用丝扣连接，DN>100mm 采用法兰连接或沟槽连接；防护阀门以后清洁区内的管道可采用其他符合现行规范及产品标准要求的管材；埋在工事底板下或浇筑在混凝土中的给水管道应选用热浸镀锌钢管或给水铸铁管。清洁区内，每个防护单元均应设置生活用水、饮水池箱 （3）穿越围护结构外墙、密闭墙的管段采用钢塑复合管或其他经过可靠防腐处理的钢管；在结构底板中及以下敷设的排水管道应选用热镀锌钢管或给水铸铁管；敷设在室内的管道采用机制排水铸铁管或建筑排水塑料管及管件 （4）收集平时生活的集水池应设通气管，收集战时生活的集水池临战时应增设接至厕所排风口的通气管；通气管穿越围护结构时，该段通气管应采用热镀锌钢管，并应在人防结构内侧距离阀门的近端面不大于 200mm 处设置公称压力不小于 1.0MPa 的铜芯闸阀；排出管上应采取设止回阀和公称压力不小于 1.0MPa 的铜芯闸阀；排水系统中的地漏通过管道与外部相通或设置在防毒通道中的地漏应采用防爆地漏，并直埋混凝土中，不得预留；设置在人防工程口部、染毒通道及受污染的房间内冲洗阀预埋件不得遗漏
3	电气工程	（1）应注意通风方式信号灯安装位置（风机房、配电室安装在房间内），密闭通道、防毒通道、连通口安装在密闭门内侧，注意图纸设计位置 （2）所有暗管密闭处理管线，防护密闭门外的密闭盒采用防护盖板，盖板厚度应为 3mm 厚热镀锌钢板。密闭盒穿线完成后应按要求填实密闭材料，并用盖板封盖，密闭盒内不应有电线接头 （3）除战时柴油发电机以外的设计图中电气设备、电线电缆均需安装到位；战时电话系统图纸设计管线及插孔安装到位，电话进线平时不引接，战时由有关部门引接 （4）所有穿越人防临空墙、进出人防单元混凝土隔墙的电缆，特别是人防战时用电、强电系统必须通过预埋套管铺设，且需做到一线一管；室内弱电（消防、安保等）若需增加管线，应及时与设计联系，增加相关预埋管 （5）严禁在工程主体施工完成后，在人防外墙、临空墙、密闭墙等人防围护结构墙打洞穿电线电缆 （6）人防工程内，应将室内的公用金属管道，如通风管、给水管、排水管、电缆或电线的穿线管，建筑物结构中的金属构件，如人防门金属门框、防护爆波活门的金属门框以及临战封堵框，室内的电气设备金属外壳、电缆金属外护层做等电位联结 （7）人防工程内预埋的防护密闭备用管，平时可不封堵，在临战转换期间内进行防护密闭封堵。但对于有防火要求的部位应进行防火封堵
4	通风工程	（1）风管安装前应与消防水管、电缆桥架等专业进行标高及管线交叉点的确认工作 （2）排烟排风机软接头需采用防火不燃材料 （3）风机安装应注意机房间门洞尺寸是否能保证风机安装进出 （4）风管法兰连接采用防火石棉板（严禁采用海绵等未经认证证的非防火材料） （5）滤尘器、过滤吸收器、密闭阀、自动排气阀、超压排气活门等防护通风设备需采购有资质的专业人防设备产品，并有采购备案合同（竣工档案归档） （6）人防通风密闭阀安装应注意安装方向（箭头指向冲击波方向） （7）战时进风风管染毒区需采用 3mm 厚钢板卷圆风管，所有法兰均需采用 8mm 厚车制钢板法兰，连接垫片应用橡胶板。风管均需一底两度的油漆，橡胶垫片不能沾染油漆 （8）通风管穿越防空地下室的外墙、防护密闭隔墙、密闭墙或防护单元间的防护密闭隔墙时，应采取可靠的防护密闭措施，必须制作带防毒密闭翼环的穿墙短管，穿墙短管在接风管或者阀门一侧应伸出墙面 100～150mm，并应在土建施工时一次预埋到位；测压管、取样管应采用 DN15 热浸镀锌钢管先预埋，穿墙的短管应带防毒密闭翼环

序号	分项	安装部分控制要点	
4	通风工程		

9.2　垂直运输方案

9.2.1　垂直运输整体思路

根据运输材料的类型及施工的阶段，垂直运输采用原则为：塔式起重机为主，部分汽车式起重机配合。

9.2.2　塔式起重机的选型及配置

1. 塔式起重机的选型及数量

（1）主要的材料的吊运所需的时间是否能满足流水施工及进度的要求，主要考虑塔式起重机吊运材料的起升、回转、小车的行走和材料的装载所需的时间，以及塔式起重机工作效率。

（2）满足吊装重量及吊次需求。

本工程塔式起重机主要用于钢筋、模板、脚手架、木方及其他材料运输的吊装工作。

本工程拟投入 12 台塔式起重机进行材料的倒运，其中 2 台 TC5613（臂长 56m），5 台 TC7015（臂长 70m），3 台 TC6015（臂长 60m）塔式起重机，2 台 K3030（臂长 70m）塔式起重机，其型号主要参数如表 9-17 所示。

塔式起重机配置参数表　　　　　　表 9-17

序号	型号	数量	阶段	最大起重量（t）	尖端荷载（t）	臂长（m）
1	TC5613	2	地下/地上	6	1.3	56
2	TC7015	7	地下/地上	10	1.5	70
3	TC6015	3	地下/地上	10	1.5	60
4	K3030	1	地下/地上	12	3	70

塔式起重机使用分析表如表 9-18 所示。

塔式起重机使用分析表　　　　　表 9-18

吊运材料	单位	数量	单钩吊重	吊次	工期	日吊次
模板	m²	420859.1	36	11690		42
木方	m³	4462.1	2	11321		42
钢管	t	8561.52	1	4281		16
钢筋	t	4462.7	1	2231	273	171
外脚手架	m²	4690	36	130		0.5
外脚手架钢管	t	552	1	261		1
分析	经计算，材料运输平均每台塔式起重机日吊装次数为 45 次左右，塔式起重机单次吊装理论用时：2×(回转半径/回转速度)+2×(小车行走距离/小车行走速度)+2×(提升高度/提升速度)=理论用时(min)，其中计算式前的"2"为起升和降落各一次；回转半径按平均半圈(180°)；平均小车行走按 50m。每吊用时按 10min 考虑，则塔式起重机日台班数能够满足材料垂直运输的要求					

2. 塔式起重机布置

考虑塔式起重机的覆盖范围及安装、拆除，拟布置塔式起重机位置如图 9-1 所示。

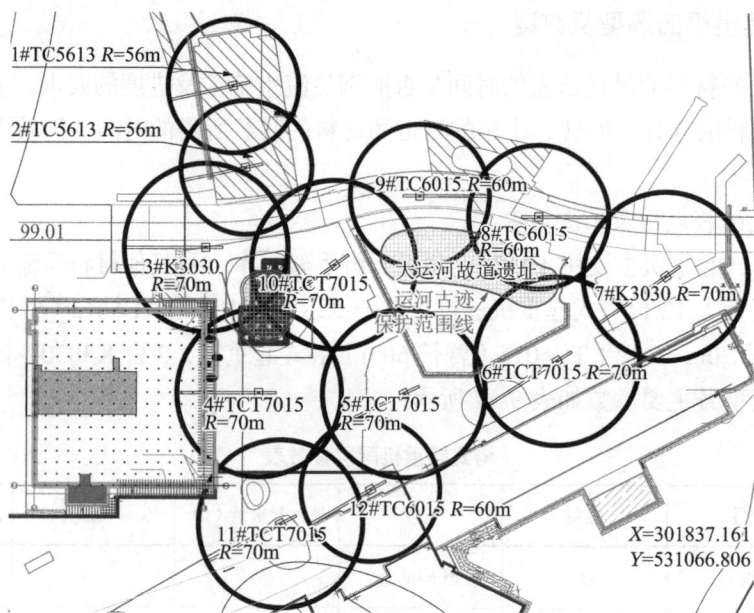

图 9-1　塔式起重机布置图

9.2.3　塔式起重机的安装及拆除

1. 塔式起重机安装要求

塔式起重机安装要求如表 9-19 所示。

塔式起重机安装要求表 表 9-19

序号	内容	安装示例及说明
1	塔式起重机基础	 说明： （1）塔式起重机基础必须满足承载力要求，不得积水，要有可靠的排水措施，基础附近不得随意开挖 （2）塔式起重机安全告示牌挂在塔式起重机底部，图牌尺寸根据现场情况确定 （3）塔式起重机基础四周设置 2m 工具式防护网
2	塔式起重机安全保险装置	 力矩限制器　　　　　　　　　　起重量限制器 说明： 塔式起重机安全保险装置包括：力矩限制器、起重量限制器、起升高度限位器、变幅限位器、防断绳保护装置、钢丝绳防脱装置、障碍指示灯、回转限位器、吊钩防脱绳装置等，保证塔式起重机的安全运行
3	塔式起重机防碰撞系统	 高度传感器　　回转传感器　　幅度传感器　　重量传感器 主　机　　　　　　　　触摸屏显示器

序号	内容	安装示例及说明
3	塔式起重机防碰撞系统	说明： 防碰撞系统的基本要求：实时显示塔式起重机当前工作参数和额定工作参数，使司机能直观了解塔式起重机的工作状态。精确实时采集小车幅度、回转角度，将当前数据与设定数据进行比较，超出范围时切断不安全方向动作，并声光报警

2. 塔式起重机安装流程

塔式起重机安装流程如表 9-20 所示。

塔式起重机安装流程 表 9-20

序号	流程
1	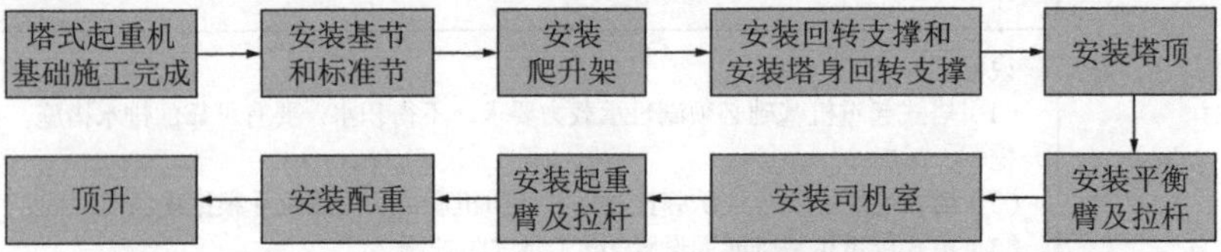
2	
3	塔帽安装	平衡臂总成安装
4	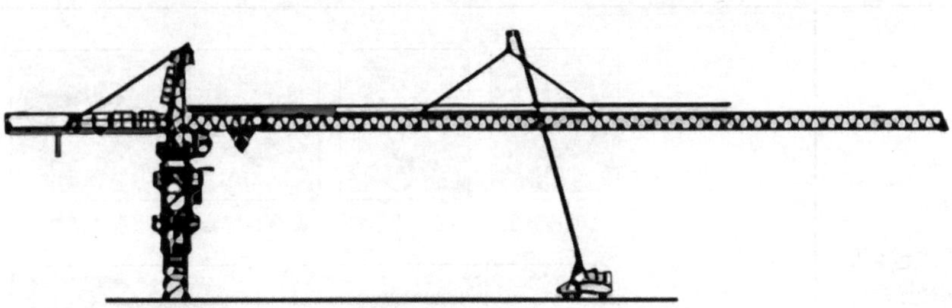
5	起重臂总成安装

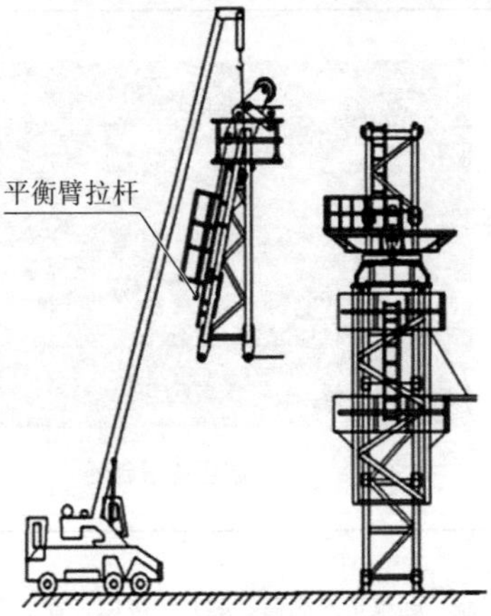

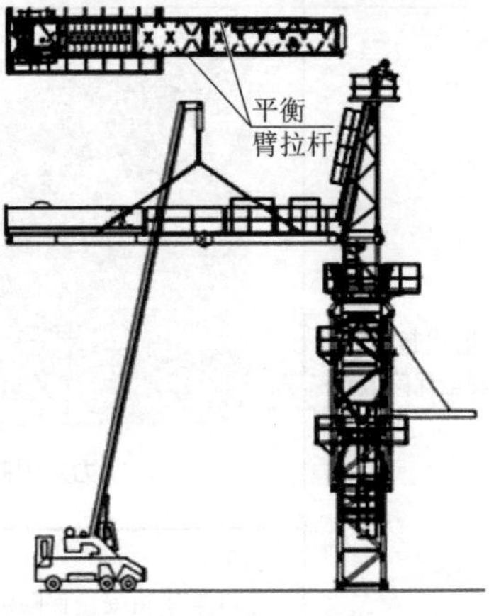

3. 塔式起重机安装、拆除注意事项

塔式起重机安装、拆除注意事项如图 9-2 所示。

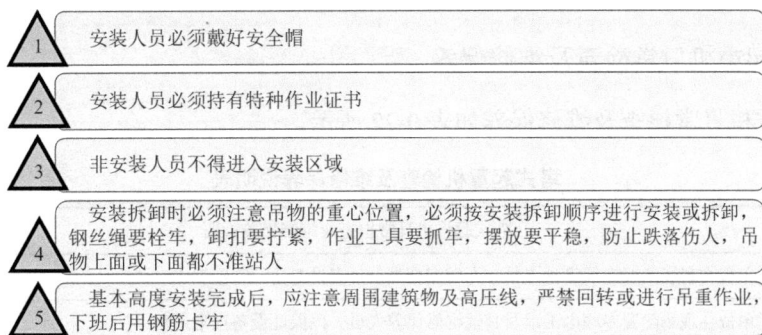

1. 安装人员必须戴好安全帽

2. 安装人员必须持有特种作业证书

3. 非安装人员不得进入安装区域

4. 安装拆卸时必须注意吊物的重心位置，必须按安装拆卸顺序进行安装或拆卸，钢丝绳要栓牢，卸扣要拧紧，作业工具要抓牢，摆放要平稳，防止跌落伤人，吊物上面或下面都不准站人

5. 基本高度安装完成后，应注意周围建筑物及高压线，严禁回转或进行吊重作业，下班后用钢筋卡牢

图 9-2　塔式起重机安装、拆除注意事项

9.2.4　塔式起重机运行管理措施

1. 塔式起重机施工中应遵循的原则

塔式起重机施工中应遵循的原则如表 9-21 所示。

<table>
<tr><td colspan="3" style="text-align:center">塔式起重机施工原则</td><td style="text-align:right">表 9-21</td></tr>
</table>

序号	原则	内容
1	低塔让高塔原则	一般情况下，主要位置的塔式起重机、施工繁忙的塔式起重机应安装的较高，次要位置的塔式起重机安装的较低，施工中，低位塔式起重机应关注相关的高位塔式起重机运行情况，在查明情况后再进行动作
2	后塔让先塔原则	塔式起重机同时在交叉作业区运行时，后进入该区域的塔式起重机应避让先进入该区域的塔式起重机
3	动塔让静塔原则	塔式起重机在交叉作业区施工时，有动作的塔式起重机应避让正停在某位置施工的塔式起重机
4	荷重先行原则	两塔同时施工在交叉作业区时，无吊载的塔式起重机应避让有吊载的塔式起重机，吊载较轻或所吊构件较小的塔式起重机应避让吊载较重或吊物尺寸较大的塔式起重机
5	客塔让主塔原则	在明确划分施工区域后，闯入非本塔式起重机施工区域的塔式起重机应主动避让，该区域塔式起重机

2. 施工期间塔式起重机防碰撞措施

施工期间塔式起重机防碰撞措施如图 9-3 所示。

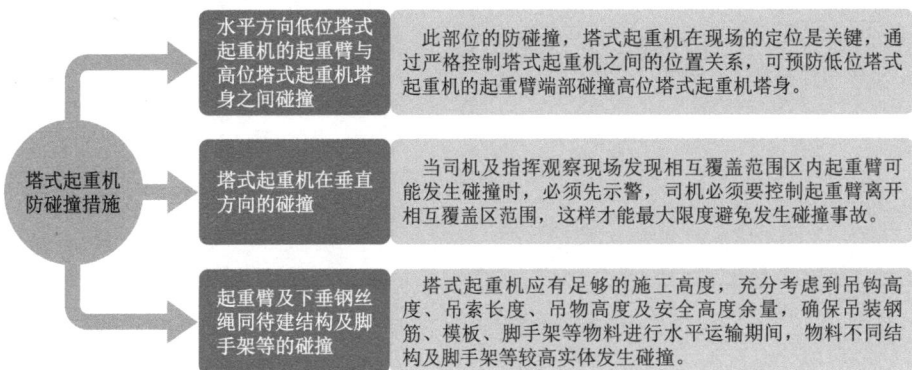

塔式起重机防碰撞措施

- 水平方向低位塔式起重机的起重臂与高位塔式起重机塔身之间碰撞　——　此部位的防碰撞，塔式起重机在现场的定位是关键，通过严格控制塔式起重机之间的位置关系，可预防低位塔式起重机的起重臂端部碰撞高位塔式起重机塔身。

- 塔式起重机在垂直方向的碰撞　——　当司机及指挥观察现场发现相互覆盖范围区内起重臂可能发生碰撞时，必须先示警，司机必须要控制起重臂离开相互覆盖区范围，这样才能最大限度避免发生碰撞事故。

- 起重臂及下垂钢丝绳同待建结构及脚手架等的碰撞　——　塔式起重机应有足够的施工高度，充分考虑到吊钩高度、吊索长度、吊物高度及安全高度余量，确保吊装钢筋、模板、脚手架等物料进行水平运输期间，物料不同结构及脚手架等较高实体发生碰撞。

图 9-3　塔式起重机防碰撞措施

3. 塔式起重机日常检查及维修保养

塔式起重机日常检查及维修保养如表 9-22 所示。

塔式起重机检查及维修保养说明表   表 9-22

序号	塔式起重机日常检查及维修保养说明
1	设备租赁单位在现场配置专职管理人员和专职安全员，负责设备运行管理工作
2	设备租赁单位在现场配置专职电工以及其他维修保养人员，以保证设备正常运行
3	设备租赁单位根据项目设备管理相关规定，每天对设备运行状况进行巡视，督促作业人员填写交接班记录和维修保养记录。同时组织人员按设备使用说明书对设备进行例行保养。每月向总包方提交相关记录
4	设备租赁单位每周对设备进行一次全面检查，检查结果以书面形式报项目安全部备案
5	项目安全部以及设备管理部门每月组织一次设备大检查，消除安全隐患，确保设备不带病运行
6	对于易损件、主要电气元件以及关键部件，租赁单位应在施工现场备有配件，以保证现场生产

第 **10** 章

总结与展望

10.1 全书总结

本研究提出了一种基于 BIM 和本体的大型地下空间精益建造方法：针对大型地下空间的精益建造方法提出了一个本体框架，通过开发建筑领域本体来集成多源异构数据，构建语义规则来实现精益建造知识的查询和推理，以辅助大型地下空间施工过程中的人工活动和支持决策。

本研究还提出了一种基于 BIM 的全过程、全寿命、全方位、全要素精益管理方法，主要包括设计、施工、运维三阶段内容。①设计阶段：BIM 模型建立、气流组织模拟、人流疏散模拟、地下室结构抗震设计、精装方案设计。②施工阶段：施工场地布置、图模会审、施工模拟、模型深化、实模一致性核查、模型动态展示。③运维阶段：数字化成果交付、运维管理。

本研究基于 BIM 云平台与精益建造体系相融合的管理方式，将全寿命周期中的各要素进行集成，实现了基于 BIM 的云平台的数据互用、管理、集成、应用等，并联合 BIM 中心为北投集团构建了基于全过程、全寿命、全方位、全要素的精益建造管理平台，平台包含 BIM 展示、BIM 集成、计划管理、质量管理、安全管理、数字现场、人员管理、环境管理、新闻中心、智能监控、全景展示共 11 个板块。构建 BIM 云平台与精益建造体系相融合的管理方式，为社会创造出一套有参考价值的知识体系和技术平台。

除此之外，本课题在经济、社会、管理方面产生了巨大的效益：

（1）经济效益。通过本工程 BIM + 精益建造管理平台的应用，应用 BIM 技术进行全面因素分析，在建筑形式、建筑面积、各部位用灰量等方面都给出有力的技术数据支撑，同时在机电预留预埋阶段考虑水管、风管、桥架预埋套管的大小及间距，在 BIM 模型中体现出来，避免了预留预埋阶段的拆改，节省了因管线预留位置不当而产生的墙体剔凿等费用。利用 BIM 进行二次结构砌体构造柱及洞口深化，提前出具图纸，避免了管线安装阶段二次结构的开洞位置不当、重新开洞情况，节约成本，缩短工期。

（2）社会效益。环境保护贯穿整个施工管理周期内，平台上线绿色施工模块，实时抓取现场的环境数据，更为及时有效地采取对应的施工安排。本项目连续两年被评为达标免检工地，并通过北京市绿色安全样板工地验收。

（3）管理效益。主要包括：①BIM＋精益建造管理平台帮助项目提高了对项目现场进度管控的效率，及时落实项目进度计划，节约了5%～10%的成本。②人、材、机统计数据准确有效，为项目分析进度计划影响因素提供了数据支撑，为后期分包结算提供了依据。③本项目举办了集体智慧工地培训2次，部门点对点培训5次，为项目培养了30多位信息化管理人才，形成了本项目的特色管理模式，为公司将来的智慧化管理铺上了基石。④优化了部门与部门之间的工作流程，所有的施工信息集成在BIM＋精益建造管理平台的模型中，信息实时共享，实现了可视化、信息化管理，部门间协同办公提效20%～25%（图10-1、图10-2）。

副中心"达标免检工程"评定结果告知书

（编号：20200016）

<u>上海宝冶集团有限公司</u>（施工单位）：

根据《关于创建副中心"达标免检工程"的实施细则》，结合现场评审情况，你单位承建的 <u>城市绿心三大公共建筑共享配套设施项目第二标段</u> 的工程被评定为副中心建设"达标免检"工程。

工程名称	城市绿心三大公共建筑共享配套设施项目第二标段
开工手续编号	2020 施准字 004 号
建设单位	北京城市副中心投资建设集团有限公司
施工单位	上海宝冶集团有限公司
监理单位	北京百事百达工程管理有限公司

图 10-1　免检工程证明

图 10-2　相关新闻报道

10.2　未来展望

在深入的理论分析和实践探索后，课题已经完成了预期目标，为北京城市副中心的建设提供了有价值的参考和借鉴。研究不仅为类似项目的研究和实施奠定了坚实的基础，而且还将根据已有的研究进一步深入探索，吸取经验教训，并将其应用至更多的项目中。在未来，将重点关注技术创新，以提高建设效率和质量；评估社会效益，以优化城市功能并改善居民生活；关注环境保护，以实现城市建设与自然环境的和谐共生；并解决在实施过程中遇到的问题和困难。我们相信，这些努力将为北京城市副中心的建设带来更大的价值。